U0314558

内蒙古典型关键矿产研究

密文天　张善明　商　艳　武景龙　戴涛杰
李长才　张恩在　叶翔飞　尚福华　李海东　著

扫一扫查看
全书数字资源

北　京
冶　金　工　业　出　版　社
2023

内 容 提 要

本书共分为9章，内容包括内蒙古察哈尔右翼后旗西乌素金多金属矿矿床类型及成矿模式，内蒙古商都小窝图金多金属矿地质特征及矿床成因，内蒙古额尔古纳八卡等地金（钨、铋、铀、铅、锌）多金属矿调查与研究，内蒙古锡林郭勒盟巴彦塔拉及周边钨、钼、银、铅多金属矿调查与研究，内蒙古赤峰万合永及周边金、钼、铜、银、铅、锌多金属矿调查与研究，内蒙古东部铟成矿规律及找矿方向研究，内蒙古阿拉善右旗塔布格地区矿产调查与研究，斑岩型铜矿矿床地质特征及找矿标志，金矿床的生物成矿作用。

本书可供从事关键矿产勘查、科学研究、开发利用与保护、资源管理等地质科研工作者阅读，也可供高等院校地质学及相关专业的师生学习参考。

图书在版编目(CIP)数据

内蒙古典型关键矿产研究/密文天等著.—北京：冶金工业出版社，2023.10

ISBN 978-7-5024-9569-5

Ⅰ.①内… Ⅱ.①密… Ⅲ.①矿产资源—研究—内蒙古 Ⅳ.①TD98

中国国家版本馆 CIP 数据核字(2023)第127198号

内蒙古典型关键矿产研究

出版发行 冶金工业出版社 **电　话** (010)64027926
地　　址 北京市东城区嵩祝院北巷39号 **邮　编** 100009
网　　址 www.mip1953.com **电子信箱** service@mip1953.com

责任编辑 王 颖 美术编辑 彭子赫 版式设计 郑小利
责任校对 梁江凤 责任印制 窦 唯
北京建宏印刷有限公司印刷
2023年10月第1版，2023年10月第1次印刷
710mm×1000mm 1/16；16印张；309千字；242页
定价 99.90元

投稿电话 (010)64027932 投稿信箱 tougao@cnmip.com.cn
营销中心电话 (010)64044283
冶金工业出版社天猫旗舰店 yjgycbs.tmall.com
（本书如有印装质量问题，本社营销中心负责退换）

前　言

在我国已探明的矿产中，西部地区就有138种，查明资源储量占全国80%以上的西部矿产资源有30多种。内蒙古自治区（以下简称内蒙古）的保有资源储量居全国之首的有22种、居全国前三位的有49种，查明稀土资源储量居世界首位。国家的关键矿产供应链和尖端科技工业基地建设离不开内蒙古；发展稳定的国内供应链和关键矿产工业基地，评估国际产业链各阶段的供应链风险，改善供应链生产、技术开发的投资和科技创新，也离不开内蒙古。

本书基于内蒙古典型关键矿产的研究实践，介绍和分析了内蒙古及周边多个成矿区的构造活动、岩浆作用、成矿作用、矿田构造、地球化学及年代学等基础地质研究成果，从大地构造背景、岩浆活动与成矿作用、构造演化史及板块理论等方面探讨了内蒙古各地质历史时期的关键矿产成矿事件与成矿规律，对内蒙古各区涉及的岩体、重点矿床进行了总结，并逐个分析了相关矿床成因与岩浆、构造活动的关系。

本书是内蒙古乃至西北地区关键矿产开发与保护方面比较缺少的专业读物之一，聚焦内蒙古关键战略性矿产研究，是对内蒙古重要矿产资源的概况介绍，结合了最新研究成果及最新矿产调查成果，在学术上具有一定的前瞻性与先进性，满足了内蒙古社会经济发展对关键矿产相关知识的需求，具有较强的指导性和可读性，对推动内蒙古区域地质矿产研究、带动地质基础学科的发展及人才培养也有积极作用。这些成果对推动内蒙古战略性矿产资源研究有着重要的科学价值和意义。

本书共分为9章。第1章主要阐述了内蒙古察哈尔右翼后旗西乌素金多金属矿区地球物理及地球化学特征，第2章对内蒙古中部小窝图村金多金属矿进行了研究，第3章对内蒙古额尔古纳八卡等地金（钨、铋、铀、铅、锌）多金属矿调查与研究展开了论述，第4章对内蒙古巴彦塔拉及周边金属矿调查进行了分析和研究，第5章对内蒙古赤峰万合永及周边金、钼、铜、银、铅、锌多金属矿开展了调查与研究，第6章分析了内蒙古东部地区铟矿成矿规律及找矿方向，第7章对内蒙古阿拉善右旗塔布格地区成矿规律及找矿方向进行了总结，第8章对斑岩型铜矿矿床地质特征及找矿标志进行了探讨，第9章分析了金矿床的生物成矿作用。

本书编写分工为：前言由密文天撰写，第1、2章由李长才、密文天撰写，第3章由武景龙、商艳撰写，第4、5、8章由张善明、戴涛杰、密文天、尚福华撰写，第6章由密文天撰写，第7章由张恩在、张善明、李海东、叶翔飞撰写，第9章由密文天撰写。书中插图由密文天、李长才、张善明测制，叶翔飞参与了插图的整饰、参考文献整理等工作。全书由密文天进行统稿、定稿。

本书内容依据内蒙古自然科学基金（2021MS04010、2021LHBS04002、2022MS04008）、内蒙古科研项目基本业务费（JY20220243）、内蒙古研究生教育教学改革项目（JGCG2022080）、内蒙古自然资源厅本级地质调查专项（内蒙古矿产地质志成果转化应用，财政编号150000235053210000128）、内蒙古自然资源厅本级地质调查专项（内蒙古得尔布干成矿带西南缘铟成矿规律及找矿方向研究，财政编号150000235053210000201）、内蒙古科技厅2022年度中央引导地方科技发展资金项目（2022ZY0083、2022ZY0084）及相关的内蒙古1∶50000区域矿产地质调查等项目。本书得到了内蒙古教育科学规划课题（NGJGH2020058）、内蒙古工业大学地质类系列课程优秀教学团队、内蒙古工业大学研究生教改项目（YJG2020014）及校教改项目（2020115、2021257）等的支持，在此一并表示感谢。

本书作者所在单位为沙旱区地质灾害与岩土工程防御内蒙古自治区高等学校重点实验室（内蒙古工业大学）、内蒙古自治区矿山地质与环境院士专家工作站（鄂尔多斯应用技术学院）。

由于作者水平所限，书中不妥和疏漏之处，敬请广大读者批评指正。

作　者

2023年3月

目　　录

1　内蒙古察哈尔右翼后旗西乌素金多金属矿矿床类型及成矿模式 …………… 1

1.1　区域地质概况 …………………………………………………… 1
1.2　矿床地质特征 …………………………………………………… 4
1.3　异常区地球物理及地球化学特征 ………………………………… 6
1.3.1　异常区地球物理特征 ………………………………………… 6
1.3.2　异常区地球化学特征 ………………………………………… 9
1.4　矿床类型与成矿模式 …………………………………………… 13
1.4.1　矿床类型 …………………………………………………… 13
1.4.2　成矿模式 …………………………………………………… 13
1.5　结论与认识 ……………………………………………………… 14

2　内蒙古商都小窝图金多金属矿地质特征及矿床成因 ………………… 15

2.1　区域地质概况 …………………………………………………… 15
2.1.1　地层 ………………………………………………………… 16
2.1.2　构造 ………………………………………………………… 18
2.1.3　岩浆岩 ……………………………………………………… 19
2.2　矿体地质特征 …………………………………………………… 19
2.2.1　矿体形态、产状、规模 ……………………………………… 19
2.2.2　矿化蚀变带特征 …………………………………………… 20
2.2.3　矿石特征 …………………………………………………… 22
2.2.4　围岩蚀变特征 ……………………………………………… 23
2.3　找矿潜力分析 …………………………………………………… 23
2.3.1　矿床成因及找矿标志 ……………………………………… 23
2.3.2　地球物理特征 ……………………………………………… 24
2.3.3　地球化学特征 ……………………………………………… 26
2.4　结论 ……………………………………………………………… 27

3　内蒙古额尔古纳八卡等地金（钨、铋、铀、铅、锌）多金属矿调查与研究 … 28

3.1　成矿地质条件 …………………………………………………… 28

3.1.1　地层 …… 28
3.1.2　岩浆岩 …… 28
3.1.3　构造 …… 33
3.2　地球物理、地球化学及遥感特征 …… 34
3.2.1　地球物理特征 …… 34
3.2.2　地球化学特征 …… 37
3.2.3　遥感异常特征 …… 59
3.3　区域矿产 …… 69
3.3.1　概况 …… 69
3.3.2　典型矿床特征 …… 71
3.4　矿产检查 …… 74
3.4.1　矿产检查工作 …… 74
3.4.2　新发现矿产地 …… 81
3.5　成矿规律及矿产预测 …… 84
3.5.1　成矿规律 …… 84
3.5.2　主要矿种的区域找矿模型 …… 86
3.5.3　矿产预测 …… 88
3.5.4　找矿靶区的优选及特征 …… 93
3.5.5　矿产资源远景评价 …… 98
3.6　结论 …… 99

4　内蒙古锡林郭勒盟巴彦塔拉及周边钨、钼、银、铅多金属矿调查与研究 …… 100

4.1　区域地质背景 …… 101
4.2　矿床地质特征 …… 102
4.2.1　矿体特征 …… 102
4.2.2　矿石特征 …… 104
4.2.3　围岩蚀变特征 …… 104
4.3　地球物理特征及化学特征 …… 104
4.3.1　地球物理特征 …… 104
4.3.2　地球化学特征 …… 106
4.4　讨论 …… 108
4.4.1　成矿原因 …… 108
4.4.2　成矿规律 …… 109
4.4.3　找矿标志 …… 111
4.5　结论 …… 112

5　内蒙古赤峰万合永及周边金、钼、铜、银、铅、锌多金属矿调查与研究 …… 113

5.1　区域地质背景 …… 113
5.2　成矿地质条件分析 …… 113
5.2.1　地层状况 …… 113
5.2.2　侵入岩 …… 118
5.2.3　火山岩 …… 120
5.2.4　变质岩 …… 121
5.2.5　构造 …… 122
5.3　地球物理、地球化学及遥感特征 …… 122
5.3.1　地球物理特征 …… 122
5.3.2　地球化学特征 …… 125
5.3.3　遥感异常特征 …… 147
5.4　区域矿产状况 …… 148
5.4.1　矿产概况 …… 148
5.4.2　金属矿产地质特征 …… 149
5.5　成矿规律与矿产预测 …… 163
5.5.1　成矿规律 …… 163
5.5.2　主要矿种的区域找矿模型 …… 166
5.5.3　矿产预测 …… 167
5.6　讨论 …… 174
5.6.1　存在问题 …… 174
5.6.2　今后工作建议 …… 174

6　内蒙古东部铟成矿规律及找矿方向研究 …… 176

6.1　成矿背景 …… 176
6.1.1　区域地质背景 …… 176
6.1.2　铟矿形成条件 …… 178
6.2　得尔布干成矿带西南段铟矿 …… 179
6.2.1　矿床地质特征 …… 179
6.2.2　矿体特征 …… 182
6.2.3　地球物理特征 …… 183
6.2.4　地球化学特征 …… 184
6.2.5　矿床成因 …… 184
6.2.6　找矿方向 …… 185

6.3　查干敖包式矽卡岩型伴生铟矿 …… 187
6.3.1　矿床地质特征 …… 187
6.3.2　成矿模式 …… 188
6.4　阿尔哈达式热液型伴生铟镓矿 …… 188
6.4.1　矿床地质特征 …… 188
6.4.2　成矿模式 …… 190
6.5　甲乌拉式陆相火山岩型伴生铟镉矿 …… 191
6.5.1　矿床地质特征 …… 191
6.5.2　成矿模式 …… 192

7　内蒙古阿拉善右旗塔布格地区矿产调查与研究 …… 194

7.1　区域地质背景 …… 194
7.2　地球物理特征 …… 196
7.2.1　物性特征 …… 196
7.2.2　磁场特征 …… 196
7.2.3　磁异常特征 …… 198
7.3　地球化学特征 …… 201
7.3.1　地球化学背景特征 …… 201
7.3.2　元素共生组合类型 …… 201
7.3.3　元素共生组合特征 …… 202
7.3.4　主要化学异常特征 …… 204
7.4　成矿规律与矿产预测 …… 212
7.4.1　成矿规律 …… 212
7.4.2　控矿因素及找矿标志 …… 213
7.5　结论 …… 215

8　斑岩型铜矿矿床地质特征及找矿标志 …… 217

8.1　区域尺度特征 …… 217
8.1.1　产状 …… 217
8.1.2　构造背景与成矿环境 …… 218
8.1.3　侵入作用与斑岩型铜矿 …… 219
8.1.4　围岩与成矿 …… 220
8.2　矿床尺度特征 …… 221
8.2.1　斑岩体 …… 221
8.2.2　火山角砾岩筒 …… 223

8.2.3　斑岩成矿系统中的角砾岩 …… 223
8.2.4　热液蚀变与矿化 …… 224
8.2.5　泥蚀变岩帽 …… 229
8.3　结论 …… 229

9　金矿床的生物成矿作用 …… 231

9.1　金与生物有机质的联系 …… 232
9.1.1　金与低等植物的关系 …… 232
9.1.2　金与动物的关系 …… 232
9.1.3　金与其他有机物质的关系 …… 233
9.2　各类矿床中的生物成矿作用 …… 234
9.2.1　卡林型金矿床 …… 234
9.2.2　砂金矿床 …… 235
9.2.3　铁帽型金矿床 …… 236
9.3　实例研究 …… 237
9.4　结语 …… 238

参考文献 …… 239

1　内蒙古察哈尔右翼后旗西乌素金多金属矿矿床类型及成矿模式

内蒙古自治区（以下简称内蒙古）察哈尔右翼后旗西乌素金多金属矿位于华北克拉通北缘，具有很好的探矿前景，研究该矿床的类型与成矿模式有很重要的地质意义。通过对矿床地质特征的分析，结合地球物理特征和化学特征，可以初步探讨该矿床的类型与成矿模式。物探结果表明矿区内出现了两个异常区，化探结果表明矿区内出现了 7 个化探异常区。异常区的出现表明，研究区内蕴含着丰富的矿产资源。燕山期，由于乌兰哈达—高勿素断裂的活化，白云鄂博群中形成了很多断裂、裂隙，为岩浆运移提供了通道，最终白云鄂博群呼吉尔图岩组上部结晶灰岩内部形成了丰富的矽卡岩类型矿床。

华北克拉通自晚古生代以来经历了多次构造作用（Zhao et al.，2018；Zhou et al.，2019），同时也发生了多期沉积，其内蕴藏了丰富的矿产资源（芮宗瑶等，1994；翟裕生等，1999；万天丰，2004；胡鸿飞等，2008）。察哈尔右翼后旗位于华北克拉通北缘，境内发现了多处矿产（王玉华等，2012；马小兵等，2013；邢俊峰等，2014）。内蒙古自治区第一地质矿产勘查开发院对察哈尔右翼后旗境内的西乌素金多金属矿区进行过多次地质调查及勘探，明确该地区具有巨大的勘探前景。不过，目前对该矿区的矿床类型及成矿模式等方面的研究相对较少。这严重阻碍了对该地区矿产资源开发的进度，因此对该地区开展详细的野外地质调查，利用地球物理勘探和地球化学勘探的手段，探讨其矿床的类型与成因意义重大。

1.1　区域地质概况

研究区位于内蒙古自治区乌兰察布市察哈尔右翼后旗，地处内蒙古高原上，地势相对平坦。大地构造位置处于华北克拉通北缘，乌兰哈达—高勿素深大断裂北侧（见图 1-1），构造比较复杂，构造形迹以断裂为主，褶皱次之（罗全星等，2022）。断裂构造以近东西向为主，时代上主要为燕山早期。褶皱主要发育于白云鄂博群中，以北西向短轴褶皱为主。断裂构造主要为燕山早期形成的近东西地断裂。白云鄂博群中发育有以北西向短轴为主的褶皱。区内褶皱构造主要有五道湾向斜，位于五道湾北 1km，属于呼吉尔图岩组上部结晶灰岩内部的褶皱，轴向 310°，轴长约 2km，向北西开阔，两翼岩层倾角 50°左右。区内断层主要有西赛乌素牧场—西井子断层和西赛乌素南断层（见图 1-2）。西赛乌素牧场—西井子断层（F1）位于矿区西北部，位于寒武系呼吉尔图组与二叠系三面井组接触带上，呈近东西向延伸，长约 25km，断层破碎带的宽度约为 10m。西赛乌素南断层（F2）位于西赛乌素南约 2km，产于白云鄂博群呼吉尔图组上部结晶灰岩中，呈 291°方向延伸，长约 1km，沿断层岩石破碎，有铅矿化蚀变现象，花岗岩脉沿断层侵入，见断层角砾岩，宽 3~5m。

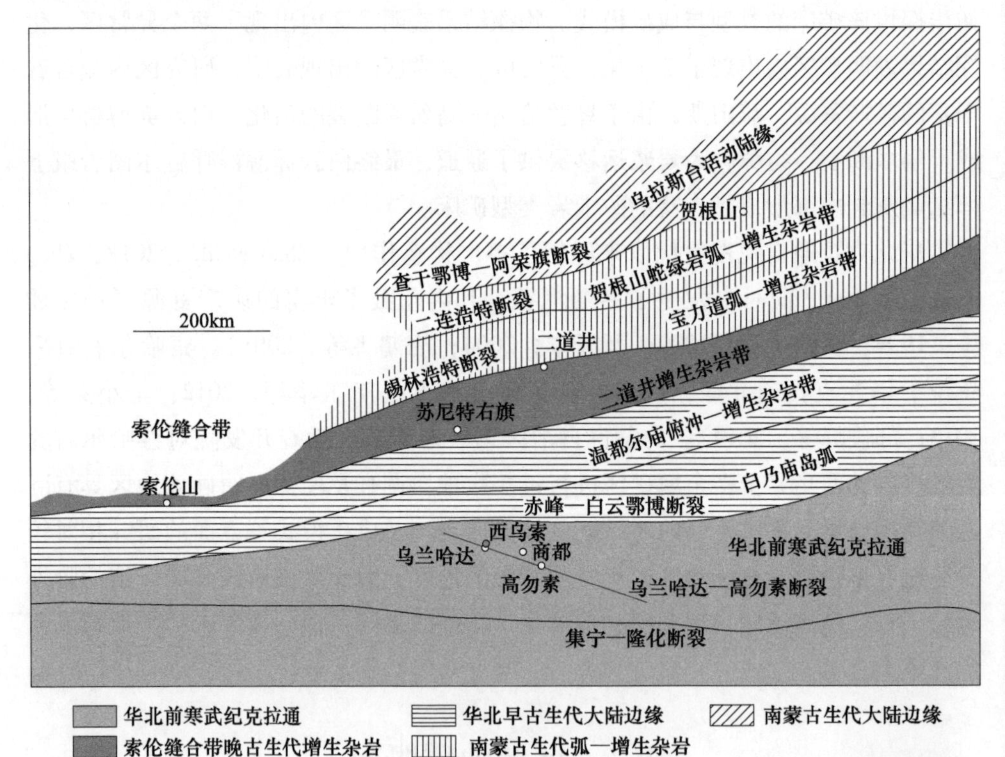

图 1-1 内蒙古中部区域构造简图

区内出露的地层主要为中元古界白云鄂博群白音宝拉格组（Qn*by*）、呼吉尔图组（Qn*hj*）、比鲁特组（Jx*b*）；上古生界二叠系下统三面井组（P_1sm）；侏罗系上统玛尼吐组（J_3mn）；新近系上新统宝格达乌拉组（N_2b）；第四系更新统（Qp）。

中元古界白云鄂博群比鲁特组（Jx*b*）分布于乔家村南一带。出露总面积较小，总体构造线方向呈近东西向，呈北东东向展布。出露岩性有青灰色千枚状板岩、灰白色变质石英砂岩、灰色千枚岩、灰黑色硅质板岩等，该套地层在乔家村一带出露厚度为2209.75m。该岩组与下伏哈拉霍疙特岩组呈断层接触，与上覆第三系呈不整合接触。白音宝拉格组（Qn*by*）分布于西井子—大乌彦沟一带，呈东西向带状展布。出露总面积约9.75km^2，总体构造线方向呈东西向。出露岩性为灰色条带状变质砂岩、灰白色石英岩、灰色细粒变质砂岩夹薄层板岩等。下部以灰色条带状变质砂岩、灰色厚层状石英岩为主，岩层倾向北东，倾角56°~79°。上部以灰色薄层状细粒石英岩、灰色细粒变质砂岩夹薄层板岩为主。层理产状总体倾向北西、北东向，岩层倾向南西，倾角76°~81°，岩石普遍变形明显，在剖面中部发育一层间倒转向斜，岩层内无脉岩侵入，与上覆呼吉尔图组为整合接触。呼吉尔图组（Qn*hj*）根据岩石组合特征划分为两个岩段，以一套滨海滩相碳酸盐、石英砂岩、粉砂岩及少量泥岩夹绿帘次闪岩及斜长绿帘石岩建造为特征。呼吉尔图组一段（Qnhj^1）分布于西井子附近，呈零星状分布，出露面积约1.19km^2，厚1338.00m，岩性主要为石英岩、变质粉砂岩夹绿帘次闪岩，间夹有二云母片岩、板岩、结晶灰岩等，与上覆呼吉尔图组二段（Qnhj^2）呈整合接触。与下伏白音宝拉格组为整合接触。呼吉尔图组二段（Qnhj^2）分布于旗杆山、爱国村等地，呈北东向带状分布，出露面积约23.48km^2，厚3275.44m，岩性主要为结晶灰岩、大理岩夹砂质板岩等，上覆被新近系宝格达乌拉组覆盖界限不清，与下伏呼吉尔图组一段为整合接触。

上古生界二叠系下统三面井组（P_1sm）分布于工作区北部的西乌素—井沟子一带，呈北东东向长条状断续展布。出露总面积约7km^2，总体构造线方向呈北东东向。出露岩性为变质砾岩、变质细砂岩、硅质板岩、板岩及灰白色结晶灰岩一套浅海至滨海相碎屑岩组合。下部以变质砾岩、灰白色结晶灰岩夹板岩为主，岩层倾向南东，倾角76°；上部以变质细砂岩、硅质板岩、板岩为主。厚317.5m，其上覆与玛尼吐组一段为不整合接触，界线清楚；下伏被新近系红色、杂色黏土质砂砾层石覆盖。

侏罗系上统玛尼吐组（J_3mn），玛尼吐组一段（J_3mn^1）分布于章盖营—二盆地等地。呈北东向断续分布，零星出露面积约0.6km^2，厚450.0m，岩性主要为安山岩等。一般不具层理。上覆与玛尼吐组二段为整合接触。下伏与三面井组为不整合接触。玛尼吐组二段（J_3mn^2）分布于爱国村—井勾子等地。呈北东向断续分布，零星出露面积约 4.07km^2，厚 680.0m，岩性主要为安山玢岩、岩屑晶屑凝灰岩、安山质火山角砾岩、霏细斑岩等。一般不具层理。上覆被晚侏罗纪中细粒黑云母钾长花岗岩侵入。下伏与玛尼吐组一段整合接触。

新近系上新统宝格达乌拉组（N_2b）广泛分布于区内沟谷洼地中，岩层产状近水平。上部岩性为红色黏土，夹有砂砾层；下部为红色或杂色黏土质砂砾岩夹有红色黏土；地表出露全为上部层位，下部层位仅在钻孔中见到。总厚度大于500m。

第四系更新统（Qp）主要分布于沟谷洼地中，岩性为冲积、洪积砂砾石层，呈黄色，松散状，厚42m。

1.2 矿床地质特征

矿区内出露的地层主要是中元古界白云鄂博群（ChQnB）呼吉尔图组二段（$Qnhj^2$）、上古生界二叠系下统三面井组（P_1sm）、上新统宝格达乌拉组（N_2b）和第四系更新统（Qp）等地层，如图 1-2 所示。

矿区岩浆活动较单一，只在工作区北部小面积出露有晚侏罗世黑云母钾长花岗岩（$J_3\xi\gamma$）及少量脉岩。中粒黑云母钾长花岗岩（$J_3\xi\gamma$）主要分布在研究区南部五道湾—爱国村一带，呈北东向条带状分布。矿物成分以肉红色钾长石为主（50%～60%），其次为乳白色石英（25%）及更长石（10%～15%），少量黑云母。副矿物有磁铁矿、褐铁矿、锆石、磷灰石、石榴石、金红石、绿帘石、钛磁铁矿、黄铁矿、榍石、锐钛矿、赤铁矿、褐帘石。岩体产状向北倾，倾向 320°～350°，倾角 50°～70°。与地层为侵入接触关系，与围岩界线呈锯齿状。研究区只在工作区北端有一条长约 700m 的石英脉，宽 5～10m，具黄铁矿化和褐铁矿化，走向 280°，倾角 60°。区内围岩蚀变较强，主要有褐铁矿化、硅化、碳酸盐化，局部见黄铁矿化、高岭土化等，从光片看其硅化、褐铁矿化与铅锌矿化关系密切。区内矿石中主要金属矿物除方铅矿外，偶见闪锌矿、黄铁矿、褐铁矿等，脉石矿物为褐铁矿、黑云母、绿泥石、石英、碳酸盐类矿物等。区内矿体产在中元古界白云鄂博群呼吉尔图组结晶灰岩内。矿体的产出受地层的控制，围岩为青灰色、灰白色结晶灰岩，矿体与围岩的产状基本一致（王建新，2017）。

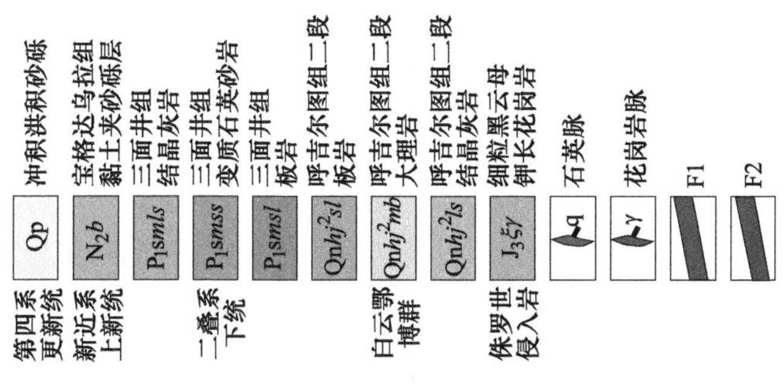

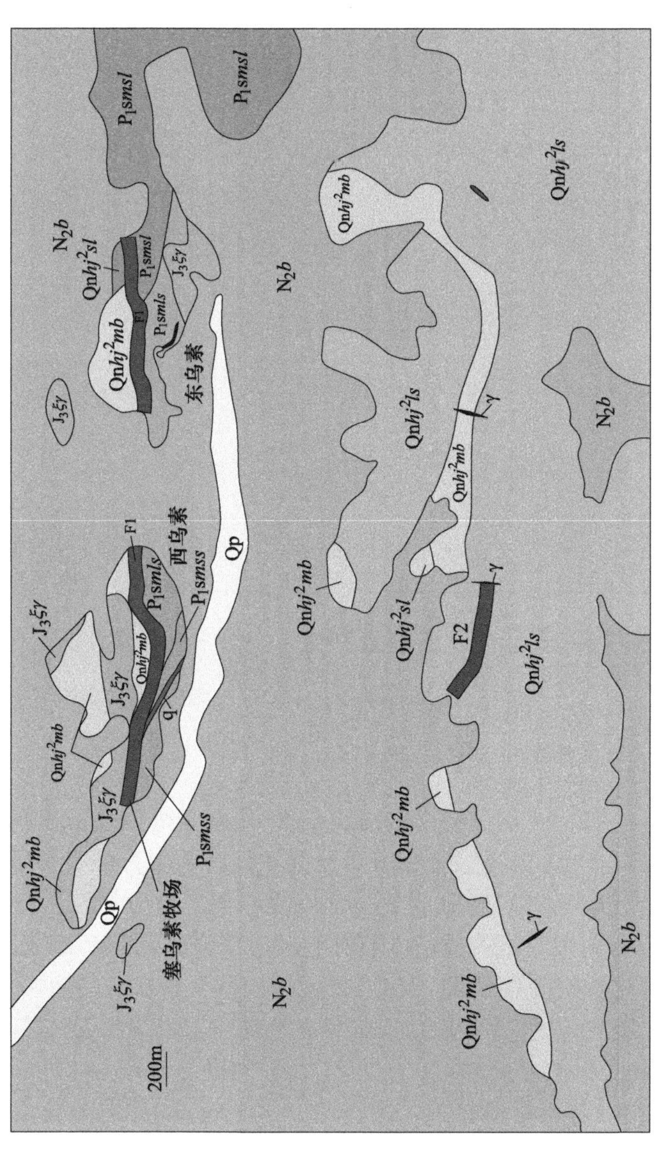

图 1-2 西乌素金多金属矿区地质简图

1.3 异常区地球物理及地球化学特征

1.3.1 异常区地球物理特征

通过 1∶5000 大功率激电中梯剖面测量工作，采用剖面数据编绘成等值线平面图，发现低阻高极化异常带两处。编号分别为 DHJ-1 和 DHJ-2。

DHJ-1：异常如图 1-3 所示，位于西区 22~34 线的南侧，呈带状分布，走向近东西。异常宽 100~150m，东西两端未封闭。

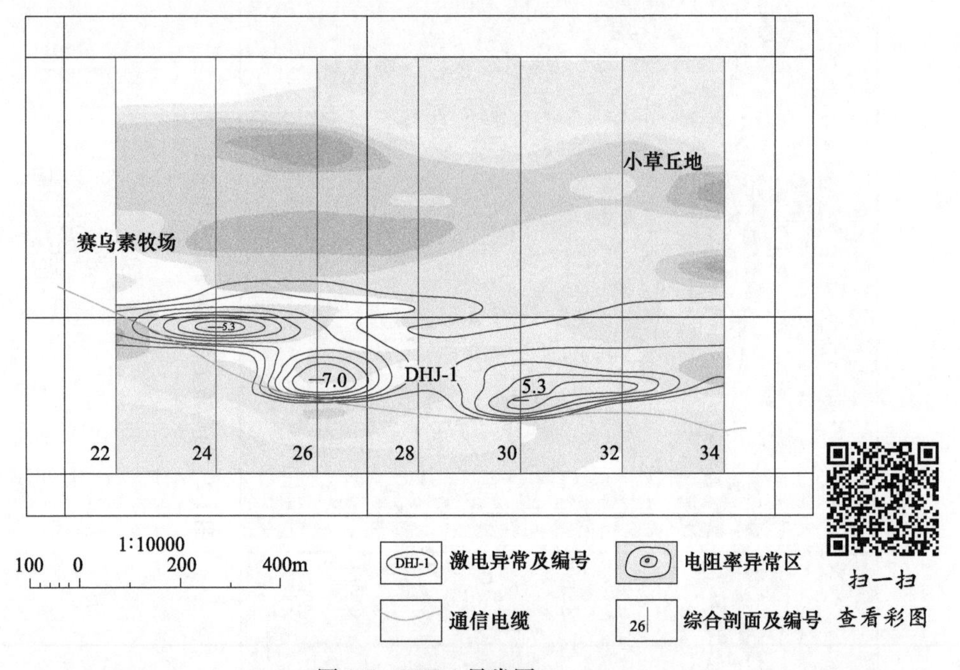

图 1-3 DHJ-1 异常图

需要说明的是，在 22~34 剖面的南端视极化率 ηs 有一个负异常出现，曲线正负跳跃梯度变化较大。经多次重复观测及改变装置检查观测，证明负异常确实存在。在测深点上也有与其对应极距的负异常出现。与之对应的有一条通信电缆（见图 1-4），这一激电负异常为通信电缆所引起（李金铭，2004），近年来内地所做的激电资料对此现象也有印证。异常区主要是 Cu 异常，并伴有 Bi-Pb-Au-Ag-W-Sn 组合异常。强度高且规模大的 Cu 异常，浓集中心非常明显，与激电异常吻合较好，最高值 $w(\mathrm{Cu})=843.2\times10^{-6}$。$w(\mathrm{Pb})$最高值为 164.4×10^{-6}，$w(\mathrm{Au})$最高值为 5.87×10^{-9}；$w(\mathrm{Mo})$最高值为 7.46×10^{-6}，$w(\mathrm{Ag})$最高值为 0.24×10^{-6}。相关性较差。

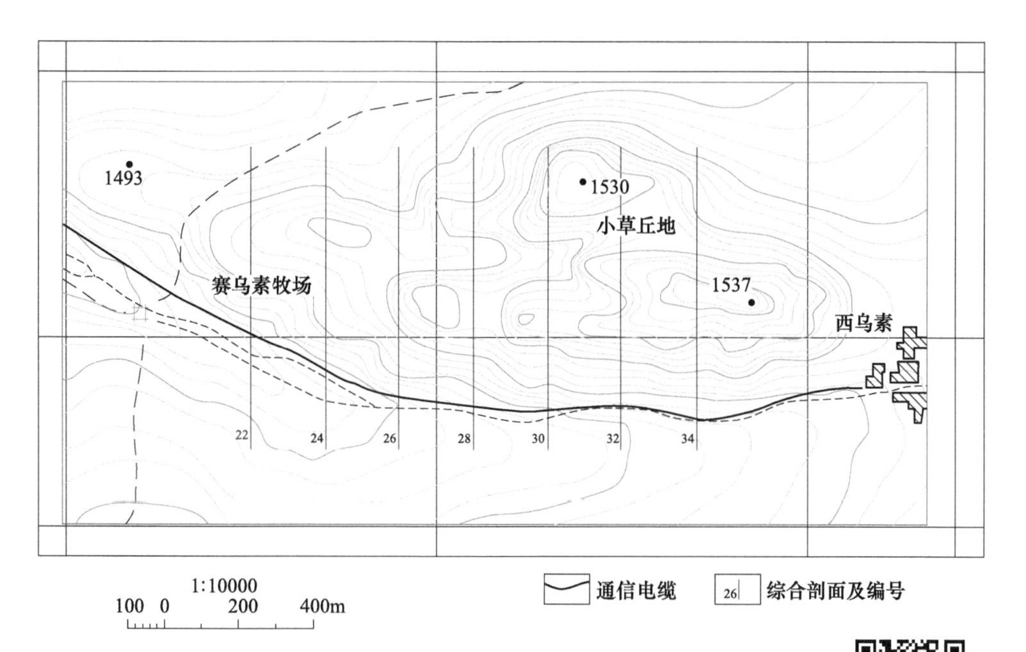

图 1-4 北区地形图

扫一扫
查看彩图

异常区出露的岩石由南向北、由新到老主要有宝格达乌拉组（N_2b）杂色黏土夹砾石、三面井组（P_1sm）结晶灰岩、变质石英砂岩、呼吉尔图上部（Qn*hj*）大理岩以及燕山早期（$J_3\xi\gamma$）黑云母钾长花岗岩。在异常的北侧有一条长 750m，宽 10~50m 平行于异常的石英脉分布。在石英脉的北部有一走向近东西的断层存在。岩石多数具褐铁矿化，大理岩硅化较强烈，黑云母钾长花岗岩具碳酸盐化、高岭土化，石英脉具硅化、局部出现较为强烈的褐铁矿化。在石英脉露头布置了一批探槽，见多条蚀变带及石英脉，普遍碳酸盐化、高岭土化、硅化和褐铁矿化，个别地方有赤铁矿化和铁染现象。花岗岩脉具绿帘石化。取化学样分析结果不是太好，最高品位：$w(\text{Cu})=0.2\%$，$w(\text{Ag})=2.2\times10^{-6}$，$w(\text{Au})=0.14\times10^{-6}$，$w(\text{Zn})=0.016\%$，$w(\text{Pb})=0.01\%$。

在 26 和 30 线布置了激电测深剖面。通过激电测深工作，在 30 线拟断面图上，激电异常分解为四个子异常，反映地下深部存在产状整体呈北倾的低阻带的多个高阻高极化体，为一复合异常。初步认为其中的一个子异常（浅部接近地表的低阻高极化子异常可能性大）和负异常为通信电缆所致，而其他异常为深部极化体所致。对各测深点电阻率曲线进行了定量解释，30 线 118 点视电阻率 ρ_s 测深曲线定量解释结果见表 1-1。由解释结果可知，该点两个极化体的埋深分别约为 9m 和 300m，上部极化体厚约 45m，下部极化体厚度未知，如图 1-5 所示。

表 1-1 P30 线 118 点解释结果表

电性层编号	厚度/m	电阻率值/Ω·m
1	4	280
2	1.9	924
3	2.3	20
4	45	495
5	250	100
6	—	830

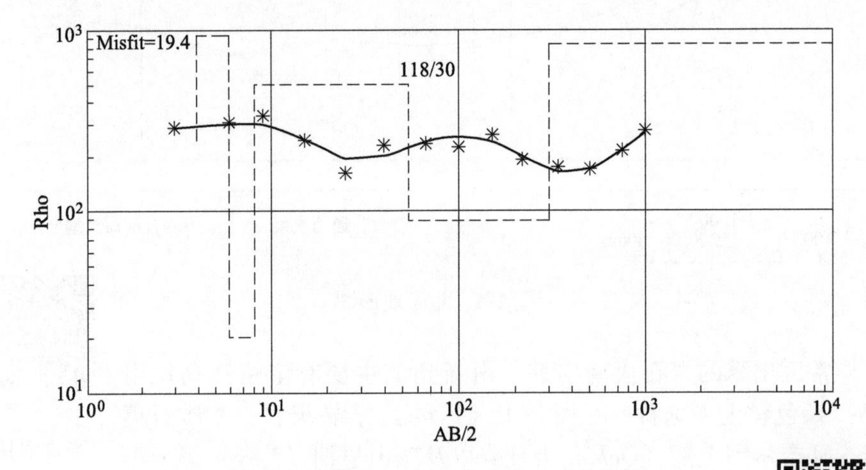

图 1-5 30 线 118 点视电阻率 ρ_s 反演曲线

扫一扫
查看彩图

DHJ-2：位于南区 0~12 线的南侧为一低阻高极化弱异常，呈北西—南东向展布（见图 1-6）。异常区出露的岩石为呼吉尔图上部（Qn*hj*）结晶灰岩。岩石节理裂隙较发育，方解石含量较高，片理化较发育，局部裂隙面可见碳酸盐细脉。AP2 以 Pb-Zn-Sn-Bi 为主，伴有 Cu-Sb-Au-Mo-Ag 组合异常。w(Zn) 最高值为 736×10^{-6}，w(Pb) 最高值为 777.9×10^{-6}，w(Sn) 最高值为 214.3×10^{-6}，w(Bi) 最高值为 135.2×10^{-6}；相关性较好；w(Cu) 异常面积较小，最高值为 294.3×10^{-6}。

对 6 剖面测深数据进行了电阻率反演计算，反演结果 48 点和 60 点（见图 1-7 和图 1-8）高阻体顶板埋深 25~40m，从图上可见极化体顶部埋深 48 点在 120m 左右，60 点极化体顶部埋深约 180m，中心埋深为 300m 左右。从电阻率断面图上可见在 400m 以下电阻率显示为低阻，推测该异常为矿致异常。在 60 点处布置施工钻孔 ZK601，孔深 475.00m，于 87.30~98.30m、119.50~128.70m、155.40~170.30m 见三层视厚分别为 11.00m、12.20m、14.90m 的炭质板岩，推断该异常由炭质板岩引起。

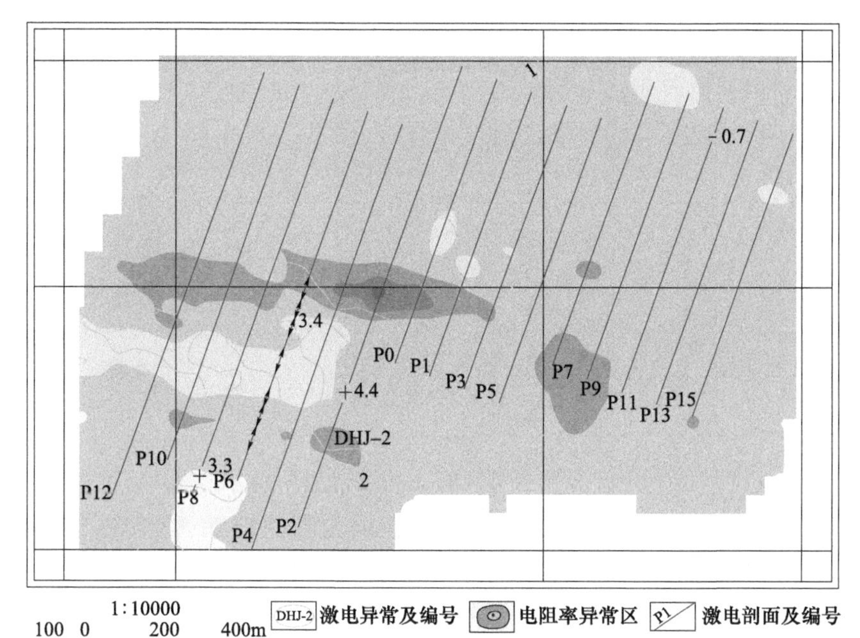

扫一扫
查看彩图

图 1-6 DHJ-2 异常图

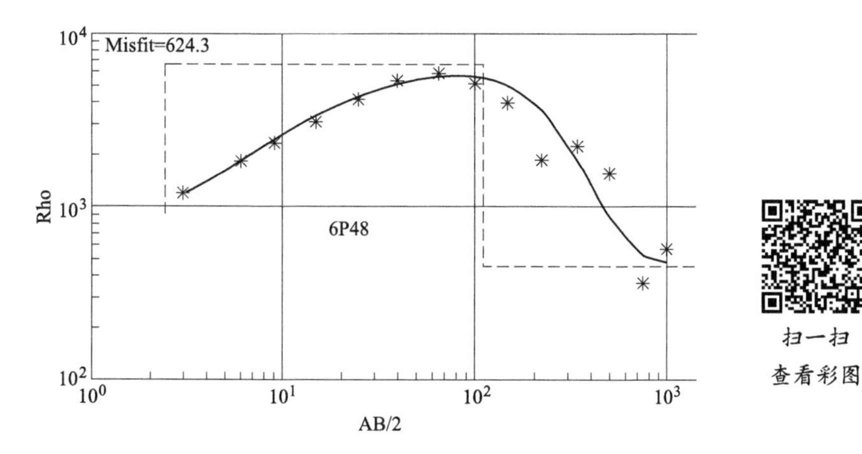

扫一扫
查看彩图

图 1-7 6 剖面线 48 点视电阻率 ρ_s 反演曲线

1.3.2 异常区地球化学特征

通过 1∶10000 化探扫面，在测区内圈出 7 个综合异常区，编号为 AP1～AP7。其中编号为 AP2 的异常区中由于含有一条 Pb、Zn 矿化带和一条 Sn 矿化带而产生异常，编号为 AP3 的异常区中由于含有一条 Pb、Zn 矿化带而产生异常。

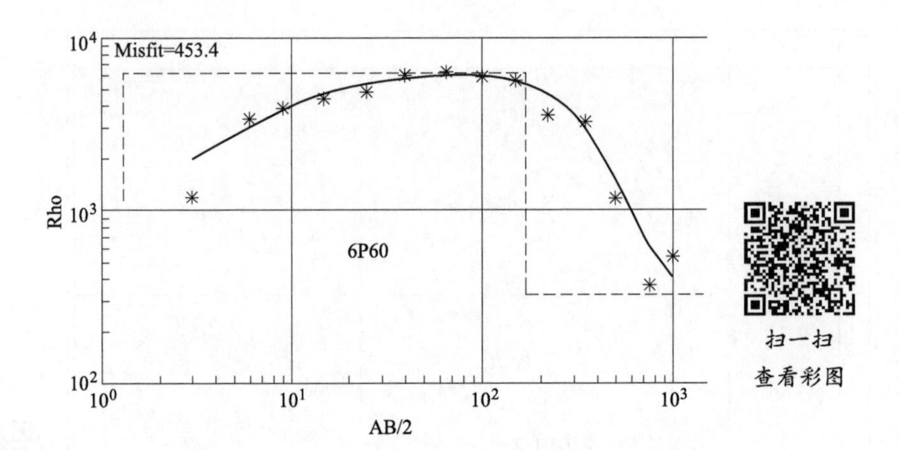

图 1-8　6 剖面线 60 点视电阻率 ρ_s 反演曲线

AP1 号异常位于测区东南角，不规则分布在白云鄂博群呼吉尔图二段下部（Qnhj^2ls）结晶灰岩之中，面积约 2.65km^2，此异常以 Sn 为主，伴生 W、Zn、Ag、Pb。w(Sn) 异常均值为 21.33×10^{-6}，最大值为 122.3×10^{-6}。该区异常地球化学条件较好，故对该区四条正南北向的剖面 P17、P19、P21、P23 进行 1∶5000 化探。与 1∶10000 化探扫面组合异常相比，剖面结果与该异常的西部较吻合，而在东部扫面中有 Sb、W 的较高强度异常，剖面数据并没有显示。其中，样品 19025 中 w(Sb) 为 8.92×10^{-6}，w(Sn) 为 88.76×10^{-6}，w(Zn) 为 1107.12×10^{-6}，w(Ag) 为 1.166×10^{-6}；样品 1707 中 w(Sb) 为 8.92×10^{-6}，w(Mo) 为 10.25×10^{-6}。

AP2 号异常位于测区南部，呈不规则似椭圆形展布，面积约 1.29km^2，以 Bi、Pb、Sn 为主，伴生 Ag、Zn、W、Sb、Cu。w(Bi) 异常均值为 7.41×10^{-6}，最大值为 135.17×10^{-6}。w(Pb) 异常均值为 117.3×10^{-6}，最大值为 691.85×10^{-6}。w(Sn) 异常均值为 26.3×10^{-6}，最大值为 135.33×10^{-6}。w(Bi) 的异常规模最大，与相关元素套合度强，异常强度四级，衬度高达 14.8，说明其异常高值点不仅分布范围广且较为平均。Pb 的异常面积最大，异常强度四级，异常衬度约 4.7，走向南东，其中 Zn 异常强度 3~4 级。Sn 异常强度四级，衬度高达 6.6，与 Pb 的套合度最好（见表 1-2）。

AP3 号异常位于测区西南，呈不规则展布，面积约 1.73km^2，以 Pb、Zn、Sn、Bi 为主，伴生 W、Sb、Au、Ag、Cu。w(Pb) 异常均值为 76.07×10^{-6}，最大值为 500×10^{-6}。w(Zn) 异常均值为 143.27×10^{-6}，最大值为 469.2×10^{-6}。w(Sn) 异常均值为 12.26×10^{-6}，最大值为 50×10^{-6}。w(Bi) 异常均值为 1.68×10^{-6}，最大值为 23.73×10^{-6}。异常区内相关元素套合度很高，其中 Pb 异常规模最大，衬度为 3.04，异常强度四级，高值点突出，与相关元素套合度高；Bi 达到四级异常，衬度较高（3.4），与 Sn 套合度高；虽然 Zn 的异常规模较大，高值点突出，达到三级异常，但衬度较低，与上述元素吻合不太好；Sn 异常强度四级，衬度达到 3，与主要元素的相关性较强。W 达到三级异常，与相关元素套合性较好；其余伴生元素与主要元素的套合度高，见表 1-3。

表 1-2 AP2 异常特征值表

元素名称	Bi	Pb	Sn	Ag	Zn
异常面积/km^2	0.58	0.81	0.48	0.29	0.38
形状	不规则	不规则	不规则	不规则	不规则
异常均值	7.41	117.3	26.3	0.315	157.15
最大值	135.17	691.85	135.33	1.995	500
异常衬度	14.8	4.7	6.6	3.2	1.6
异常规模	8.62	3.8	3.14	0.9	0.59
元素名称	W	Sb	Cu	Mo	Au
异常面积/km^2	0.2	0.12	0.038	0.035	0.018
形状	不规则	不规则	不规则	不规则	不规则
异常均值	5.7	6.9	78.57	2.1	2.46
最大值	29.35	31.1	177.32	3.52	2.89
异常衬度	2.85	2.77	3.93	1.38	1.23
异常规模	0.56	0.34	0.15	0.05	0.02

注：Au 元素质量分数为$\times10^{-9}$，其他元素质量分数为$\times10^{-6}$。

表 1-3 AP3 异常特征值表

元素名称	Pb	Zn	Sn	Bi	W
异常面积/km^2	0.57	1.03	0.41	0.29	0.37
形状	不规则	不规则	不规则	不规则	不规则
异常均值	76.07	143.27	12.26	1.68	3.87
最大值	500	469.2	50	23.73	15.63
异常衬度	3.04	1.43	3.06	3.36	1.94
异常规模	1.72	1.47	1.24	0.98	0.71
元素名称	Sb	Au	Ag	Cu	
异常面积/km^2	0.11	0.06	0.07	0.04	
形状	不规则	不规则	不规则	不规则	
异常均值	3.96	3.54	0.15	38.87	
最大值	7.77	11.02	0.341	93.6	
异常衬度	1.58	1.77	1.48	1.94	
异常规模	0.18	0.108	0.107	0.08	

注：Au 元素质量分数为$\times10^{-9}$，其他元素质量分数为$\times10^{-6}$。

AP4 号异常位于测区中部，呈椭圆形分布，面积约 1.74km^2，以 W、Cu 为主，伴生为 Au、Zn、Sb。w(W) 的异常均值为 3.86×10^{-6}，最大值为 36.61×10^{-6}。w(Cu) 的异常均值为 40.8×10^{-6}，最大值为 100×10^{-6}。

AP5 号异常位于测区西北部，呈北东向半封闭式椭圆形分布于燕山早期侵入岩（$J_3\xi\gamma$）和二叠系下统三面井组地层之中，面积约 1.5km^2，以 Au、Cu 为主，伴生 Mo、Ag、Bi。w(Au) 的异常均值为 6.11×10^{-9}，最大值为 48.32×10^{-9}。w(Cu) 的异常均值为 72.69×10^{-6}，最大值为 337.04×10^{-6}，见表 1-4。该区异常地球化学条件较好，故对该区四条南北向剖面 P24、P26、P28、P30 进行 1∶5000 化探，剖面结果与 1∶10000 化探结果基本吻合。其中，在该异常中有一条北西向的石英脉侵入，在石英脉与三面井组（P_1sm）的变质石英砂岩的接触部位，发现有 Cu 的连续高值点，这与该区域 1∶10000 化探异常所圈定的 Cu 大面积四级异常吻合。样品 26019 的 w(Cu) 为 78.33×10^{-6}，样品 24020 的 w(Cu) 为 72.6×10^{-6}，样品 30006 的 w(Cu) 为 75.41×10^{-6}，说明 Cu 异常与石英脉有关。

表 1-4 AP5 异常特征值表

元素名称	Au	Cu	Mo	Ag
异常面积/km^2	0.29	0.21	0.23	0.2
形状	不规则	不规则	不规则	不规则
异常均值	6.11	72.69	2.42	0.15
最大值	48.32	337.04	9.7	0.455
异常衬度	3.05	3.63	1.61	1.47
异常规模	0.89	0.76	0.37	0.29
元素名称	Bi	Pb	W	Sb
异常面积/km^2	0.13	0.04	0.045	0.01
形状	不规则	不规则	不规则	圆形
异常均值	0.73	47.01	2.42	3.32
最大值	2.82	164.37	4.16	4.43
异常衬度	1.46	1.88	1.21	1.33
异常规模	0.19	0.08	0.054	0.014

注：Au 元素质量分数为$\times10^{-9}$，其他元素质量分数为$\times10^{-6}$。

AP6 号异常位于测区北部，呈圆形分布，面积约 0.9km^2，以 Pb、Sn、Mo 为主，伴生 Ag、Au、Bi、Zn、W。w(Pb) 异常均值为 70.74×10^{-6}，最大值为 180.16×10^{-6}。w(Sn) 异常均值为 6.54×10^{-6}，最大值为 50×10^{-6}。w(Mo) 异常均值为 2.16×10^{-6}，最大值为 5.18×10^{-6}。

AP7 号异常位于测区东北，呈半封闭式不规则展布，面积约 2km^2，以 Sb、

Ag、Sn、Cu、Bi、W 为主，伴生 Mo、Pb、Au、Zn。w(Sb) 的异常均值为 4.21×10^{-6}，最大值为 10.68×10^{-6}。w(Ag) 的异常均值为 0.17×10^{-6}，最大值为 0.58×10^{-6}。w(Sn) 的异常均值为 6.64×10^{-6}，最大值为 50×10^{-6}。w(Bi) 的异常均值为 0.82×10^{-6}，最大值为 3.35×10^{-6}。w(Cu) 的异常均值为 34.38×10^{-6}，最大值为 100×10^{-6}。该区异常地球化学条件较好，故对该区布设了 P36、P38、P40 三条剖面进行 1∶5000 化探。在 1∶10000 中异常元素较复杂，套好情况较差。通过剖面测量，在剖面 P40 中发现了 Sb 连续的异常高值点，其他元素没有异常显示。

化探异常区构造运动强烈，新近系、二叠系、白云鄂博群地层较为发育，伴有燕山早期肉红色中细粒黑云母钾长花岗侵入岩。异常区内的元素组合可按吻合度分为两组：W、Cu、Sn、Bi、Au 组合吻合最好，衬度为 1.3~1.7，Sn 的异常强度为四级，Bi、Cu 为三级，W 为二级，四者异常规模较大，异常连续性较好，Au 一级，异常连续性差。Ag、Sb、Mo、Pb、Zn 组合吻合比前一组差，衬度不高，Ag、Sb 异常规模较大，为三级异常，异常连续性差。Mo、Pb、Zn 为低缓异常，分布零散，异常连续性较差。圈定的 Cu 大面积四级异常吻合。样品 26019 的 w(Cu) 为 78.33×10^{-6}，样品 24020 的 w(Cu) 为 72.6×10^{-6}，样品 30006 的 w(Cu) 为 75.41×10^{-6}，说明 Cu 异常与石英脉有关。

1.4 矿床类型与成矿模式

1.4.1 矿床类型

内蒙古自治区察哈尔右翼后旗西乌素铅锌矿成因主要受地层控制，矿化带均产在中元古界白云鄂博群（ChQnB）呼吉尔图组（$Qnhj^2$）结晶灰岩中，为本区主要 Pb、Zn、Cu、Ag、Sn 赋矿层位，特别是该地层中发育的褐铁矿化蚀变带是上述三种成矿元素的富集部位，该蚀变带是寻找铅锌多金属矿的有利地段。沿地层与晚侏罗世黑云母钾长花岗岩（$J_3\xi\gamma$）的外接触带产出有五道湾铅矿点、铜矿点、总管沟铅矿点，并且均为矽卡岩类型矿床，可见该地区的金属矿产与侏罗纪花岗岩活动有密切的关系。而矿区内所发现的三条矿化带，均有岩体派生花岗岩脉充填，均为破碎褐铁矿化，为酸性岩体与碳酸盐接触带较远的产物。可见该岩体为该地区成矿热动力，其间也可能携带物源。

1.4.2 成矿模式

乌兰哈达—高勿素深大断裂自古元古代吕梁晚期开始，受各种板块、地块挤压构造的影响，在区域上形成了近东西向分布的深大断裂，并且具有多期次继承性活动的特征（卢进才等，2002）。燕山期，由于乌兰哈达—高勿素深大断裂活化，控制了白云鄂博群地层的总体展布，为上涌的岩浆热液提供了运移通道。同时在白云鄂博群内发育了很多褶皱以及次级小断裂，为成矿提供了储藏、运移的空间（陈科，2011）。幔源岩浆沿着这些褶皱及次级小断裂上涌，大量的与成矿有关的物质、化学活动性流体随着岩浆热液向上运移。深部上涌的化学活动性流体与大气降水渗流而下的富水流体相互作用，形成成矿流体（王伏泉，1991；胡文宣等，2001；李钢柱等，2008）。成矿流体与黑云母钾长花岗岩发生强烈的水岩交代反应，黑云母钾长花岗岩中的金及其他元素被活化、迁移、富集，完成还原态—氧化态—还原态的重要的金富集旋回（Perring，1991）。随着不断萃取岩体中的金元素，围岩也发生了硅化、褐铁矿化、黄铁矿化。当富集达到一定程度，就沿着一定的构造裂隙运移，随着温度、压力的下降等物化条件的改变，最终含矿的热液充填交代在层间断裂构造中形成了西乌素金多金属矿。

1.5 结论与认识

（1）物探结果显示，西乌素金多金属矿区内出现了两个异常区。DHJ-1 异常区主要由通信电缆以及深部的极化体所导致。DHJ-2 异常区主要由矿以及炭质板岩所引起，所以该异常区内一定有矿产出。

（2）化探结果显示，西乌素金多金属矿区内出现了 7 个异常区。AP1 号异常以 Sn 为主。AP2 号以 Bi、Pb、Sn 为主。AP3 号以 Pb、Zn、Sn、Bi 为主。AP4 号异常以 W、Cu 为主。AP5 号异常以 Au、Cu 为主，由石英脉所引起该区异常。AP6 号异常以 Pb、Sn、Mo 为主。AP7 号异常以 Sb、Ag、Sn、Cu、Bi、W 为主。

（3）西乌素金多金属矿的矿床类型为矽卡岩类型。

（4）燕山期，乌拉哈达—高勿素断裂活化，控制了白云鄂博群地层的总体展布，为岩浆热液提供了运移通道。同时在白云鄂博群内发育了很多褶皱以及次级小断裂，为成矿提供了储藏、运移的空间。幔源岩浆沿着这些断裂上涌，并最终形成西乌素金多金属矿床。

2 内蒙古商都小窝图金多金属矿地质特征及矿床成因

本章系统阐述内蒙古小窝图村金多金属矿地质特征，详细介绍区域矿产资源类型及矿床成因，通过物探和化探的手段对该区进行研究。矿区内的矿石矿物组合分为黄铁矿蚀变岩型、黄铁矿石英脉型，矿区内矿床主要受构造蚀变带和石英脉的控制。矿区的找矿标志主要为白云母伟晶花岗岩及其与地层接触带、构造蚀变带中的黄铁矿化、褐铁矿化石英脉和化探异常点。这表明小窝图村金多金属矿含有丰富的矿产资源，本章研究为该区的找矿提供了方向。

内蒙古小窝图村金多金属矿位于内蒙古自治区商都县境内，距商都县北东6km处。地理位置上地处内蒙古高原中部，地势北高南低，西高东低，西部土城南山高地一带，海拔标高1795m，中东部为中低山区，小窝图村一带海拔标高1497m，最大相对高差达298m。研究区内新发现的矿种主要有铁矿、硅石矿。小窝图村金多金属矿是内蒙古自治区第一地质矿产勘查开发院在2007—2009年的矿调项目中新发现的矿，是商都地区发现的又一小型金矿床，对具有相同构造背景的其他地区找矿具有重要的指导意义。

商都地区矿产较为丰富，小窝图村金多金属矿区域上位于内蒙古地轴与内蒙古华力西晚期褶皱带交汇处，构造条件较为复杂。该区晚古生代以来，经历了多期构造沉降，是出产矿物资源非常良好的地方（万天丰，2004；胡鸿飞等，2008；翟裕生等，1999；芮宗瑶等，1994）。自商都项家村金属矿发现之后（密文天等，2015），该区又连续发现多处金属矿（肖伟，2013；严吴伟，2013；李文博等，2008）。小窝图地区同属商都县境内，内蒙古自治区第一物探化探队在1990年对商都府进行了化探扫面工作时，在该地区内圈出5个异常集中分布区。推测该地区极有可能蕴含大量金属矿，很有必要采取更加精细的手段对其进行研究，这对小窝图金多金属矿的找矿工作有非常重要的价值。

2.1 区域地质概况

商都县位于华北地区内蒙古地轴北缘中段，白云鄂博裂谷带东段南缘，乌兰哈达—高勿素深大断裂北侧，属于内蒙古地轴与内蒙古草原交接部位（罗全星等，2022）。前中生代地层区划为华北地层大区，晋冀鲁豫地层区，阴山地层分区，大青山地层小区；中新生代属滨太平洋地层区，大兴安岭—燕山地层分区，阴山地层小区。出露地层（见表 2-1）主要为中元古界白云鄂博群（ChQnB）都拉哈拉组（Ch*d*）、哈拉霍疙特组（Jx*h*）及比鲁特组（Jx*b*）；新近系上新统宝格达乌拉组（N_2b）；第四系全新统（Qh）。

表 2-1　商都地区区域地层单位表

界	系	统	群	组	代号	主要岩性	厚度/m
新生界	第四系	全新统	—	—	Qh	冲洪积砂砾石层、湖积黏土	>10
	新近系	上新统	—	宝格达乌拉组	N_2b	红色、杂色黏土夹砂砾石层	>500
中上元古界	长城系	—	白云鄂博群	比鲁特组	Jx*b*	千枚状板岩、千枚岩、夹变质砂岩、石英岩	2209
				哈拉霍疙特组	Jx*h*	结晶灰岩、含砾石英岩、变质砂岩、透闪石岩	1355
				都拉哈拉组	Ch*d*	石英岩夹变质砂岩	1993

区域内分布的褶皱构造有东房子倒转向斜、永顺堡倒转破背斜、断裂构造有乌兰哈达—高勿素深大断裂，在岩体和地层内发育有近南北向的石英脉和石英斑岩脉、闪长岩脉及破碎蚀变带等，这些脉岩及破碎蚀变带对金多金属矿的形成较为有利。

2.1.1 地层

商都县出露地层（见图 2-1）主要为中元古界白云鄂博群（ChQnB）都拉哈拉组（Ch*d*）、哈拉霍疙特组（Jx*h*）及比鲁特组（Jx*b*）；新近系上新统宝格达乌拉组（N_2b）；第四系全新统（Qh）。

都拉哈拉组（Ch*d*）零星出露于五泉洼—五喇嘛一带呈部裂分布于华力西晚期灰白色白云伟晶花岗岩体（$P_2\gamma\rho$）中，出露面积约 0.8km²，是本区较老的地层单位。总体构造线方向呈北西—南东向，出露岩性有灰白色变质石英砂岩、白色石英岩、灰色千枚岩、千枚状板岩等。

哈拉霍疙特组（Jx*h*）主要分布于石正发—乔家村一带，在二忽赛村北东部有小面积分布。出露总面积约 5.40km²，总体走向呈近北西向。该组岩性下部以深灰色、灰白色变质石英砂岩、灰白色石英岩、含砾石英岩夹变质砂岩透闪石岩及黑色板岩薄层为主，上部以灰黑色含砾石英岩、灰色、灰白色灰岩、青灰色、深灰色结晶灰岩为主。层理产状总体倾向西部为北西向，南东部倾向南东。岩石普遍变形不明显，岩层内有石英脉、花岗岩脉穿切，岩层层序连续，上下限清楚。区域上哈拉霍疙特组处于东房子向斜南、北两翼，向西延伸至双井子，地层出露较宽且较稳定，由于晚二叠世黑云母钾长花岗岩侵入，地层有变窄的趋势。

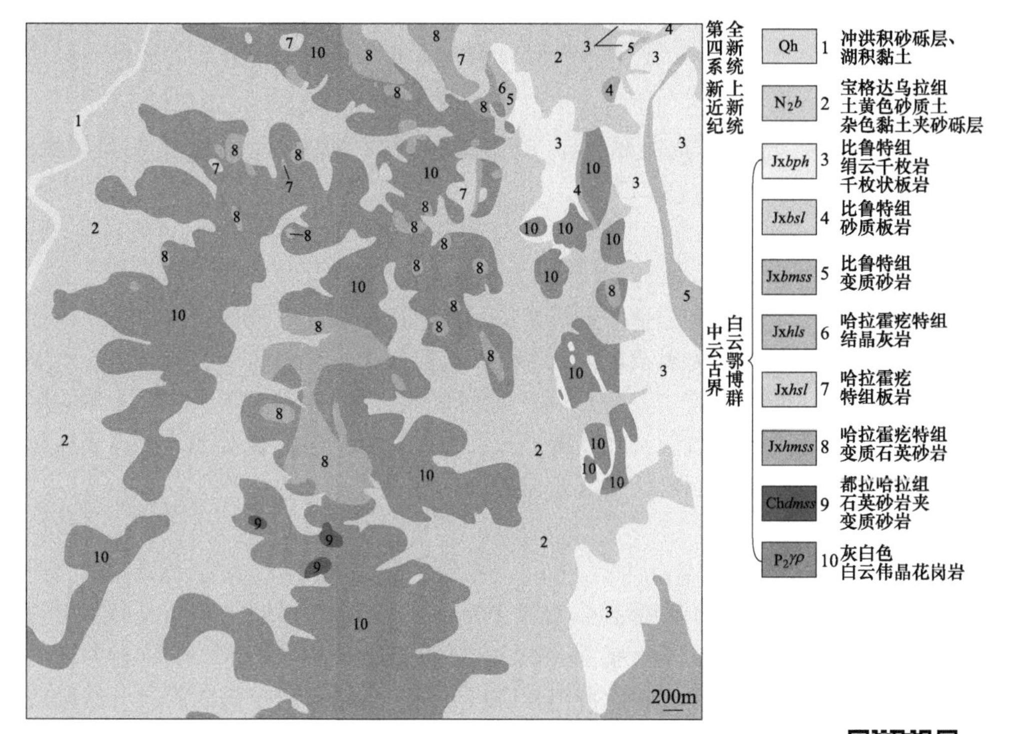

图 2-1 商都县地质简图

扫一扫
查看彩图

经区域变质作用和变形作用较弱，岩层层理较完整。该套地层在乔家村一带出露厚度为 1209.97m。该岩组与上覆比鲁特组整合接触，与新近系呈不整合接触。

比鲁特组（Jx*b*）主要分布于二忽赛—郎头营村等地。出露总面积约 7.4km^2，总体构造线方向在梁家村呈南东向展布，二忽赛呈近南北向展布。该组岩性为青灰色千枚状板岩、灰白色变质石英砂岩、灰色千枚岩、灰黑色硅质板岩等（王文祥等，2017）。下部以灰色变质石英砂岩夹薄层板岩、底部锌锰矿化角岩、深灰色硅质板岩、含磁铁变质砂岩夹薄层变质砂岩、深灰色千枚状板岩为主，上部以深灰色千枚状板岩、深灰色千枚状板岩夹青灰色千枚岩为主。层理产状总体倾向北西、北东向，上部岩层倾角较陡，下部岩层倾角较缓。岩石普遍变形明显，发育较多层间小褶皱，岩层内有石英脉沿断层破碎带侵入，上下限清晰。属浅海盆地相沉积。区域上分布于梁家村的比鲁特组处于东房子向斜核部，与下伏哈拉霍疙特组为不整合接触。经区域变质和变形作用较强，岩层发育较多层间小褶皱，呈叠瓦状排列。该套地层在郎头营村一带出露厚度为 1216.50m。走向 150°~170°，倾向北东，倾角 45°~62°。该岩组与下伏哈拉霍疙特组呈整合接触，与华力西晚期灰白色白云母伟晶花岗岩体为侵入接触关系。

新近系宝格达乌拉组（N_2b）在该区分布较大，约占全区的1/2，上部为土黄色砂质土，厚2~3m，下部为红色黏土及砂砾层。一般冲沟下部可见红色黏土及砂砾层，新近系宝格达乌拉组（N_2b）在矿区南部分布较大，地形较平缓。

第四系全新统（Qh）主要分布在区域的沟谷、河床中，岩性主要为冲积、洪积砂砾石层（贺增霞，2021）。

2.1.2 构造

按板块构造观点小窝图金多金属矿位于内蒙古地轴与内蒙古华力西晚期褶皱带交汇处，构造条件较为复杂。区域内分布的褶皱构造有东房子倒转向斜、永顺堡倒转破背斜、断裂构造有乌兰哈达—高勿素深大断裂（F11），在岩体和地层内发育有近南北向的石英脉和石英斑岩脉、闪长岩脉及破碎蚀变带等，这些脉岩及破碎蚀变带对金多金属矿的形成较为有利。

2.1.2.1 褶皱构造

东房子倒转向斜位于商都县城西北2km，轴向300°，轴长10km，出露宽约7km，向北西开阔。轴部岩层为白云鄂博群比鲁特组千枚状板岩、千枚岩夹变质砂岩、石英岩，两翼为哈拉霍疙特组含砾石英岩、变质砂岩、透闪石岩、结晶灰岩。北翼岩层倒转，倾角45°~70°，南翼正常，岩层倾角52°~75°。北西端及南翼被中粒黑云母钾长花岗岩（$P_2\xi\gamma$）侵入，南东端被上新统掩盖，向斜尚较完整。

永顺堡倒转坡背斜形成时代为燕山早期褶皱，位于商都县城东北10km，永顺堡—二忽赛村一带，褶皱宽约20km。仅出露背斜向北西倾末部分，褶皱轴部广大空间被华力西晚期白云母伟晶花岗岩（$P_2\gamma\rho$）占据，仅残留零星白云鄂博群哈拉霍疙特组含砾石英岩、变质砂岩、透闪石岩、结晶灰岩，两翼为白云鄂博群比鲁特组千枚状板岩、千枚岩夹变质砂岩、石英岩，北东翼倾向北东，倾角52°~75°，西南翼转向北东倾，和东房子倒转向斜相连，倾角45°~70°。

2.1.2.2 断裂构造

乌兰哈达—高勿素深大断裂为区域上一条深大断裂，卫片上表现为北西西向线形构造，影像较为清晰。位于商都南洼地中，分布于乌兰哈达—高勿素一线，断裂两侧形成不同的地貌和地理景观。断裂通过地段全为新生界覆盖。断裂北盘元古界白云鄂博群的分布严格受此断裂的控制，断裂仍未出露。沿断裂两侧有较强烈的岩浆活动，二叠纪最为强烈，沿断裂有黄小村岩体、白音查干岩体、二忽赛岩体分布于商都东部；燕山期又形成红格尔图岩体；喜马拉雅湖断裂南侧有大片玄武岩沿次一级断裂喷发。

2.1.3 岩浆岩

小窝图金多金属矿分布的岩浆岩，主要为晚二叠世白云母伟晶花岗岩（$P_2\gamma\rho$），脉岩主要有石英脉、闪长岩脉、石英斑岩脉、花岗岩脉等。白云母伟晶花岗岩（$P_2\gamma\rho$）空间分布上，与比鲁特组为侵入接触关系，多呈岩基状产出，但也有呈不规则的脉状或岩枝状产出。脉岩产出方向以 NE、NW 向为主，与成矿有关的脉岩有闪长岩脉、石英脉、花岗岩脉等。

2.2 矿体地质特征

2.2.1 矿体形态、产状、规模

矿区共圈定 5 条矿体，其中Ⅰ-1、Ⅰ-2 号金矿体在 HSP1 号矿化带中，Ⅱ、Ⅱ-1 号金矿体在 HSP3 号矿化带中，Ⅲ号银矿体在 HSP4 号矿化带中，在钻孔中均未见到各矿体。

（1）Ⅰ-1 号矿体位于 HSP1 号矿化蚀变带南端，地表由 TC84 和 TC96 号探槽控制，TC84 号探槽控制金矿体厚度 2m，金品位 $w(\mathrm{Au}) = 17.90\times10^{-6}$，$w(\mathrm{Ag})=6.73\times10^{-6}$；TC96 号探槽控制金矿体厚 1m，金品位 $w(\mathrm{Au})=2.64\times10^{-6}$，$w(\mathrm{Ag})=1.34\times10^{-6}$。深部由 ZK701 号钻孔控制，控制孔深 215.66m，矿体倾向 145°，倾角 48°，但未见Ⅰ-1 金矿体。Ⅰ-1 金矿体长约 40m，厚 1.5m。金品位 $w(\mathrm{Au})=10.27\times10^{-6}$，$w(\mathrm{Ag})=4.04\times10^{-6}$。

（2）Ⅰ-2 号矿体位于 HSP1 号矿化蚀变带北端，地表由 TC100 和 TC101 号探槽控制，TC100 号探槽控制金矿体厚 2m，金品位 $w(\mathrm{Au}) = 2.06\times10^{-6}$，$w(\mathrm{Ag})=1.42\times10^{-6}$；TC101 号探槽控制金矿体宽 1m，金品位 $w(\mathrm{Au}) = 0.96\times10^{-6}$，$w(\mathrm{Ag}) = 0.97\times10^{-6}$。深部由 ZK001 和 ZK201 号钻孔控制，孔深分别为 222.19m 和 200.09m，矿体倾向 120°，倾角 53°。但均未见Ⅰ-2 金矿体。Ⅰ-2 金矿体长度为 100m，平均宽度为 0.93m，平均品位 $w(\mathrm{Au})=1.57\times10^{-6}$。

（3）Ⅱ号矿体位于 HSP3 号矿化蚀变带中，地表由 TC9 和 TC10 号探槽控制，TC9 号探槽控制金矿体厚 5.5m，金品位 $w(\mathrm{Au})=6.40\times10^{-6}$，$w(\mathrm{Ag})=2.65\times10^{-6}$，TC10 号探槽控制金矿体宽 0.2m，金品位 $w(\mathrm{Au})=25.46\times10^{-6}$，$w(\mathrm{Ag})=8.8\times10^{-6}$；深部由 ZK901 号钻孔控制，控制孔深为 200.62m，矿体倾向 70°，倾角 52°。但均未见Ⅱ金矿体。Ⅱ号金矿体长 60m，平均宽度为 1.83m，平均品位 $w(\mathrm{Au})=15.56\times10^{-6}$。

（4）Ⅱ-1 号矿体位于 HSP3 号矿化蚀变带中，地表由 TC9 和 TC10 号探槽控制，TC9 号探槽控制金矿体厚 1.3m，品位 $w(\mathrm{Au})=1.805\times10^{-6}$，$w(\mathrm{Ag})=1.03\times10^{-6}$；TC10 号探槽控制金矿体宽 1.0m，品位 $w(\mathrm{Au}) = 8.09\times10^{-6}$，

$w(Ag)=2.94\times10^{-6}$；深部由 ZK901 号钻孔控制，孔深为 200.62m，矿体倾向 70°，倾角 50°。但均未见Ⅱ-1 金矿体。Ⅱ-1 号金矿体长 60m，平均宽度为 0.67m，平均品位 $w(Au)=8.66\times10^{-6}$。

（5）Ⅲ号矿体位于 HSP4 号矿化蚀变带中，由一条采样线和三条探槽控制，CY81 采样线控制矿体宽 1.0m，品位 $w(Ag)=51.64\times10^{-6}$；TC109 探槽最高品位 $w(Ag)=2.04\times10^{-6}$；TC110 探槽，控制矿体宽 3.4m，品位 $w(Ag)=28.52\times10^{-6}$ ~ 62.37×10^{-6}，平均品位 $w(Ag)=42.87\times10^{-6}$；TC111 探槽，控制矿体宽 1.0m，品位 $w(Ag)=86.48\times10^{-6}$。深部由 ZK2501 和 ZK2701 号钻孔控制，孔深分别为 220.12m 和 210.02m，矿体倾向 70°，倾角 56°。Ⅲ号银矿体长 170m，平均宽 1.36m，平均品位 $w(Ag)=56.14\times10^{-6}$。

2.2.2 矿化蚀变带特征

根据 1∶5000 物探结果和 1∶10000 化探结果，在小窝图村测区共发现矿化蚀变带 6 条。

HSP1 矿化蚀变带位于小窝图村东约 1600m，赋存于晚二叠世白云母伟晶花岗岩体捕虏体比鲁特组千枚状板岩中，矿化蚀变带长约 500m，宽 10~25m，呈北东向 30°分布，倾向 120°，倾角 50°~54°。矿化蚀变带破碎较强，褐铁矿化较普遍。矿化蚀变带岩性为褐铁矿化千枚状板岩、变质砂岩，矿化蚀变带内有石英脉沿蚀变带方向产出。石英脉宽 1~3m，长约 200m，石英脉具褐铁矿化可见星点状细小金粒。石英脉拣块样 $w(Au)=1.85\times10^{-6}$ ~ 50.25×10^{-6}，$w(Ag)=0.33\times10^{-6}$ ~ 16.85×10^{-6}；变质砂岩 $w(Au)=0.52\times10^{-6}$ ~ 1.38×10^{-6}，$w(Ag)=0.34\times10^{-6}$ ~ 0.48×10^{-6}。经七条探槽控制，有四条探槽见矿。TC84 号探槽控制金矿体厚 2m，品位 $w(Au)=17.90\times10^{-6}$，$w(Ag)=6.73\times10^{-6}$；TC96 号探槽控制金矿体厚 1m，品位 $w(Au)=2.64\times10^{-6}$，$w(Ag)=1.34\times10^{-6}$。TC84 和 TC96 号探槽控制Ⅰ-1 金矿体长约 40m，厚 1.5m，倾向 145°，倾角 48°。品位 $w(Au)=10.27\times10^{-6}$，$w(Ag)=4.04\times10^{-6}$。TC100 号探槽控制金矿体厚 2m，品位 $w(Au)=2.06\times10^{-6}$，$w(Ag)=1.42\times10^{-6}$；TC101 号探槽控制金矿体宽 1m，品位 $w(Au)=0.96\times10^{-6}$，$w(Ag)=0.97\times10^{-6}$；TC100 和 TC101 号探槽控制Ⅰ-2 金矿体长 100m，平均宽 1.50m，倾向 120°，倾角 50°~54°。金平均品位 $w(Au)=1.51\times10^{-6}$，$w(Ag)=1.20\times10^{-6}$。

HSP2 矿化蚀变带位于小窝图村东约 1600m，距 HSP1 矿化蚀变带北东约 50m，赋存于晚二叠世白云母伟晶花岗岩体捕虏体比鲁特组千枚状板岩中，矿化蚀变带长约 200m，宽 3~10m，呈南东向 150°分布。矿化蚀变带特征破碎较强，褐铁矿化不均匀。矿化蚀变带岩性为褐铁矿化千枚状板岩、变质砂岩，矿化蚀变带内有石英脉沿蚀变带方向产出。石英脉宽 1~2m，长约 25m，石英脉具褐铁矿化，局部可见蜂窝状构造。经二条探槽控制，$w(\mathrm{Au})=0.07\times10^{-6}$，$w(\mathrm{Ag})=0.91\times10^{-6}\sim1.48\times10^{-6}$。未进行深部控制。

HSP3 矿化蚀变带位于二忽赛村东约 500m，赋存于晚二叠世白云母伟晶花岗岩体与比鲁特组千枚状板岩、炭质板岩接触带中。HSP3 矿化蚀变带长约 630m，宽 10~30m，呈近南北向分布。矿化蚀变带特征褐铁矿化不均匀，矿化蚀变带内有多条石英细脉沿蚀变带或板理面方向产出。石英脉宽 0.2~1m，长约 5~30m，石英脉发育处热液活动较强，矿化蚀变较强。石英脉拣块样最高 $w(\mathrm{Au})=270.9\times10^{-6}$、$w(\mathrm{Ag})=146.03\times10^{-6}$，$w(\mathrm{Pb})=0.12\times10^{-2}$；石英脉样品一般在 $w(\mathrm{Au})=0.76\times10^{-6}\sim32.96\times10^{-6}$，$w(\mathrm{Ag})=0.46\times10^{-6}\sim71.99\times10^{-6}$。炭质板岩最高 $w(\mathrm{Au})=12.49\times10^{-6}$、$w(\mathrm{Ag})=5.41\times10^{-6}$。炭质板岩及蚀变岩样品，其品位的范围一般为 $w(\mathrm{Au})=1.41\times10^{-6}\sim4.47\times10^{-6}$，$w(\mathrm{Ag})=0.53\times10^{-6}\sim1.85\times10^{-6}$。由 TC8、TC9 号探槽控制，有两条探槽见矿。编号为Ⅱ和Ⅱ-1 矿体。

HSP4 银矿化蚀变带位于郎头营子村北东约 400m，赋存于比鲁特组（Jx*b*）千枚状板岩与白云母伟晶花岗岩接触带矿化蚀变带 HSP4 内，断续长约 1500m，平均宽约 15m，呈南东向 160°，倾向北东。矿化蚀变带被冲沟分为南北两段。北段含银石英脉顺矿化蚀变带产出，长约 400m，平均宽 1~2m，呈南东向 160°分布，矿化蚀变带倾向 44°~60°。围岩有银矿化蚀变现象。岩石具褐铁矿化、银矿化，可见蜂窝状构造，矿化不均匀。含银石英脉采拣块样 $w(\mathrm{Ag})=4.28\times10^{-6}\sim58.10\times10^{-6}$、$w(\mathrm{Au})=0.10\times10^{-6}\sim0.36\times10^{-6}$、$w(\mathrm{WO_3})=0.3\times10^{-2}$。经一条采样线和三条探槽控制，圈定一条银矿体，编号为Ⅲ矿体。CY81 采样线控制矿体宽 1.0m，品位 $w(\mathrm{Ag})=51.64\times10^{-6}$；TC109 探槽最高品位 $w(\mathrm{Ag})=2.04\times10^{-6}$；TC110 探槽控制矿体宽 3.4m，品位 $w(\mathrm{Ag})=28.52\times10^{-6}\sim62.37\times10^{-6}$，平均品位 $w(\mathrm{Ag})=42.87\times10^{-6}$；TC111 探槽控制矿体宽 1.0m，品位 $w(\mathrm{Ag})=86.48\times10^{-6}$。TC110、TC111 探槽控制银矿体长 170m，矿体倾向 85°~105°，倾角 44°~68°。平均宽 2.2m，平均品位 $w(\mathrm{Au})=64.68\times10^{-6}$。南段以钨矿化蚀变为主，拣块样 $w(\mathrm{WO_3})=0.014\times10^{-2}\sim0.28\times10^{-2}$、$w(\mathrm{Ag})=0.90\times10^{-6}\sim1.90\times10^{-6}$、$w(\mathrm{Au})=0.33\times10^{-6}\sim0.36\times10^{-6}$。由一条采样线和三条探槽控制，CY82 控制矿体宽 6.0m，$w(\mathrm{WO_3})=0.045\times10^{-2}\sim0.29\times10^{-2}$，平均品位 $w(\mathrm{WO_3})=0.147\times10^{-2}$，银品位 $w(\mathrm{Ag})=1.81\times10^{-6}\sim6.57\times10^{-6}$，平均品位 $w(\mathrm{Ag})=3.45\times10^{-6}$；TC95 最高品位 $w(\mathrm{Ag})=2.12\times10^{-6}$、$w(\mathrm{WO_3})=0.033\times10^{-2}$；TC112 最高品位 $w(\mathrm{Ag})=1.44\times10^{-6}$、$w(\mathrm{WO_3})=0.0032\times10^{-2}$；TC113 最高品位 $w(\mathrm{Ag})=2.57\times10^{-6}$、$w(\mathrm{WO_3})=0.0015\times10^{-2}$。矿化蚀变带倾向 75°~85°，倾角 42°~55°。

HSP5 矿化蚀变带位于二忽赛村北东，赋存于白云伟晶花岗岩与比鲁特组千枚状板岩接触带中，矿化带长约 400m，宽平均约 30m，走向 130°。矿化带特征主要为挤压片理较发育，片理方向与矿化带方向一致，矿化带内石英脉沿片理方向产出。主要为褐铁矿化、银矿化。拣块样 SJH790，$w(\mathrm{Au})=0.16\times10^{-6}$、$w(\mathrm{Ag})=2.62\times10^{-6}$。在该矿化带南西 150m 处，另有一条长约 200m，宽 1~2m 的含银石英脉，呈南东 170°方向延长，拣块样 SJH789，$w(\mathrm{Au})=0.27\times10^{-6}$、$w(\mathrm{Ag})=36.83\times10^{-6}$。经 3 条探槽控制，有一条探槽见矿，TC105 号探槽控制金矿体厚度为 1m，品位 $w(\mathrm{Au})=1.08\times10^{-6}$；$w(\mathrm{Ag})=5.58\times10^{-6}$。未进行深部控制。

HSP6 矿化蚀变带位于小窝图村东约 1150m，赋存于晚二叠世白云母伟晶花岗岩体及捕虏体哈拉霍疙特组千枚状板岩中。矿化蚀变带长约 200m，宽 10~15m，呈北东向 30°分布。倾向 95°，倾角 48°。矿化蚀变带特征硅化较强，褐铁矿化较普遍，黄铁矿假晶呈星点状、团块状不均匀分布。矿化蚀变带岩性为褐铁矿化千枚状板岩、变质砂岩，矿化蚀变带内有两石英脉沿蚀变带方向产出。石英脉宽 1~3m，长 20~50m，石英脉褐铁矿化不均匀。石英脉拣块样最高 $w(\mathrm{Au})=2.03\times10^{-6}$、$w(\mathrm{Ag})=13.66\times10^{-6}$；变质砂岩 $w(\mathrm{Au})=0.32\times10^{-6}$、$w(\mathrm{Ag})=0.53\times10^{-6}$。经 3 条探槽控制，经分析，仅在 TC28 号探槽中有一个样品 $w(\mathrm{Au})=0.70\times10^{-6}$。其他样品均小于 $w(\mathrm{Au})=0.12\times10^{-6}$。未进行深部控制。

2.2.3 矿石特征

矿石物质组分相当复杂，矿区内矿石中主要金属矿物除自然金外，还有黄铁矿、褐铁矿、偶尔可见黄铜矿，脉石矿物为黑云母、绢云母、斜长石、石英、碳酸盐类矿物等。

载金矿物主要为黄铁矿、次为石英等矿物。黄铜矿淡硫黄色，呈不规则粒状产出，主要呈颗粒状、薄膜状分布于矿石中；小于 0.2mm，零星分布，与周边矿物接触关系简单。褐铁矿主要分布在地表矿或构造裂隙带处，在氧化条件下由含铁硅酸盐矿物分解或由独立铁矿物水解而形成，常呈薄膜状沿矿石的节理裂隙分布，并将岩（矿）石染成浅褐色（王建新，2017）。以黑云母为主的云母类矿物，可见少量绢云母，黑云母多以半自形—它形鳞片状变晶呈集合状产出，分布于石英、斜长石等矿物间，颗粒相对均匀，一般为 0.2~0.3mm，局部可见良好的定向性；绢云母则多以微细鳞片状产出，为长石等矿物的蚀变产物。矿物含量（质量分数）3%~10%。石英是该矿石中主要脉石矿物，矿石中游离硅的主要载体矿物，以它形粒状变晶产出，呈互嵌式彼此嵌生，或与黄铁矿、方铅矿等相互嵌生，矿物间接触界清晰简单，矿物粒径一般为 0.15~0.3mm。矿物含量（质量分数）30%~60%。长石是矿石中钾、钠、铝等元素的主要载体矿物，多以自形—半自形板状晶或粒状晶产出，分布于石英、黄铁矿矿物等颗粒间，部分长石出现绢云母化而使颗粒呈鳞片状。以方解石为主的碳酸盐矿物，通常沿矿石的裂理或构造面呈细脉状或薄膜状发育，分布极不均匀，矿物含量（质量分数）0~5%。

矿石中金属矿物多为稠密浸染状方铅矿集合体与稀疏浸染状集合体，多以自形—半自形粒状晶的形式呈颗粒状、蜂窝状产出，铅矿物自然嵌布粒度为细粒，多数居于0.01~0.2mm之间，与石英等构成颗粒状或蜂窝状构造。

2.2.4 围岩蚀变特征

研究区内围岩蚀变较强，主要蚀变类型有黄铁矿化、硅化、碳酸岩化，局部见高岭土化等，从光片看其硅化、黄铁矿化与金矿化关系密切。

（1）硅化是重要的蚀变类型。它同金矿化密切相关。主要形式有矿化蚀变带中呈脉状产出的石英细脉，一般硅化强金矿化也强。产出方向与矿化蚀变带基本一致。

（2）黄铁矿化蚀变主要有两期，早期主要分布于围岩和蚀变岩中，黄铁矿呈立方体状，自形程度高，常因后期构造作用而碎裂成不规则粒状；晚期黄铁矿颗粒较细，富集处可呈细脉状、团块状对成矿较为有利。

（3）碳酸岩化主要在矿化晚期，呈脉状或团块状产出，在矿化蚀变岩中均能见到，从目前资料看，该蚀变与金矿化关系不大。

（4）高岭土化在探槽和钻孔中均见到地层与岩体接触带高岭土化，可能与长石类矿物受热液蚀变有关，与金矿化关系较密切。个别部位金品位大于边界品位。

2.3 找矿潜力分析

2.3.1 矿床成因及找矿标志

2.3.1.1 矿床成因

小窝图村金矿点，产于晚二叠世白云母伟晶花岗岩体中的矿化蚀变带，经后期含矿石英脉沿蚀变带侵入而成，矿体的产出受构造蚀变带及含矿石英脉控制。

二忽赛村金矿点，产于白云鄂博群比鲁特组（Jx*b*）炭质板岩中的矿化蚀变带，经后期含矿石英细脉沿蚀变带侵入而成，矿体的产出受蚀变带及含矿石英脉控制。

郎头营子村银矿点，产于晚二叠世白云母伟晶花岗岩与白云鄂博群比鲁特组（Jx*b*）炭质板岩接触带中的矿化蚀变带，经后期含矿石英细脉沿蚀变带侵入而成，矿体的产出受接触蚀变带及含矿石英脉控制。

2.3.1.2 找矿标志

白云母伟晶花岗岩及其与地层接触带。其次是侵入体北西、北东向展布的张性断裂带，内部发育规模不等的黄铁矿化、褐铁矿化石英脉。构造蚀变带中的黄铁矿化、褐铁矿化石英脉。本区圈定的 1：10000 化探异常区与矿化蚀变带的分布基本吻合，经地表检查发现了几处金、银矿点。因此化探异常也是本区找矿的重要标志。

2.3.2 地球物理特征

在激电工作中采集了物性样，采用面团法测定了物性样的电性特征，并收集了部分邻近区域的物性数据，统计结果见表 2-2。

表 2-2 电性参数测定结果统计表

岩组	岩性	数值个数	极化率/%		电阻率/Ω · m	
			均值	变化范围	均值	变化范围
哈拉霍疙特组	灰岩	45	3.99	0.04~25.56	816	245~2972
比鲁特组	砂岩	44	4.59	0.24~28.42	418	84~1440
	闪长岩	32	2.068	0.184~3.932	316	41~1043
都拉哈拉组	蚀变岩	36	1.231	0.166~2.57	29.5	11~130

根据矿区电法资料，矿区极化率值大致可分为 3 段：不大于 5%的低极化区，主要分布在研究区东南部、西部边缘和东北角的部分地区，面积约 2.5km^2；5%~8%的正常背景区，在全区大面积分布，主要分布在研究区西部、东南部地区，面积约 6.5km^2；不小于 8%的高极化区，主要分布在研究区东北部、测区中部，呈南北向弧状展布，中部向东有所偏移，面积合约 1km^2。研究区视电阻率平均值为 259Ω · m，极大值为 1343Ω · m，极小值为 18Ω · m，视电阻率背景值较低。可将视电阻率大致分为高阻区、中阻区和低阻区 3 个区段：大于 200Ω · m 的低阻区主要位于研究区中部，呈带状南北向展布；200~500Ω · m 的中阻区呈全区分布；小于 500Ω · m 的高阻区分布在测区东部。视电阻率形态呈北西向展布，与区内地层、构造线走向基本一致。

总之，异常处在大面积新近系上新统宝格达乌拉组的黏土、砂砾层和华力西晚期侵入的灰白色白云伟晶花岗岩之上；局部为中元古界白云鄂博群哈拉霍疙特组的灰岩、石英岩、变质砂岩、透闪石岩，与局部化探的 As、Ag、Pb、Zn、Au 有一定的吻合度，说明异常可能是由地质体矿化引起的，有局部富集成矿的可能。

研究区圈定出低阻高极化激电异常一处，编号为 DHJ-1，大面积分布于工区中北部，它又分为 DHJ-1-1 和 DHJ-1-2 两个子异常。DHJ-1-1 大致为低阻高极化异常，位于工区的东北部，呈哑铃状，走向大致为北西；DHJ-1-2 异常位于工区中部，呈面状，走向为南北。在 DHJ-1-1 异常区布设了 P5 和 P6 剖面，P5 剖面激点中间梯度曲线与 P6 剖面相似，如图 2-2 所示。根据激电异常的特征，结合

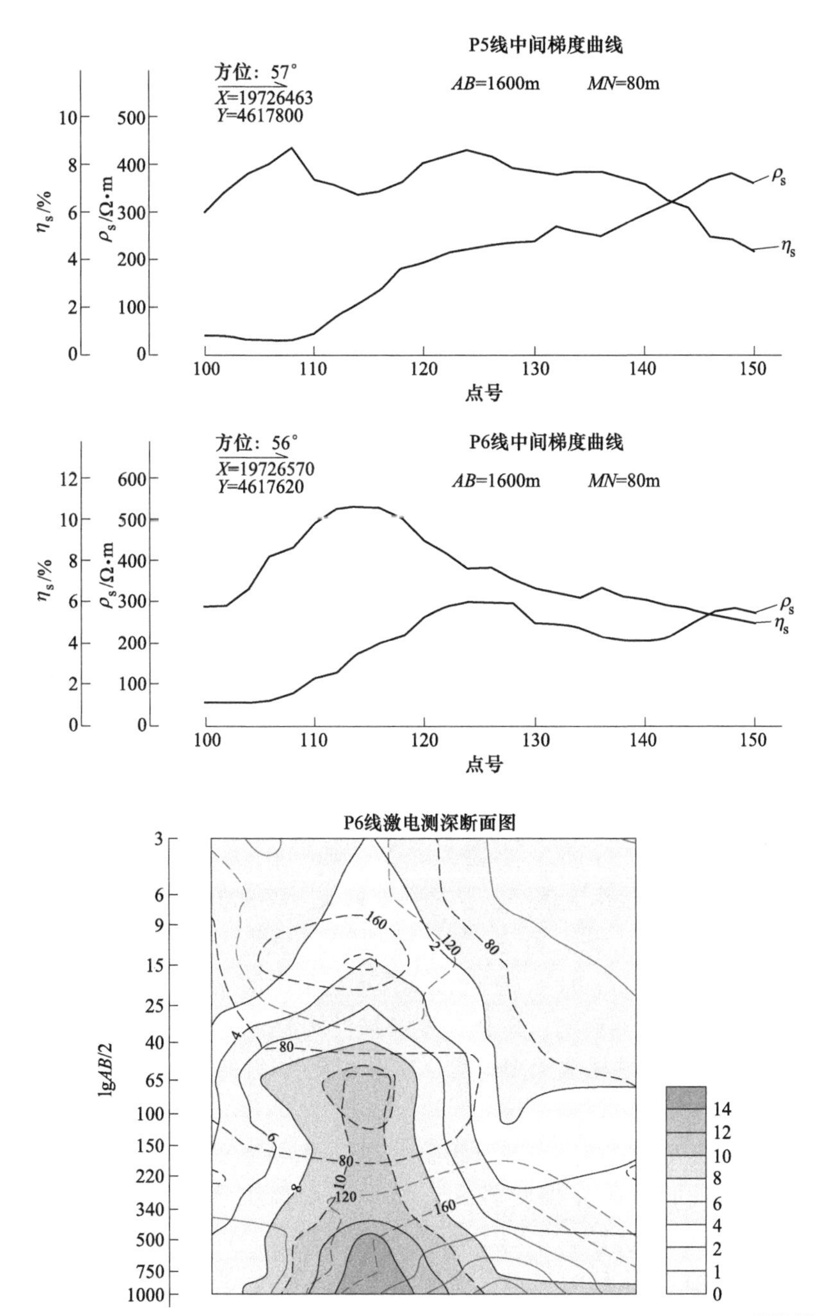

图 2-2 P5、P6 激电中梯剖面曲线图、P6 线测深断面图

相关资料进行综合分析，推测异常区深部有寻找银多金属硫化物矿床的可能。在其他地区，根据地质特征、化探异常特征布设了部分综合剖面，其中以 P16、P18、P20 剖面激点异常较为明显。

2.3.3 地球化学特征

根据 1：10000 土壤化探异常在研究区共圈定化探异常 7 处，分别是 AP9～AP17。AP9 位于研究区西北角，主要以 Au、Pb、As、Ag 等中低温元素伴生 W、Mo、Bi 的元素组合，异常强度较大，元素 Au、Pb、Ag 套合较好，且连续性较好。其中，Au 的异常均值为 21.77×10^{-9}，异常最大值为 205.82×10^{-9}。AP9 分布有三条蚀变带（HSP1、HSP2、HSP6）在 HSP1 矿化蚀变带的周围及东南向延伸的方向上，存在数个金的高值点，说明金异常与蚀变带有关，且金存在区域性的高异常，属矿致异常。

AP10 位于研究区东北角，主要以 Cu、Zn、Bi、W、Sn 等中高温元素为主，伴生 Au、Ag 等元素为主的异常元素组合。Au 的异常均值为 14.51×10^{-9}，异常最大值为 105.11×10^{-9}。呈近南北向分布，并有两条矿化蚀变（HSP3、HSP5）带分布，该异常成矿地质条件较好，石英脉、矿化蚀变带矿化显示明显。特别是 HSP3 矿化蚀变带与金异常高值区吻合较好。

AP11 位于研究区中西部，主要为以 Pb、Ag 伴生 W、Mo 等高温元素的异常组合。其中，Pb、Ag 的异常套合较好，且连续性较好，异常强度较大。Pb 的异常最大值为 1186.32×10^{-6}，Ag 的异常最大值为 1.62×10^{-6}。呈北东走向，有两条矿化蚀变带分布于岩体中，该异常成矿地质条件较好，石英脉、矿化蚀变带矿化显示明显。

AP12 位于研究区中西部，主要为以 W、Mo、Bi 为主的高温元素的异常组合。其中，W 的异常连续性较好，异常强度较大。W 的异常面积为 $0.53km^2$，异常平均值为 11.3×10^{-6}，最大值为 1186.32×10^{-6}。呈北西向分布于岩体中，该异常成矿地质条件较好，石英脉、矿化蚀变带矿化显示明显。

AP13 位于研究区西南部，矿化蚀变带被冲沟分为南北两段，北段的主要以 Ag、W、Pb、Bi、As 的异常元素组合，南段主要为以 Ag、W 的异常组合，与北段相比，异常元素较为单一。

AP14 位于研究区西南部，异常组合主要以 Mo、W 为主，伴生 Ag、Pb、Mo 的异常连续性较好，异常强度较大，异常平均值为 36.54×10^{-6}，最大值为 180.26×10^{-6}，W 的最大值为 17.25×10^{-6}。

AP15 位于 AP14 南部约 80m 处，异常主要以 Mo、Bi、W 等高温元素为主伴生 Cu、Ag 等元素的异常组合，其中，Mo、Bi、W 的最大值分别为 49.6×10^{-6}、32.56×10^{-6}、34.73×10^{-6}。有一条矿化带分布，呈东南走向，带内有石英细脉产出。AP16、AP17 异常找矿意义不大。

研究区成矿条件较好，部分综合异常内可见矿化，整个测区内的异常主要以贵金属的 Au、Ag、Pb 元素组合及钨钼族的 W、Sn 元素组合为主，尤其是在

AP9、AP10、AP13 综合异常内，异常强度、面积、套合关系等较好，具有较好的找矿潜力。

2.4 结 论

（1）本区矿石类型根据黄铁矿产出状态划分为硅化蚀变岩型，细脉浸染状蚀变岩型。按矿物组合划分为黄铁矿蚀变岩型、黄铁矿石英脉型。根据氧化情况划分为氧化矿石和原生矿石两种。矿石的工业类型为黄铁矿石英脉型和硅化蚀变岩型金矿、银矿。

（2）内蒙古自治区商都县小窝图村金多金属矿矿区矿床主要成因：在小窝图村金矿点，产于晚二叠世白云母伟晶花岗岩体中的矿化蚀变带，经后期含矿石英脉沿蚀变带侵入而成，矿体的产出受构造蚀变带及含矿石英脉控制；在二忽赛村金矿点，产于白云鄂博群比鲁特组（Jx*b*）炭质板岩中的矿化蚀变带，经后期含矿石英细脉沿蚀变带侵入而成，矿体的产出受蚀变带及含矿石英脉控制；在郎头营子村银矿点，产于晚二叠世白云母伟晶花岗岩与白云鄂博群比鲁特组（Jx*b*）炭质板岩接触带中的矿化蚀变带，经后期含矿石英细脉沿蚀变带侵入而成，矿体的产出受接触蚀变带及含矿石英脉控制。

（3）本区主要的找矿标志：白云母伟晶花岗岩及其与地层接触带；其次是侵入体北西、北东向展布的张性断裂带，内部发育规模不等的黄铁矿化、褐铁矿化石英脉是本区重要的找矿标志之一；本区圈定的 1：10000 化探异常区与矿化蚀变带的分布基本吻合，经地表检查发现了几处金、银矿点。因此化探异常也是本区找矿的重要标志。

3 内蒙古额尔古纳八卡等地金（钨、铋、铀、铅、锌）多金属矿调查与研究

3.1 成矿地质条件

3.1.1 地层

根据《内蒙古自治区岩石地层》（1996），调查区前中生代地层区划属北疆—兴安地层大区（Ⅰ），兴安地层区（Ⅰ2），额尔古纳地层分区（Ⅰ21）；中新生代地层区划属滨太平洋地层区（5），大兴安岭地层分区（51），博克图—二连浩特地层小区（512）。

调查区内中—晚侏罗世火山活动比较强烈，在区内形成较小面积的火山岩盖层，使早期元古代、古生代变质岩及古生代侵入岩被不同程度地掩盖，客观上造成了老地质体部分出露，层序不全。地层单元的划分及时代确定依据岩石组合对比、同位素年龄、按接触关系，并参照《内蒙古自治区岩石地层》的划分方案。

根据岩石组合特征、接触关系、同位素年龄、邻区地层对比等资料，经综合分析研究，将调查区内出露的地层划分为岩石地层单位及成因地层单位两个地层单位。新生代地层按成因类型划分，其他地层单位按岩石地层单位划分。

在以往 1∶200000 区域地质调查地层划分的基础上，结合《内蒙古自治区岩石地层》，通过 3 年矿产地质填图工作将调查区出露的地层由老至新划分为古元古界兴华渡口群（Pt_1x），新元古界青白口系佳疙疸组（Qnj），新元古界震旦系额尔古纳河组（Ze），古生界中—下奥陶统乌宾敖包组（$O_{1\text{-}2}w$），中生界中侏罗统塔木兰沟组（J_2tm）、上侏罗统满克头鄂博组（J_3mk）以及第四系全新统坡积层（Qh^{dl}）、冲积沼泽层（Qh^{al}）见表 3-1，地层沿革表见表 3-2。

地层主要出露于调查区西南部及西北角、东北部，少部分出露于调查区中部，出露面积约 343. 7km²，占调查区面积的 38. 2%。

3.1.2 岩浆岩

区域上岩浆活动频繁，主要以侵入作用为主，次为火山喷发作用，侵入岩总出露面积约 556. 3km²，占总面积的 61. 8%左右，主要分布在调查区的中部、东北部，在四幅图内均有分布，呈岩基、岩株状产出。

表 3-1 额尔古纳市八卡旧址地区岩石地层单位简表

年代地层单位			岩石地层单位			代号	岩性简述	厚度/m
界	系	统	群	组	段			
新生界	第四系	全新统				Qh^{al}	冲积沼泽层，由砾石、黑色泥砂及腐殖物组成	0~2
						Qh^{dl}	坡积层、碎石、砂土，厚度不等	1~5
中生界	侏罗系	上统		满克头鄂博组		J_3mk	含砾晶屑岩屑凝灰岩、（含角砾）英安质晶屑岩屑凝灰岩、含砾晶屑岩屑凝灰岩、含角砾岩屑晶屑凝灰岩、（安山质）岩屑晶屑凝灰岩、岩屑凝灰岩	>803.35
		中统		塔木兰沟组		J_2tm	玄武岩、（杏仁气孔状）安山玄武岩、杏仁状安山玄武岩、玄武安山岩、安山岩为主，夹少量安山（玄武质）角砾岩屑凝灰岩、流纹质晶屑玻屑熔结凝灰岩，局部夹火山角砾岩、安山岩、英安岩，底部见玄武岩夹砂质砾岩	>1081.09
古生界	奥陶系	中下统		乌宾敖包组	二岩段	$O_{1\text{-}2}w^2$	土黄色、灰白色二云母变质粉砂质细砂岩、绢云母变质泥质细砂岩，二云母、绢云母变质泥质粉砂岩、绢云母变质细砂质粉砂岩与绢云母（粉砂质）泥质板岩、绢云母泥质粉砂质板岩、二云母粉砂质板岩不等厚互层	>1475.94
					一岩段	$O_{1\text{-}2}w^1$	土黄色、灰绿色绢云母（粉砂质）泥质板岩、绢云母（砂质、泥质）粉砂质板岩、二云母粉砂质板岩夹绢云母变质（碳质、泥质、砂质）粉砂岩、二云母变质铁质砂质粉砂岩，偶夹变质铁质细砂岩	>2693.28
新元古界	震旦系			额尔古纳河组		Ze	大理岩	>146.55
新元古界	青白口系			佳疙瘩组		Qnj	长石变粒岩，中细粒长石岩屑砂岩，变质长石石英砂岩，石英云母片岩，斑点状片岩	>1004.89
古元古界		兴华渡口群				Pt_1x	黑云母斜长角闪片麻岩、红柱石黑云母石英片岩、绿帘石化角闪石英片岩、绿帘石化变粒岩、蚀变石英角闪二云母片岩、石英二云母片岩等	>491.92

表 3-2 地层划分及沿革简表

1∶200000《恩和村幅》区调				《内蒙古岩石地层》					本次填图				
系	统	岩石地层	代号	界	系	统	岩石地层	代号	界	系	统	岩石地层	代号
第四系	全新统	冲积沼泽层/坡积层	Qh^{al}/Qh^{dl}	新生界	第四系	全新统	—	—	新生界	第四系	全新统	冲洪沼泽层/坡积层	Qh^{al}/Qh^{dl}
侏罗系	上统	伊列克得组	J_3y	中生界	白垩系	下统	梅勒图组	K_1m	中生界	白垩系	下统	—	—
		上库力组	J_3s^3		侏罗系	上统	白音高老组	J_3b				—	—
			J_3s^{1-2}				玛尼吐组	J_3mn		侏罗系	上统	—	—
							满克头鄂博组	J_3mk				满克头鄂博组	J_3mk
		吉祥峰组	J_3j								中统	塔木兰沟组	J_2tm
		七一牧场组	J_3q			中统	塔木兰沟组	J_2tm					
		塔木兰沟组	J_3t										
奥陶系	下统	七卡组	O_1q	古生界	奥陶系	中-下统	乌宾敖包组	$O_{1-2}w$	古生界	奥陶系	中-下统	乌宾敖包组	$O_{1-2}w$
寒武系	—	额尔古纳河群	$\in er^4$	元古界	震旦系	—	额尔古纳河组	Ze	新元古界	震旦系	—	额尔古纳河组	Ze
					青白口系	—	佳疙疸组	Qnj		青白口系	—	佳疙疸组	Qnj
古元古界	—	—	—	—	—	—	—	—	古元古界	—	—	兴华渡口群	Pt_1x

3.1.2.1 侵入岩

在1∶200000区调的基础上，依据各类侵入岩之间的相互关系和部分岩石的同位素年龄，对不同类型的花岗岩侵入体进行了解体和重新划分，将区内侵入岩划分为4个侵入时代，7个地质填图单位，7个侵入体，可划分为奥陶纪花岗闪长岩、石炭纪斑状黑云母二长花岗岩、石炭纪斑状黑云母花岗岩、石炭纪斑状正长花岗岩、中二叠世中细粒黑云母二长花岗岩、中侏罗世中细粒正长花岗岩、晚侏罗世粗粒正长花岗岩，属大兴安岭花岗岩带的组成部分，见表3-3。

岩体总体呈北东向展布，明显受北东向大断裂所控制，与区域构造线方向基本一致。岩体内部各岩体之间的平面界线多为光滑不规则椭圆状侵入接触关系。

奥陶纪花岗闪长岩岩体主要分布在调查区西北部的九卡上岛沟一带，出露面积约2.7km²，占总面积约0.3%。岩体呈岩株状产出，北东向展布，该岩体严格受到额尔古纳断裂的控制，岩体原生构造不清，而次生片理及糜棱岩化极发育。

表 3-3 侵入岩（岩体）划分一览表

时代	侵入期次	岩石代号	主要岩石类型	产状	面积/km^2	时代依据		含矿性
						下限	上限	
侏罗纪	晚侏罗世	$J_3\kappa\gamma$	粗粒正长花岗岩	岩株	12.1	侵入 J_2tm	—	铀钍
	中侏罗世	$J_2\kappa\gamma$	中细粒正长花岗岩	岩株	1.6	—	被 J_3mk 不整合	—
二叠纪	中二叠世	$P_2\eta\gamma$	中细粒黑云母二长花岗岩	岩基	154.6	侵入 $O_{1\text{-}2}w$、$C\eta\gamma$、$C\gamma\beta$	被 J_3mk 不整合	—
石炭纪	石炭纪	$C\kappa\gamma$	斑状正长花岗岩	岩株	9	侵入 $C\eta\gamma$	被 J_3mk 不整合	铁
	石炭纪	$C\gamma\beta$	斑状黑云母花岗岩	岩株	30.4	侵入 $C\eta\gamma$	被 $P_2\eta\gamma$ 侵入	—
	石炭纪	$C\eta\gamma$	斑状黑云母二长花岗岩	岩基	355.9	侵入 $O\gamma\delta$、Qnj、$O_{1\text{-}2}w$	被 $C\gamma\beta$、$P_2\eta\gamma$ 侵入	铅锌
奥陶纪	—	$O\gamma\delta$	花岗闪长岩	岩株	2.7	—	被 $C\eta\gamma$ 侵入	—

该岩体被石炭纪斑状二长花岗岩侵入，西北边靠近额尔古纳河，被第四系冲积物、坡积物覆盖。岩石以花岗闪长岩为主，其次为英云闪长岩，二者为过渡关系，岩体受区域变质和动力变质影响，岩石局部变为片麻状角闪英云闪长岩，如图 3-1 所示。

3.1.2.2 火山岩

中、晚侏罗世是本区火山活动的鼎盛时期，火山活动以额尔古纳河与哈乌尔河断裂为中心，从侏罗纪中期开始大规模的喷发，历经晚侏罗世，它是大兴安岭火山岩带北部的重要组成部分。火山岩的分布明显受北东向断裂控制，岩层产状受古地形和火山机构制约。火山活动形式从大面积的熔浆溢流到中心式强烈爆发均有所表现，中基性、中性、酸性岩浆活动均较为发育，构成厚度巨大、韵律清楚的一套陆相火山岩建造。不同时期，不同火山机构的不同火山岩石类型，错落有序，规律性分布，形成了环状、串珠状的火山盆地、火山链。根据火山岩石组合特征、产出位置，上下接触关系、同位素年龄等，将区内中生代火山岩划分出塔木兰沟期、满克头鄂博期。

该期岩石稀土元素分析结果及特征见表 3-4，可以看出，塔木兰沟期岩石稀土总量$\sum REE$很高，为（192.47～329.48）$\times10^{-6}$，轻稀土总量 $LREE=(175.34\sim297.77)\times10^{-6}$，重稀土总量 $HREE=(17.13\sim31.71)\times10^{-6}$，$LR/H=9.39\sim10.24$，$La/Yb=9.45\sim10.57$，轻稀土元素富集程度较明显，重稀土较为贫化，稀土配分曲线（见图 3-2）右倾，轻重稀土斜率均较小。$La/Sm=3.29\sim4.52$，$Gd/Yb=1.48\sim2.22$，说明轻稀土较富集，且分馏较明显。而中稀土相对富集，分馏也较明显。$\delta Eu=0.59\sim0.89$，曲线中 Eu 具有中度亏损，说明岩浆源区残留较多钾长石、斜长石。

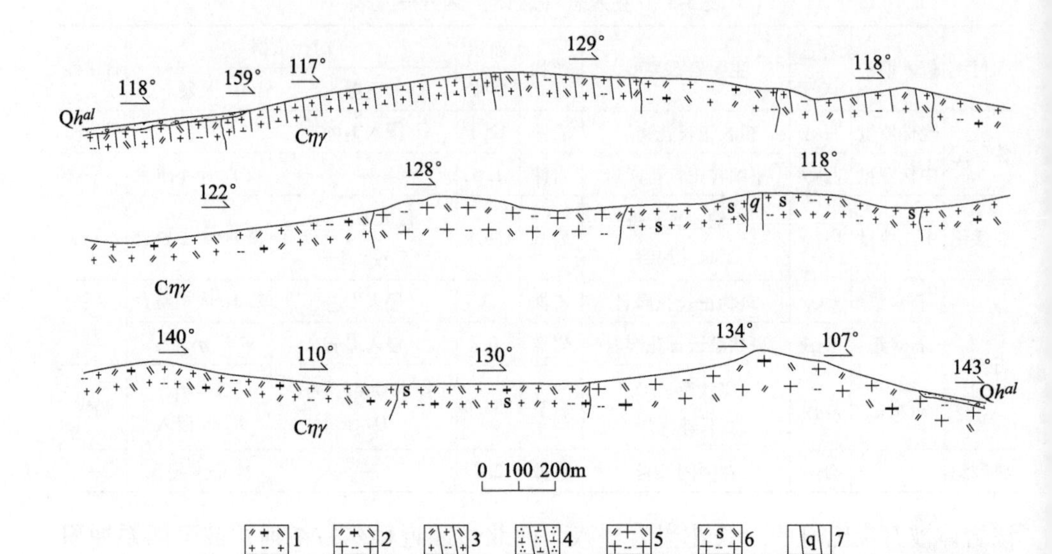

图 3-1 额尔古纳市增坞沟奥陶纪花岗闪长岩与石炭纪斑状黑云母二长花岗岩实测地质剖面图（P11-11′）

1—细粒斑状黑云母二长花岗岩；2—中粒斑状黑云母二长花岗岩；3—糜棱岩化细粒黑云母二长花岗岩；4—糜棱岩化花岗闪长岩；5—中细粒黑云母二长花岗岩；6—片麻状细粒黑云母二长花岗岩；7—石英脉

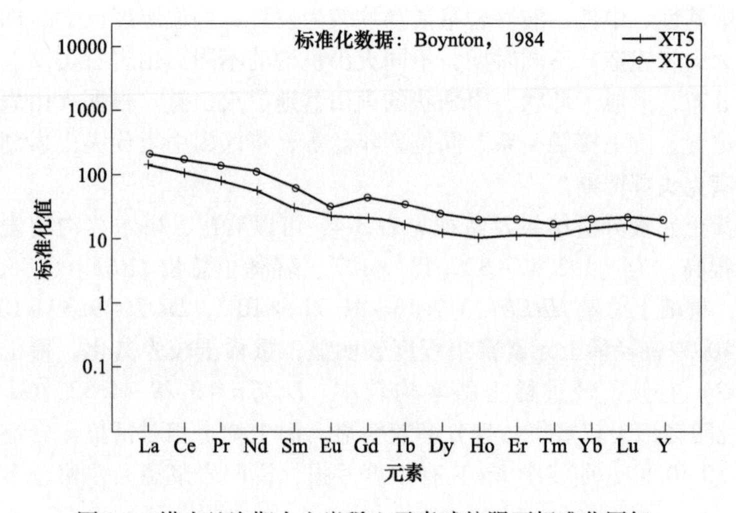

图 3-2 塔木兰沟期火山岩稀土元素球粒陨石标准化图解

表 3-4 中侏罗世塔木兰沟期火山岩稀土元素含量特征参数表

代号	样品编号	La	Ce	Pr	Nd	Sm	Eu	Gd	Tb	Dy	Ho	Er	Tm
J_2tm	XT5	41.93	82.73	9.56	33.63	5.83	1.66	5.47	0.78	3.89	0.73	2.41	0.35
J_2tm	XT6	64.91	135.86	17.15	65.12	12.4	2.33	11.38	1.62	7.7	1.4	4.23	0.54
代号	样品编号	Yb	Lu	Y	Sc	$\sum REE$	$LREE$	$HREE$	LR/HR	δEu	$(La/Sm)_N$	$(La/Yb)_N$	$(Gd/Yb)_N$
J_2tm	XT5	2.99	0.51	22.28	11.27	192.47	175.34	17.13	10.24	0.89	4.52	9.45	1.48
J_2tm	XT6	4.14	0.7	40.44	12.04	329.48	297.77	31.71	9.39	0.59	3.29	10.57	2.22

注：质量分数为 10^{-6}。

3.1.3 构造

调查区古生代及以前属天山—兴蒙造山系（Ⅰ级），大兴安岭弧盆系（Ⅱ级），额尔古纳岛弧（Ⅲ级）中段；中新生代以来属天山—兴蒙造山带东段叠加造山裂谷区（Ⅰ级），大兴安岭岩浆弧（Ⅱ级），额尔古纳火山—侵入岩段（Ⅲ级）中段（《全国重要矿产资源潜力预测评价成果报告》（2008 年））。调查区大地构造受额尔古纳岛弧影响，古生代由于受古亚洲构造域的影响，体现了丰富多彩的构造景观，中生代又遭受了蒙古国鄂霍次克构造域和环太平洋构造域的双重叠合改造，从而形成本区复杂的地质结构和构造格局，如图 3-3 所示。划分了 5 个构造演化阶段，建立了 8 个地质事件及 8 个构造变形事件，划分了 4 个构造单元。

石炭纪侵入岩在调查区大面积出露，呈岩基状产出，严格受到额尔古纳大断裂与哈乌尔大断裂所控制，走向北东，岩性有斑状黑云母二长花岗岩、斑状黑云母二长花岗岩、斑状黑云正长花岗岩；中二叠世二长花岗岩位于调查区南部和北东部，呈不规则岩株状侵入石炭纪花岗岩中，主要由中细粒黑云母二长花岗岩组成，相带不发育。受区域动力变质作用影响，矿物具定向性，沿发育额尔古纳大断裂片麻理、糜棱岩化极发育。

青白口系佳疙疸组、震旦系额尔古纳河组，分布于调查区中部，出露面积较小，主要由长石变粒岩、中细粒长石岩屑砂岩、变质长石石英砂岩、石英云母片岩、斑点状片岩、大理岩等组成，为一套滨浅海相的中浅变质岩系，在区内呈残留体产于石炭纪斑状黑云母二长花岗岩中，形成低绿片岩相的变质岩系，片理较为发育。

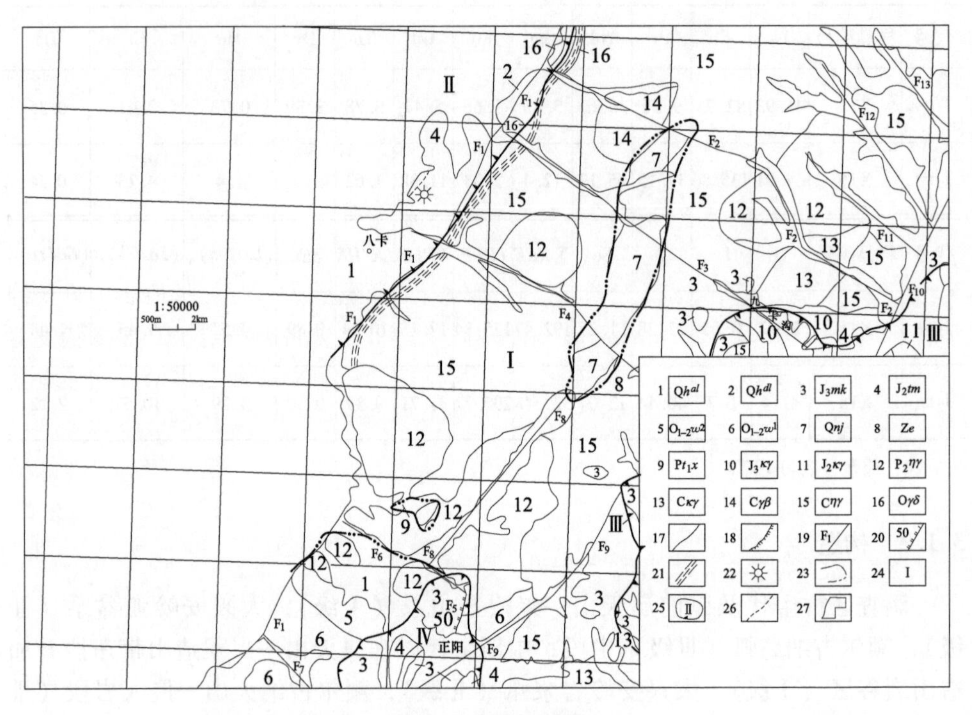

图 3-3 构造纲要图

1—冲积沼泽层；2—坡积层；3—满克头鄂博组；4—塔木兰沟组；5—中—下奥陶统乌宾敖包组二段；6—中—下奥陶统乌宾敖包组一段；7—佳疙疸组；8—额尔古纳河组；9—兴华渡口群；10—晚侏罗世正长花岗岩；11—中侏罗世正长花岗岩；12—中二叠世黑云母二长花岗岩；13—石炭纪斑状正长花岗岩；14—石炭纪斑状黑云母花岗岩；15—石炭纪斑状黑云母二长花岗岩；16—奥陶纪花岗闪长岩；17—实测地质界线；18—实测不整合地质界线；19—实测性质不明断层及编号；20—实测正断层；21—韧性剪切带；22—火山口；23—地层残留体范围；24—背窿构造；25—火山盆地；26—国界线；27—调查区范围

扫一扫
查看彩图

3.2 地球物理、地球化学及遥感特征

3.2.1 地球物理特征

3.2.1.1 重力异常特征

调查区自由空间重力异常平面图，是地质矿产部第二综合物探大队于1980—1986年完成的内蒙古东部大兴安岭地区的1∶1000000区域重力调查资料。

从调查区自由空间重力异常平面图上可以看出，如图 3-4 所示，调查区布格重力值总体随等高线增高而增大，在额尔古纳河和哈乌尔河流域形成两处较为明显的低值异常带，布格异常值为$(0\sim10)\times10^{-5}\mathrm{m/s^2}$，两河之间中部的地形较高处，布格异常值为$(5\sim20)\times10^{-5}\mathrm{m/s^2}$，重力梯度带总体呈北东走向，西北部梯度较小，等值线平缓，东南部梯度相对较大，等值线较为密集。西部相对低重力区主要对应的地质体为中—下奥陶统乌宾敖包组变质岩区，中部高重力区主要对应的地质体为石炭纪的花岗岩侵入体及新元古界青白口系佳疙疸组变质岩、中侏罗统火山岩，东部相对低重力区对应的是中二叠世与侏罗纪的花岗岩侵入体，由此可见调查区西部的相对低重力为古老的结晶基底凹陷引起，中部区花岗岩的岩浆来源要比东部区花岗岩的来源要浅。由布格重力异常也可以看出在调查区从西到东地质体的时代是由老到新。

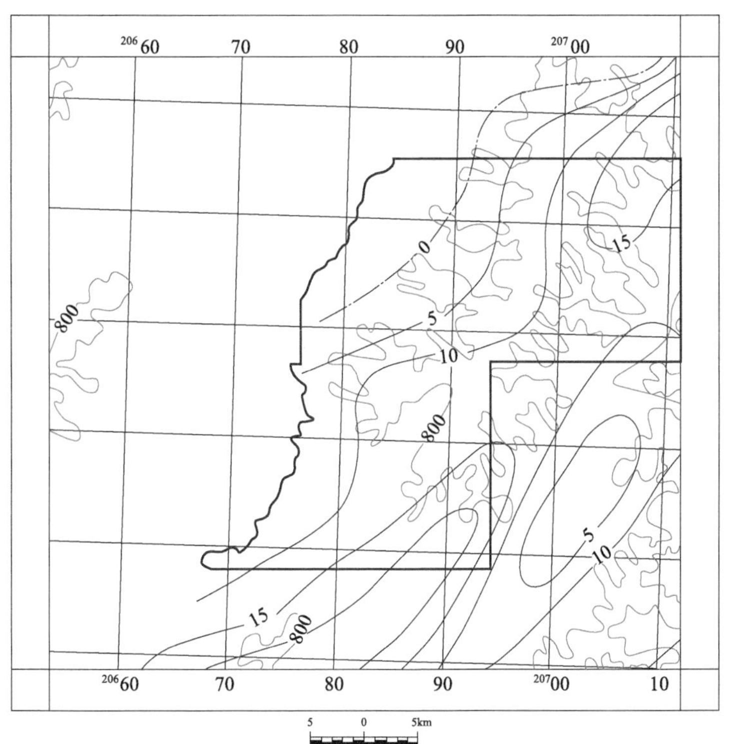

图 3-4 调查区自由空间重力异常平面图

1—自由空间重力异常正等值线及注记（10~5m/s²）；
2—自由空间重力异常零等值线及注记（10~5m/s²）；
3—地形等高线及注记（m）；4—调查区范围

3.2.1.2 航磁异常特征

元古界变质岩为弱磁性到中等磁性，其中变质较深的下元古界兴华渡口群片麻岩、角闪斜长变粒岩、浅粒岩、斜长角闪岩等磁性较强，变化范围也较大，磁化率多为$(200\sim6500)\times10^{-5}$SI，平均值一般为$(700\sim1724)\times10^{-5}$SI，在磁场上可引起较强的磁异常。变质较浅的新元古界青白口系佳疙疸组或震旦系额尔古纳河组大理岩等磁性相对较弱，磁化率变化范围一般为$(50\sim500)\times10^{-5}$SI，均值多为$(70\sim200)\times10^{-5}$SI，在磁场上多对应低缓负磁场区。

中侏罗统塔木兰沟组和上侏罗统满克头鄂博组的基性玄武岩类、中性安山岩到各种凝灰岩，多具较强磁性，但变化范围较大，一般在几十到7000×10^{-5}SI，均值一般为$(1000\sim4000)\times10^{-5}$SI，它们的剩磁也较强，在磁场上一般反映为正负变化较大的杂乱异常。

晚古生代—中生代花岗岩类分布广，其变化也较大，磁化率变化范围一般为$(20\sim2500)\times10^{-5}$SI，均值多为$(20\sim780)\times10^{-5}$SI，花岗闪长岩具有一定的磁性，磁化率一般在$2000\times10^{-5}$SI左右变化。

各类岩石磁性特征如下：呈面积性分布的华力西期花岗岩类和新元古界佳疙疸组、额尔古纳河组大多数为无和弱磁性岩石，将引起平缓降低的负磁场；中生界中、上侏罗统火山岩系地层具有较强磁性，并且磁性不均匀、不稳定，强弱差距较大，同时剩磁较大，可引起正负剧烈变化的杂乱磁场；而燕山期花岗岩类为中弱磁性，能引起介于上述两种磁性岩石之间的相对稳定的弱升高场，燕山期中性或中酸性侵入岩类磁性较强，能引起明显的正异常。

3.2.1.3 1∶50000 地面高精度磁法磁性特征

根据《内蒙古额尔古纳市黑山头—地营子一带综合方法找矿报告》，开展的1∶50000地面高精磁工作，涉及本调查区南部M50E008022（七卡上四岛）、M50E008023（七卡）两幅的部分区域，如图3-3所示。

各类岩石磁性参数见表3-5。黑云母石英片岩的磁化率最大；其他矿石的磁性相对要弱，但其变化范围较大；板岩磁性不均匀，变化范围大，感磁、剩磁均较强，可形成跳跃式变化的不稳定磁异常；大理岩、千枚岩一般为弱磁。

表3-5 矿岩（矿）石磁性参数统计表

岩（矿）石名称	块数	磁化率 $K/4\pi$SI		剩余磁化强度 $Jr/\text{A}\cdot\text{m}^{-1}$	
		变化范围	平均值	变化范围	平均值
千枚岩	30	$(9.87\sim618.86)\times10^{-6}$	264.58×10^{-6}	$(159.25\sim10.76)\times10^{-3}$	57.16×10^{-3}
板岩	30	$(116.86\sim909.29)\times10^{-6}$	380.81×10^{-6}	$(19.7\sim188.59)\times10^{-3}$	71.26×10^{-3}

续表 3-5

岩(矿)石名称	块数	磁化率 $K/4\pi SI$		剩余磁化强度 $Jr/A\cdot m^{-1}$	
		变化范围	平均值	变化范围	平均值
花岗岩	30	$(160\sim1972.99)\times10^{-6}$	541.77×10^{-6}	$(10.98\sim491.25)\times10^{-3}$	97.76×10^{-3}
大理岩	30	$(111.2\sim936.9)\times10^{-6}$	395.9×10^{-6}	$(25.76\sim143.73)\times10^{-3}$	65.22×10^{-3}
二长花岗岩	30	$(34\sim476)\times10^{-6}$	125×10^{-6}	$(78\sim453)\times10^{-3}$	198×10^{-3}
黑云母石英片岩	30	$(111.5\sim1577.3)\times10^{-6}$	628.09×10^{-6}	$(16.22\sim616.09)\times10^{-3}$	121.8×10^{-3}
变质砂岩	30	$(31.8\sim1997)\times10^{-6}$	587.7×10^{-6}	$(12.03\sim356.19)\times10^{-3}$	92.65×10^{-3}
凝灰质砂岩	30	$(657\sim2354)\times10^{-6}$	542×10^{-6}	$(131\sim2324)\times10^{-3}$	588×10^{-3}

3.2.2 地球化学特征

3.2.2.1 土壤元素含量特征

A 元素含量的频率分布特点

对全区元素分析结果进行统计并绘制的直方图（见图 3-5）显示，Pb、Zn、Sn、U、Th、Nb、La、Bi 呈较为明显的对数正态分布；Ni、Sb、Y 元素分布规律不明显，在各个含量区段频率相近；其余元素大多呈偏对数正态分布，其中 Ag、Au、Mo、Cu 峰值左偏，W、As 元素峰值右偏。

部分元素（如 V、Nb 等）在特定的某一含量区段具有较高的频数，造成这种现象的原因可能是调查区内石炭纪斑状黑云母二长花岗岩（$C\eta\gamma$）、中二叠世黑云二长花岗岩（$P_2\eta\gamma$）所采的样品数各占工作全区采样总数的 70%左右，所以在全区元素含量统计中，这两套地质体有很大的贡献度，且其中部分元素含量与其余地质体含量差异过大，使得全区元素含量特征向该地质体特征偏移；为了进一步研究元素在各地层中的含量特征，细化元素的分布规律，更加明确地指引找矿，所以按地质单元划分，对每个地质单元的元素分布特征都分别进行了统计，并绘制直方图（详见各单元素地球化学图）。可见各地质单元元素含量的频率特征与全调查区的频率特征不尽相同，但多数元素含量显示出对数正态分布或偏正态分布的特点，为之后开展的统计研究和图件编制提供了可靠数据依据。

B 元素的丰度特征

调查区属内蒙古自治区东北地区大兴安岭山脉北段西坡，为中低山区，地势总体东北部高、西南部低，区内最低海拔 484m，最高海拔 1151m，平均海拔 700~900m。调查区存在森林、沼泽、冻土、草原等景观。植被发育，各河谷发

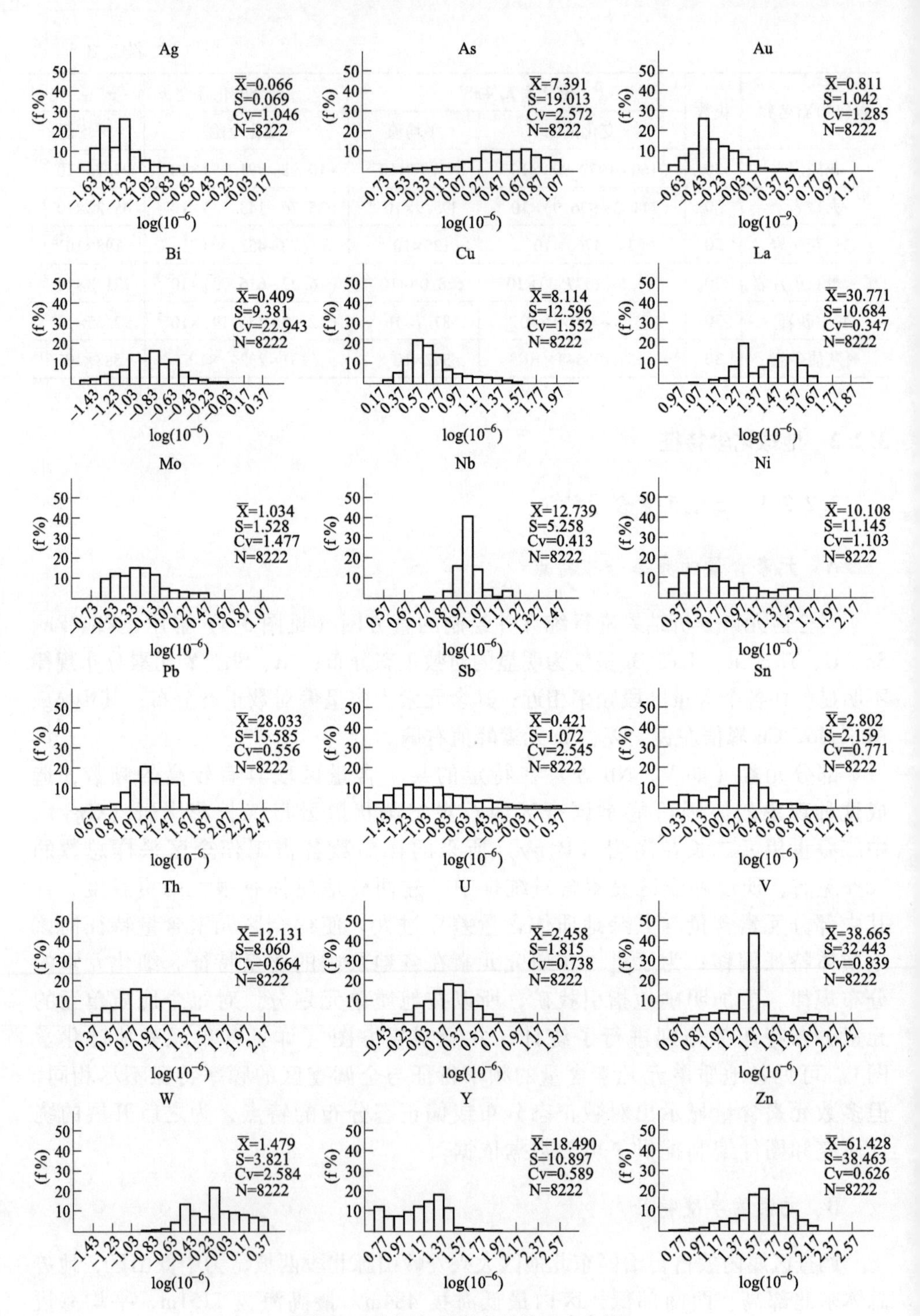

图 3-5 全区各元素含量分布直方图

育有沼泽，其余大面积被森林掩盖，基岩出露差。依据全国地球化学景观划分，调查区属于森林沼泽区一级景观，呼伦区与大兴安岭区二级景观区的过渡带上。选用了-4750~830μm 的采样粒级，由于调查区内存在面积较大的花岗类侵入岩，所以在全区元素含量统计中，花岗类有很大的贡献度，如果元素含量与其余地质体含量差异过大时，可能使得全区元素含量特征向该地质体特征偏移。本次所论述的元素富集与贫化特征是相对于全国森林沼泽区水系沉积物元素地球化学平均值而论。为调查研究区内地球化学特征，引用浓集系数（C）进行表述，浓集系数（C）= 平均值（$\bar{x}$）/全国森林沼泽景观区水系沉积物元素地球化学平均值（$\bar{x}_{森}$）。全国森林沼泽景观区水系沉积物平均值是选取中国范围内 837 幅1：200000化探扫面图幅中以 1：25000 图幅为单元的数据平均值统计结果，其中森林沼泽区统计样品数为 2134 件（据《应用地球化学元素丰度数据手册》，迟清华，地质出版社）。

通常或习惯性认为：

当浓集系数 $C>1.2$ 时，表示元素具有相对富集特点；当浓度集系数 $0.8<C<1.2$ 时，表示元素无相对富集与贫化。当浓度集系数 $C<0.8$ 时，表示元素具有相对贫化的特点。

上述认为仅仅是数值统计计算所表示的内涵，其具体富集与贫化需结合地质矿产的实际特点进行综合分析论述。

由表 3-6 可知，本区内多数元素浓集系数为 0.8~1.2，说明区内元素富集贫化程度不太明显，说明在宏观上这些元素的区域分布较稳定无相对富集贫化，但也不排除存在有局部富集的可能；Bi、Pb 元素浓集系数大于 1.2，呈轻度富集态；La、V、Ni、Cu 在本区内较森林沼泽区平均值呈贫化态，如图 3-6 所示。可见浓集系数较高的 Bi、Pb、Th、Sn、Nb 等元素是一类比较容易在花岗类岩石内富集的元素，而相对贫化的 V、Ni 等元素则更容易在基性岩内富集，本区内大面积的花岗类岩石为这些元素的富集贫化提供了基础。

表 3-6 全区土壤元素含量特征一览表

元素	As	Sb	Bi	Pb	Sn	Mo	Cu	Ag	Zn
平均值（$\bar{x}$）	7.39	0.42	0.41	28.03	2.80	1.03	8.11	0.066	61.43
变化系数（Cv）	2.57	2.55	22.94	0.56	0.77	1.48	1.55	1.05	0.63
$\bar{x}_0$	4.99	0.16	0.20	27.05	2.46	0.71	5.07	0.056	58.86
最大值	757.23	35.89	830.38	516.10	59.84	100.00	817.50	3.441	1733.30
最小值	0.20	0.04	0.04	4.90	0.50	0.19	1.30	0.021	5.30
$\bar{x}_{森}$	9.10	0.44	0.28	23.00	2.60	1.41	17.00	0.094	77.00
浓集系数（C）	0.81	0.96	1.46	1.22	1.08	0.73	0.48	0.70	0.80

续表 3-6

元素	Ni	Y	W	Au	V	La	Nb	Th	U
平均值（$\bar{x}$）	10.11	18.49	1.48	0.81	39.37	21.03	15.63	12.14	2.46
变化系数（Cv）	1.10	0.59	2.58	1.29	0.99	0.46	0.40	0.66	0.74
$\bar{x}_0$	5.46	17.91	1.00	0.70	27.23	19.66	15.20	11.07	2.27
最大值	293.00	175.50	142.30	62.77	385.10	293.10	121.30	101.00	54.68
最小值	2.00	5.00	0.04	0.24	4.00	8.00	3.50	2.00	0.32
$\bar{x}_{森}$	19.00	25.00	1.90	1.02	77.00	44.00	15.00	11.20	3.37
浓集系数（C）	0.53	0.74	0.78	0.79	0.51	0.48	1.04	1.08	0.73

注：1. 表中数据为未剔除特异值算术特征值，统计样本数为 8222 个。

2. $\bar{x}_{森}$为全国森林沼泽区水系沉积物平均值。

3. $Cv=s_0/\bar{x}$。

4. 浓集系数$(C)=\bar{x}/\bar{x}_{森}$。

5. $\bar{x}_0$为逐步剔除平均值加减 3 倍标准离差之后的算术平均值。

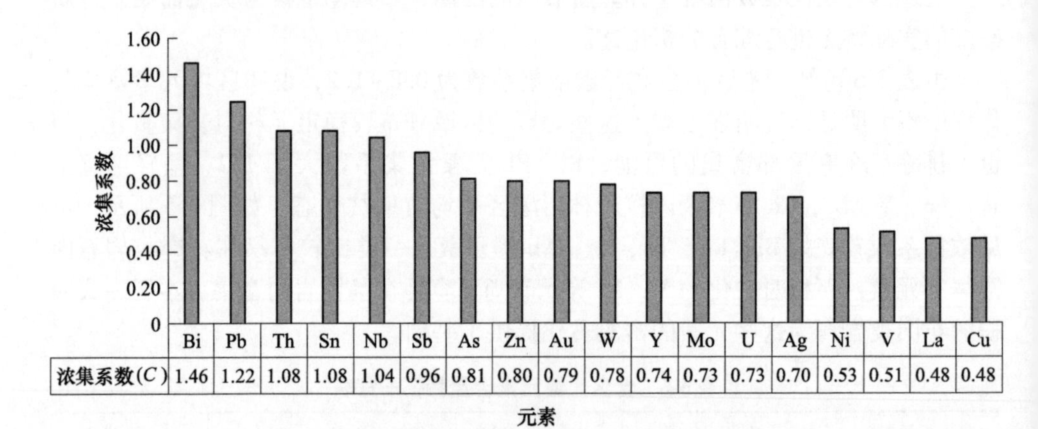

图 3-6 全区土壤样品元素浓集系数（C）排序图

为了更好地研究元素的富集乃至富集成矿的可能性，从中选取可能成矿的目标元素进行筛选与评价，为后续的异常查证和矿产评价提供靶区。为此，对全区以及各地质单元进行统计计算。在统计各元素平均值的基础上，分别统计计算各元素剔除特异值前后数值的标准离差，度量各元素的数据的离散程度，标准离差计算公式：

$$s=\sqrt{\frac{1}{n-1}\sum_{i=1}^{n}(x_i-\bar{x})^2}$$

式中，s 为标准离差；x_i 为元素含量；$\bar{x}$ 为元素平均含量。

然后用标准离差值除以该元素平均值求得该元素的变化系数 Cv，即：

$$Cv = \frac{s}{\bar{x}}$$

通常，利用标准离差和变化系数来研究元素在某一区段的富集程度。标准离差值大，表明元素含量离散程度大，其含量偏离中心数值较大，标准离差大则变化系数大。变化系数大，说明分异性强有局部富集的可能。同时可以认为当 $Cv \geqslant 0.8$ 时，强分异型，即分布极不均匀；当 $0.5 \leqslant Cv < 0.8$ 时，明显分异型，即分布明显不均匀；当 $Cv < 0.5$ 时，均匀分布型，即在调查区分布均匀。

3.2.2.2 岩石地球化学特征

为了调查研究区内各岩性岩石的地球化学特征，进行了采样分析，因为主要目的是研究各地层或岩体的总体特征，故采样时避开矿化区域、地层界线、断层等构造线附近，让样品具有较强的代表性，对于部分采样较少的岩层进行剔除后；对调查区内所采集的岩石样品进行原岩光谱测量并进行统计；调查区内岩石地球化学特征见表 3-7。

在全区范围内，Bi、Sn、Nb、As、Sb、W 元素平均含量高于克拉克值，相对富集，尤其以 Bi、Sn 元素为强富集态；Pb、Y、Mo、Zn、Ag、La 平均含量与克拉克值相当，无明显富集与贫化；V、Au 元素相对贫化；Cu、Ni 元素显著贫化，如图 3-7 所示。

同时在全区范围内看，As、Ni、V、Cu 元素的变异系数较强，可能局部存在较强的富集或者贫化的状态，具有较强的分异性，同时可能与区内各类岩石特性差异较大有关。

由于是考察岩石的背景特性，故统计均值、变异系数等参数时选用剔除特异值之后的分析值；极大值、极小值统计时则未剔除特异值，以保留岩石中的贫化富集特征。

由于统计全区岩石样品时，各地质体出露面积不同，岩性差异较大，风化程度各不同，使采集的岩石样品各岩性品种之间数量差别较大，故将岩石样品分岩性统计讨论。

在古元古界新华渡口群（P_1x）角闪片麻岩中，Bi、W 元素具有较高的浓集克拉克值和较高的变异系数；Sb、Cu、Y 具有较低或者中等的浓集克拉克值，但具有较高的变异系数；Mo、Sn、Zn、Nb 具有较低的变异系数，但具有较高的浓集克拉克值；As、Au 元素同时具有较低的浓集克拉克值和变异系数。

在新元古界青白口系佳疙疸组（Q*nj*）长石浅粒岩、绢云母板岩中，As 具有

表 3-7 岩石地球化学特征一览表

元素	地层或岩体	岩性	样品数（n）	平均值（$\bar{x}$）	中位数（M）	标准离差（s）	变化系数（Cv）	最大值	最小值	浓集系数（C）	区域背景
As	全区	—	255	2.768	1.86	2.629	0.95	402.12	0.29	1.457	1.9
	$O\gamma\delta$	花岗闪长岩	19	1.93	1.26	1.595	0.826	18.25	0.5	1.016	
	$C\kappa\gamma+C\eta\gamma$	少量斑状钾长花岗岩斑状及黑云母二长花岗岩	98	1.655	1.335	1.212	0.733	238.95	0.29	0.871	
	$P_2\eta\gamma$	中细粒二长花岗岩	24	1.234	1.005	0.753	0.61	5.65	0.32	0.649	
	Pt_1x	角闪片麻岩	17	1.299	1.19	0.805	0.62	76.39	0.41	0.684	
	Qnj	长石浅粒岩、绢云母板岩	21	12.275	5.12	16.496	1.344	88.29	0.64	6.46	
	$O_{1-2}w$	变质粉砂岩、板岩	35	6.801	4.2	6.306	0.927	402.12	0.5	3.58	
	J_2tm	安山岩、玄武岩	15	3.478	2.3	2.844	0.818	33.69	0.33	1.831	
	J_3mk	凝灰岩	30	5.14	4.835	3.626	0.705	130.36	0.76	2.705	
Sb	全区	—	258	0.256	0.15	0.224	0.874	5.05	0.02	1.422	0.18
	$O\gamma\delta$	花岗闪长岩	20	0.183	0.12	0.119	0.65	0.76	0.04	1.017	
	$C\kappa\gamma+C\eta\gamma$	少量斑状钾长花岗岩斑状及黑云母二长花岗岩	96	0.137	0.11	0.092	0.669	5.05	0.04	0.763	
	$P_2\eta\gamma$	中细粒二长花岗岩	25	0.126	0.11	0.079	0.628	0.36	0.03	0.7	
	Pt_1x	角闪片麻岩	17	0.16	0.1	0.165	1.032	0.97	0.02	0.889	
	Qnj	长石浅粒岩、绢云母板岩	22	0.693	0.49	0.506	0.73	1.91	0.13	3.851	
	$O_{1-2}w$	变质粉砂岩、板岩	39	0.777	0.64	0.555	0.714	2.95	0.07	4.319	
	J_2tm	安山岩、玄武岩	16	0.391	0.22	0.358	0.917	1.22	0.07	2.17	
	J_3mk	凝灰岩	30	0.314	0.245	0.159	0.507	2.22	0.13	1.746	
Bi	全区	—	267	0.269	0.19	0.216	0.802	268.99	0.06	2.072	0.13
	$O\gamma\delta$	花岗闪长岩	17	0.185	0.16	0.08	0.431	268.99	0.09	1.425	
	$C\kappa\gamma+C\eta\gamma$	少量斑状钾长花岗岩斑状及黑云母二长花岗岩	96	0.28	0.185	0.234	0.836	13.3	0.1	2.155	
	$P_2\eta\gamma$	中细粒二长花岗岩	23	0.156	0.16	0.051	0.325	0.57	0.06	1.197	
	Pt_1x	角闪片麻岩	18	0.717	0.395	1.005	1.401	3.48	0.09	5.517	
	Qnj	长石浅粒岩、绢云母板岩	21	0.217	0.23	0.098	0.452	0.7	0.07	1.667	
	$O_{1-2}w$	变质粉砂岩、板岩	40	0.303	0.215	0.217	0.716	0.92	0.08	2.327	
	J_2tm	安山岩、玄武岩	15	0.233	0.16	0.164	0.704	3.91	0.09	1.795	
	J_3mk	凝灰岩	30	0.183	0.15	0.095	0.523	4.14	0.08	1.405	

续表 3-7

元素	地层或岩体	岩性	样品数 (n)	平均值 ($\bar{x}$)	中位数 (M)	标准离差 (s)	变化系数 (Cv)	最大值	最小值	浓集系数 (C)	区域背景
Pb	全区	—	279	21.517	20.1	9.937	0.462	65.1	3.4	1.266	17
	$O\gamma\delta$	花岗闪长岩	21	26.29	23.4	13.425	0.511	51.1	3.4	1.546	
	$C\kappa\gamma+C\eta\gamma$	少量斑状钾长花岗岩斑状及黑云母二长花岗岩	104	26.345	25.5	7.737	0.294	62.9	11.6	1.55	
	$P_2\eta\gamma$	中细粒二长花岗岩	25	24.92	25.5	10.426	0.418	47	8.4	1.466	
	Pt_1x	角闪片麻岩	18	14.761	14.85	5.573	0.378	24.9	6.8	0.868	
	Qnj	长石浅粒岩、绢云母板岩	21	13.462	12.4	6.583	0.489	44.8	3.9	0.792	
	$O_{1-2}w$	变质粉砂岩、板岩	35	10.94	11.8	3.607	0.33	42.4	5	0.644	
	J_2tm	安山岩、玄武岩	15	18.64	17.6	5.3	0.284	65.1	13.6	1.096	
	J_3mk	凝灰岩	34	19.288	17.3	6.965	0.361	35.8	7.4	1.135	
Sn	全区	—	261	2.884	2.64	1.257	0.436	33.78	0.93	1.922	1.5
	$O\gamma\delta$	花岗闪长岩	20	3.623	3.195	2.163	0.597	33.78	1.04	2.415	
	$C\kappa\gamma+C\eta\gamma$	少量斑状钾长花岗岩斑状及黑云母二长花岗岩	102	3.494	2.765	2.143	0.613	31.02	1.07	2.329	
	$P_2\eta\gamma$	中细粒二长花岗岩	25	3.201	2.86	1.241	0.388	6.01	0.93	2.134	
	Pt_1x	角闪片麻岩	15	2.663	2.45	0.956	0.359	29.39	1.08	1.775	
	Qnj	长石浅粒岩、绢云母板岩	22	2.72	2.89	1.045	0.384	5.24	1.37	1.813	
	$O_{1-2}w$	变质粉砂岩、板岩	36	2.811	2.83	0.456	0.162	6.96	1	1.874	
	J_2tm	安山岩、玄武岩	16	2.428	2.24	0.802	0.33	4.13	1.39	1.619	
	J_3mk	凝灰岩	33	2.505	2.4	0.646	0.258	7.12	1.46	1.67	
Mo	全区	—	261	0.697	0.61	0.353	0.506	12.65	0.22	1.161	0.6
	$O\gamma\delta$	花岗闪长岩	20	0.628	0.565	0.314	0.501	3.24	0.22	1.046	
	$C\kappa\gamma+C\eta\gamma$	少量斑状钾长花岗岩斑状及黑云母二长花岗岩	100	0.651	0.585	0.327	0.502	10.26	0.22	1.084	
	$P_2\eta\gamma$	中细粒二长花岗岩	25	0.697	0.55	0.466	0.668	2.06	0.3	1.161	
	Pt_1x	角闪片麻岩	17	0.873	0.66	0.596	0.683	12.65	0.23	1.455	
	Qnj	长石浅粒岩、绢云母板岩	21	0.73	0.56	0.527	0.722	5.77	0.31	1.217	
	$O_{1-2}w$	变质粉砂岩、板岩	36	0.656	0.565	0.273	0.416	9.28	0.25	1.093	
	J_2tm	安山岩、玄武岩	15	1.135	1.03	0.518	0.456	10.57	0.3	1.891	
	J_3mk	凝灰岩	32	0.843	0.735	0.361	0.429	3.52	0.42	1.406	

续表 3-7

元素	地层或岩体	岩性	样品数 (n)	平均值 ($\bar{x}$)	中位数 (M)	标准离差 (s)	变化系数 (Cv)	最大值	最小值	浓集系数 (C)	区域背景
V	全区	—	279	54.322	28.8	53.709	0.989	340.6	2	0.799	68
	$O\gamma\delta$	花岗闪长岩	21	45.962	17.5	65.594	1.427	235.3	2.4	0.676	
	$C\kappa\gamma+C\eta\gamma$	少量斑状钾长花岗岩斑状及黑云母二长花岗岩	106	23.138	17.15	17.123	0.74	78.6	3	0.34	
	$P_2\eta\gamma$	中细粒二长花岗岩	24	24.092	17.1	19.938	0.828	118.3	4	0.354	
	Pt_1x	角闪片麻岩	18	122.183	130.55	64.596	0.529	264.5	12.6	1.797	
	Qnj	长石浅粒岩、绢云母板岩	22	102.295	120.5	59.983	0.586	189.2	9.9	1.504	
	$O_{1-2}w$	变质粉砂岩、板岩	39	107.795	122.8	48.296	0.448	340.6	4.1	1.585	
	J_2tm	安山岩、玄武岩	16	87.519	90.25	62.234	0.711	224.3	2	1.287	
	J_3mk	凝灰岩	34	48.029	28.65	53.189	1.107	186.9	4	0.706	
Cu	全区	—	265	8.169	5	7.263	0.889	197.6	1.2	0.454	18
	$O\gamma\delta$	花岗闪长岩	18	4.8	4.15	2.263	0.471	48.5	2.2	0.267	
	$C\kappa\gamma+C\eta\gamma$	少量斑状钾长花岗岩斑状及黑云母二长花岗岩	99	4.252	3.8	1.693	0.398	23.7	1.8	0.236	
	$P_2\eta\gamma$	中细粒二长花岗岩	24	3.654	3.15	1.673	0.458	21.4	1.2	0.203	
	Pt_1x	角闪片麻岩	17	6.606	4.6	6.387	0.967	43.8	1.2	0.367	
	Qnj	长石浅粒岩、绢云母板岩	21	17.89	18.4	12.052	0.674	197.6	3.2	0.994	
	$O_{1-2}w$	变质粉砂岩、板岩	40	22.46	20.1	15.173	0.676	64.9	2.4	1.248	
	J_2tm	安山岩、玄武岩	16	15.056	15.3	10.086	0.67	35.5	2.5	0.836	
	J_3mk	凝灰岩	30	8.49	7.1	4.991	0.588	124.4	3.8	0.472	
Ag	全区	—	270	0.05	0.048	0.018	0.365	0.569	0.023	0.914	0.055
	$O\gamma\delta$	花岗闪长岩	21	0.058	0.055	0.027	0.465	0.108	0.024	1.059	
	$C\kappa\gamma+C\eta\gamma$	少量斑状钾长花岗岩斑状及黑云母二长花岗岩	98	0.038	0.038	0.01	0.259	0.233	0.023	0.697	
	$P_2\eta\gamma$	中细粒二长花岗岩	24	0.043	0.045	0.013	0.299	0.113	0.024	0.78	
	Pt_1x	角闪片麻岩	16	0.049	0.042	0.02	0.404	0.569	0.024	0.897	
	Qnj	长石浅粒岩、绢云母板岩	22	0.071	0.067	0.026	0.372	0.135	0.03	1.292	
	$O_{1-2}w$	变质粉砂岩、板岩	37	0.057	0.053	0.012	0.203	0.118	0.036	1.029	
	J_2tm	安山岩、玄武岩	16	0.058	0.063	0.02	0.344	0.092	0.026	1.06	
	J_3mk	凝灰岩	34	0.062	0.061	0.014	0.231	0.099	0.028	1.136	

续表 3-7

元素	地层或岩体	岩性	样品数 (n)	平均值 ($\bar{x}$)	中位数 (M)	标准离差 (s)	变化系数 (Cv)	最大值	最小值	浓集系数 (C)	区域背景
Zn	全区	—	281	64.316	57.9	35.144	0.546	252.6	10.3	1.072	60
	$O\gamma\delta$	花岗闪长岩	21	56.048	35.5	45.199	0.806	159.3	10.3	0.934	
	$C\kappa\gamma+C\eta\gamma$	少量斑状钾长花岗岩斑状及黑云母二长花岗岩	106	45.442	38.9	21.081	0.464	154.7	10.6	0.757	
	$P_2\eta\gamma$	中细粒二长花岗岩	24	47.054	46.35	24.922	0.53	252.6	10.7	0.784	
	Pt_1x	角闪片麻岩	18	81.089	79.95	31.4	0.387	134.8	17.7	1.351	
	Qnj	长石浅粒岩、绢云母板岩	22	87.591	100.7	44.046	0.503	162	12	1.46	
	$O_{1-2}w$	变质粉砂岩、板岩	40	90.698	95.7	35.746	0.394	154.2	21.2	1.512	
	J_2tm	安山岩、玄武岩	16	87.456	89.9	25.126	0.287	124.5	51.1	1.458	
	J_3mk	凝灰岩	33	72.155	71.1	23.244	0.322	214.4	39.5	1.203	
Ni	全区	—	278	14.057	7.05	13.392	0.953	90.8	1.3	0.586	24
	$O\gamma\delta$	花岗闪长岩	18	6.45	5.7	4.365	0.677	90.8	2.2	0.269	
	$C\kappa\gamma+C\eta\gamma$	少量斑状钾长花岗岩斑状及黑云母二长花岗岩	103	6.078	6	1.988	0.327	19.5	1.3	0.253	
	$P_2\eta\gamma$	中细粒二长花岗岩	24	5.208	5.2	1.287	0.247	26.5	3.1	0.217	
	Pt_1x	角闪片麻岩	18	27.344	32.55	16.721	0.611	50.6	2.2	1.139	
	Qnj	长石浅粒岩、绢云母板岩	22	30.518	32.2	19.739	0.647	78.7	3.5	1.272	
	$O_{1-2}w$	变质粉砂岩、板岩	40	28.07	31.35	13.394	0.477	48.7	1.4	1.17	
	J_2tm	安山岩、玄武岩	16	20.231	18.6	14.081	0.696	49.2	2.4	0.843	
	J_3mk	凝灰岩	32	12.456	8.2	10.865	0.872	82.6	4.2	0.519	
Y	全区	—	277	20.353	19.2	10.268	0.505	61.9	2.9	1.197	17
	$O\gamma\delta$	花岗闪长岩	21	22.429	22.9	13.954	0.622	58.8	2.9	1.319	
	$C\kappa\gamma+C\eta\gamma$	少量斑状钾长花岗岩斑状及黑云母二长花岗岩	106	20.499	19.25	8.928	0.436	60.2	3.8	1.206	
	$P_2\eta\gamma$	中细粒二长花岗岩	24	18.167	18.65	9.867	0.543	61.9	3.6	1.069	
	Pt_1x	角闪片麻岩	18	21.139	10.1	18.262	0.864	50.3	4.2	1.243	
	Qnj	长石浅粒岩、绢云母板岩	21	17.01	17.7	6.134	0.361	46.9	6.3	1.001	
	$O_{1-2}w$	变质粉砂岩、板岩	38	13.724	13.4	4.316	0.315	53.9	5.4	0.807	
	J_2tm	安山岩、玄武岩	16	27.962	24.65	14.993	0.536	56.9	8.1	1.645	
	J_3mk	凝灰岩	34	27.738	25	8.329	0.3	51	14.4	1.632	

续表 3-7

元素	地层或岩体	岩性	样品数（n）	平均值（$\bar{x}$）	中位数（M）	标准离差（s）	变化系数（Cv）	最大值	最小值	浓集系数（C）	区域背景
Nb	全区	—	276	17.759	16.55	7.533	0.424	108.5	1.2	1.48	12
	$O\gamma\delta$	花岗闪长岩	19	17.805	15.3	10.381	0.583	108.5	1.5	1.484	
	$C\kappa\gamma+C\eta\gamma$	少量斑状钾长花岗岩斑状及黑云母二长花岗岩	105	18.438	15.9	8.424	0.457	87.5	3.4	1.537	
	$P_2\eta\gamma$	中细粒二长花岗岩	25	18.032	16.9	7.328	0.406	39.3	8	1.503	
	Pt_1x	角闪片麻岩	18	17.678	17.8	8.347	0.472	42	4.5	1.473	
	Qnj	长石浅粒岩、绢云母板岩	22	16.2	16.8	8.028	0.496	32.8	1.2	1.35	
	$O_{1\text{-}2}w$	变质粉砂岩、板岩	40	15.24	13.75	5.826	0.382	32.5	5.4	1.27	
	J_2tm	安山岩、玄武岩	16	22.913	21.15	7.828	0.342	39.8	11.1	1.909	
	J_3mk	凝灰岩	33	18.473	17.7	4.293	0.232	55.4	6.6	1.539	
La	全区	—	276	31.037	30	16.211	0.522	127.1	3	0.887	35
	$O\gamma\delta$	花岗闪长岩	21	21.843	16.5	14.969	0.685	53	3	0.624	
	$C\kappa\gamma+C\eta\gamma$	少量斑状钾长花岗岩斑状及黑云母二长花岗岩	103	31	29.6	17.511	0.565	127.1	5.3	0.886	
	$P_2\eta\gamma$	中细粒二长花岗岩	25	23.668	22.5	12.499	0.528	54.7	7	0.676	
	Pt_1x	角闪片麻岩	18	32.289	32.75	14.522	0.45	64.1	5	0.923	
	Qnj	长石浅粒岩、绢云母板岩	22	36.832	30.75	21.031	0.571	93.4	12.3	1.052	
	$O_{1\text{-}2}w$	变质粉砂岩、板岩	40	28.855	27.05	12.313	0.427	65.4	5.9	0.824	
	J_2tm	安山岩、玄武岩	16	42.144	34.4	25.395	0.603	95.4	11.7	1.204	
	J_3mk	凝灰岩	34	40.785	36.4	14.7	0.36	76.5	21.1	1.165	
W	全区	—	265	1.26	1	0.865	0.686	90.74	0.25	1.4	0.9
	$O\gamma\delta$	花岗闪长岩	20	2.206	1.54	2.262	1.026	50.75	0.46	2.451	
	$C\kappa\gamma+C\eta\gamma$	少量斑状钾长花岗岩斑状及黑云母二长花岗岩	101	1.475	1.08	1.183	0.802	90.74	0.26	1.639	
	$P_2\eta\gamma$	中细粒二长花岗岩	24	0.676	0.6	0.328	0.485	3.63	0.25	0.751	
	Pt_1x	角闪片麻岩	17	1.766	1.07	1.436	0.813	77.29	0.34	1.962	
	Qnj	长石浅粒岩、绢云母板岩	22	1.217	1.185	0.503	0.414	2.32	0.3	1.352	
	$O_{1\text{-}2}w$	变质粉砂岩、板岩	39	1.191	1.2	0.397	0.333	2.96	0.38	1.323	
	J_2tm	安山岩、玄武岩	16	1.162	0.925	0.98	0.843	3.98	0.29	1.291	
	J_3mk	凝灰岩	32	1.284	0.915	0.901	0.701	6.06	0.28	1.427	

续表 3-7

元素	地层或岩体	岩性	样品数(n)	平均值($\bar{x}$)	中位数(M)	标准离差(s)	变化系数(Cv)	最大值	最小值	浓集系数(C)	区域背景
Au	全区	—	265	0.569	0.47	0.265	0.465	121.16	0.2	0.769	0.74
	$O\gamma\delta$	花岗闪长岩	20	0.571	0.465	0.261	0.457	2.76	0.29	0.772	
	$C\kappa\gamma+C\eta\gamma$	少量斑状钾长花岗岩斑状及黑云母二长花岗岩	99	0.419	0.41	0.067	0.16	121.16	0.27	0.566	
	$P_2\eta\gamma$	中细粒二长花岗岩	22	0.458	0.445	0.114	0.248	2.2	0.31	0.619	
	Pt_1x	角闪片麻岩	18	0.514	0.395	0.232	0.452	0.9	0.2	0.694	
	Qnj	长石浅粒岩、绢云母板岩	21	0.792	0.62	0.367	0.463	3.44	0.36	1.071	
	$O_{1\text{-}2}w$	变质粉砂岩、板岩	33	0.82	0.74	0.403	0.491	55.9	0.22	1.108	
	J_2tm	安山岩、玄武岩	15	0.528	0.51	0.161	0.305	1.67	0.33	0.714	
	J_3mk	凝灰岩	33	0.785	0.77	0.289	0.369	12.18	0.26	1.06	

注：1. n 为样品数，$\bar{x}$ 为剔除特异值的算术平均值；

2. s 为标准离差，Cv 为变化系数；

3. 元素 Au 质量分数为$\times10^{-9}$，其他元素质量分数为$\times10^{-6}$；

4. 浓集系数为平均值 $\bar{x}$ 与克拉克值之比，克拉克值为华北地区大陆地壳丰度（鄢明才和迟清华，1995）。

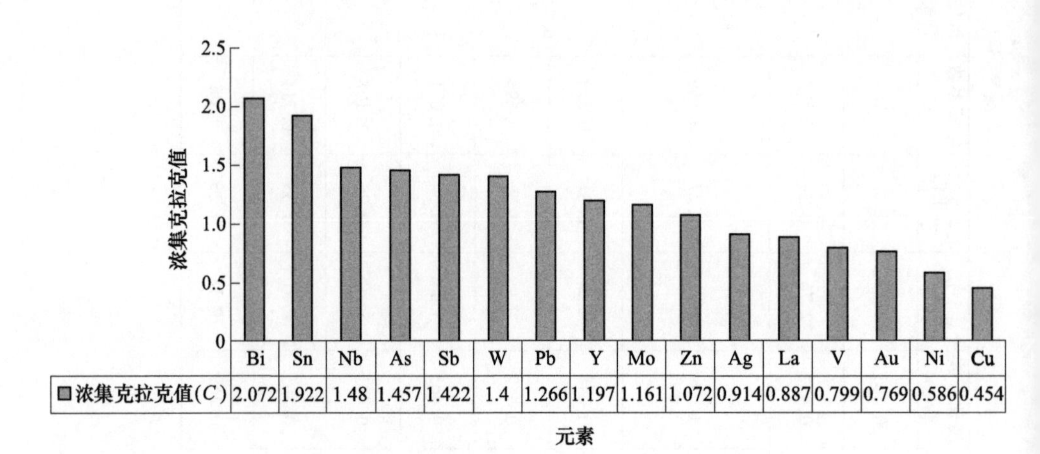

图 3-7 全区岩石浓集克拉克值（C）排序图

较高的浓集克拉克值和较高的变异系数；Sb、Bi、Mo、Sn、V、Zn 元素具有较低的变异系数，但浓集克拉克值中等或者偏高；Cu、Ni、Y、Nb、La、W、Au 元素具有中等的浓集克拉克值和中等的变异系数；Pb 同时具有较低的浓集克拉克值和较低的变异系数。

在中—下奥陶统乌宾敖包组（$O_{1\text{-}2}w$）粉砂岩、板岩中，As、Sb、Bi 元素具有较高的浓集克拉克值和较高的变异系数；Sn、V、Cu、Nb、W、Zn 具有较低的变异系数，但具有中等或者较高的浓集克拉克值；Pb 元素同时具有较低的浓集克拉克值和变异系数；其余元素含量与背景值相近，变异系数较低。

在中侏罗统塔木兰沟组（J_2tm）安山岩、玄武岩中，As、Sb、W 元素具有较高的浓集克拉克值和较高的变异系数；Bi、Mo、V、Zn、Nb、La、Sn、Y 具有较低的变异系数，但具有较高的浓集克拉克值；Au 元素同时具有较低的浓集克拉克值和变异系数；其余元素含量与背景值相近，变异系数较低。

在上侏罗统满克头鄂博组（J_3mk）凝灰岩中，As、W 元素具有较高的浓集克拉克值和较高的变异系数；V、Ni 具有较低或者中等的浓集克拉克值，但具有较高的变异系数；Sb、Bi、Sn、Mo、Y、Nb 具有较低的变异系数，但具有较高的浓集克拉克值；Cu 元素同时具有较低的浓集克拉克值和变异系数；其余元素含量与背景值相近，变异系数较低。

在奥陶纪花岗闪长岩体（$O\gamma\delta$）中，W 元素具有较高的浓集克拉克值和较高的变异系数；V、As、Zn 具有较低或者中等的浓集克拉克值，但具有较高的变异系数；Pb、Bi、Sn、Nb、La、Y 具有较低的变异系数，但具有较高的浓集克拉克值；Cu、Ni、Au 元素同时具有较低的浓集克拉克值和变异系数；其余元素含量与背景值相近，变异系数较低。

在石炭纪斑状正长花岗岩体（$C\kappa\gamma$）和斑状黑云母二长花岗岩体（$C\eta\gamma$）中，Bi、W、Sn元素具有较高的浓集克拉克值和较高的变异系数；As、Sb、V具有较低或者中等的浓集克拉克值，但具有较高的变异系数；Pb、Y、Nb具有较低的变异系数，但具有较高的浓集克拉克值；Cu、Ag、Ni、Au元素同时具有较低的浓集克拉克值和变异系数；其余元素含量与背景值相近，变异系数较低。

在中二叠世中细粒黑云母二长花岗岩体（$P_2\eta\gamma$），V具有较低浓集克拉克值，但具有较高的变异系数；Sn、Pb、Bi、Nb具有较低的变异系数，但具有较高的浓集克拉克值；As、Sb、Cu、Ag、Zn、Ni、La、W、Au元素同时具有较低的浓集克拉克值和变异系数；其余元素含量与背景值相近，变异系数较低。

3.2.2.3 综合异常特征及解释推断查证

通过本次化探工作以及后期的数据处理，圈定出1：50000化探综合异常8个，分别编号为AP1~AP8，现将各综合异常特征分述如下。

（1）AP1 乙$_1$。该综合异常（见图3-8）位于调查区八卡旧址幅西北部，AP6异常以东，形状似椭圆形，轴向北东，面积约为11.3km^2。该综合异常分布在石炭纪斑状黑云母二长花岗岩上，西部出露小面积中侏罗统塔木兰沟组安山岩，南部被全新统覆盖，综合异常内有一走向北东的断层F1和走向北东的韧性剪切带通过。该综合异常以W、Bi、Sn等高温元素为主，伴生有U、La、Ni、Nb等元素（见表3-8），是一组以高温热液元素为主的组合，同时这种组合成因与花岗岩有关。元素的套合较好，且异常强度较大，其中W、Sn、Bi、Mo、Ni、Zn、Sb、As元素异常强度均达到四级，W、Sn、Bi的元素异常面积较大。该综合异常内部分元素的极大值较高，其中$w(W)=139.4\times10^{-6}$，$w(Bi)=100.78\times10^{-6}$，$w(Mo)=39.16\times10^{-6}$。可见该综合异常与AP1相似，异常受高温热液的影响较大，异常强度较高。可见，该异常具有较好的成矿地质地球化学条件。

表3-8 AP1 乙$_1$ 综合异常特征值表

元素	Sn	W	U	La	Bi	Mo	As	Nb	Y	Ni	Sb	Th	Ag	Zn
形状	不规则	不规则	不规则	不规则	不规则	不规则	不规则	不规则	不规则	不规则	不规则	不规则	不规则	不规则
面积/km^2	7.43	4.02	2.13	1.64	1.25	1.05	1.01	1	0.85	0.57	0.49	0.43	0.23	0.18
平均值	9.41	25.3	8.37	58.42	8.63	9.76	72.84	37.43	32.79	161.75	7.1	37.74	0.143	131.75
最高值	44.89	139.4	26.31	124.1	100.78	39.16	154.41	77.1	102.62	293	17.73	64.2	0.228	178.3
衬度	1.88	8.43	2.09	1.95	14.38	4.88	6.07	1.5	1.31	8.09	7.1	1.51	1.43	1.32
规模	13.99	33.9	4.46	3.19	17.98	5.12	6.13	1.5	1.11	4.61	3.48	0.65	0.33	0.24

注：Au元素质量分数为$\times10^{-9}$，其他元素质量分数为$\times10^{-6}$。

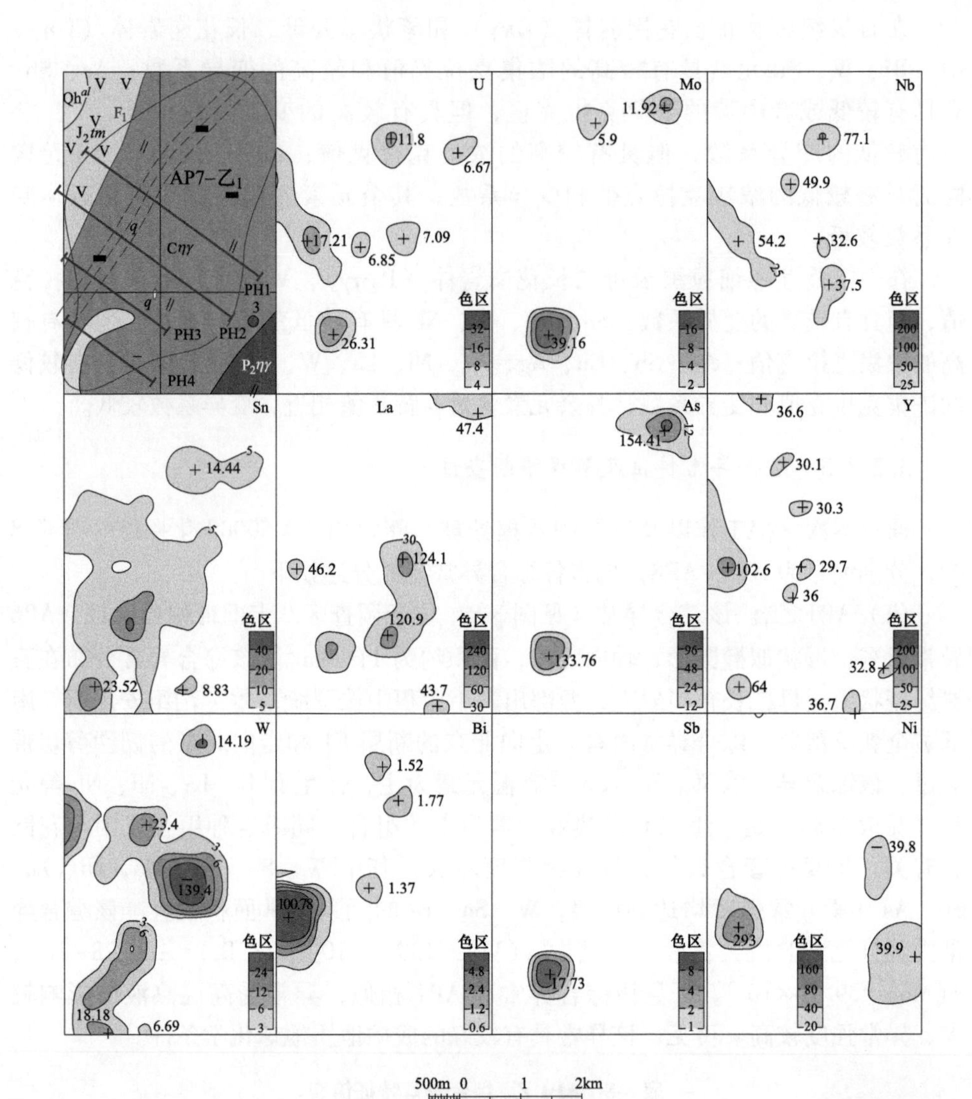

图 3-8 AP1 异常剖析图

扫一扫
查看彩图

（2）AP2 乙$_3$。该综合异常（见图 3-9）位于调查区八卡旧址幅南部，形状似椭圆形，轴向近东西，面积约为 12.2km^2。该综合异常主要分布在石炭纪斑状黑云母二长花岗岩上，局部存在少量全新统冲洪积物，综合异常内见走向北东的韧性剪切带。异常以 Sn、U、W 元素为主，伴生有 Ag、Y、La、Nb、Th、Zn、Pb 等元素，见表 3-9，是一组与高温热液相关的元素。其中 Sn 元素为大面积的强异常，W 元素异常面积较小，但异常极大值较高，其余元素多为小面积的中低强度异常。

表 3-9 AP2 乙$_3$ 综合异常特征值表

元素	Sn	U	W	Ag	Y	La	Nb	Th	Zn	Pb
形状	不规则	不规则	不规则	不规则	不规则	不规则	椭圆形	不规则	不规则	不规则
面积/km^2	6.43	3.24	2.32	1.65	0.73	1.4	0.24	0.17	0.09	0.03
平均值	8.09	12.74	13.14	0.166	30.07	39.59	31.81	30.34	134.15	48.15
最高值	20.56	38	45.07	0.235	51.44	62.8	53.3	42	168.00	50.7
衬度	1.62	3.19	4.38	1.66	1.20	1.32	1.27	1.21	1.34	1.20
规模	10.40	10.32	10.16	2.74	0.88	1.85	0.31	0.21	0.12	0.04

注：Au 元素质量分数为$\times10^{-9}$，其他元素质量分数为$\times10^{-6}$。

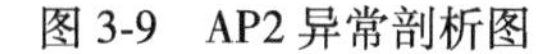

图 3-9 AP2 异常剖析图

扫一扫
查看彩图

（3）AP3 乙$_3$。该综合异常（见图 3-10）位于调查区梁西地营幅西南角，形状似椭圆形，轴向近南北，面积约为 9.9km^2。该综合异常主要分布在石炭纪斑状黑云母二长花岗岩上，少部分见上侏罗统满克头鄂博组火山碎屑岩，该综合异常以 As、Y 元素为主，伴生有 Au、W、Pb、Bi、Nb、Ag、Ni 等元素的组合，见表 3-10。As、Au、W 元素为面积较大的强异常，元素具有较好的相关性，Bi 元素为小面积的强异常，其余元素多为小面积的低缓异常。w(Au) 极大值为 33.88×10^{-9}，w(W) 为 35.09×10^{-6}。As 元素作为前缘元素具有较好的指示作用。

表 3-10 AP3 乙$_3$ 综合异常特征值表

元素	As	Au	Y	W	Pb	Bi	Nb	Ag	Ni	La	Sn
形状	不规则	不规则	不规则	不规则	不规则	不规则	不规则	不规则	不规则	不规则	不规则
面积/km^2	3.07	1.07	3.22	1.29	1.87	0.59	0.54	0.32	0.24	0.24	0.21
平均值	65.01	11.65	35.88	7.04	51.32	2.23	37.13	0.185	34.35	39.81	7.72
最高值	326.43	33.88	175.52	35.09	92.00	5.27	54.2	0.241	56.00	69.7	18.02
衬度	5.42	5.82	1.44	2.35	1.28	3.71	1.49	1.85	1.72	1.33	1.54
规模	16.63	6.23	4.62	3.03	2.40	2.19	0.8	0.59	0.41	0.32	0.32

注：Au 元素质量分数为$\times10^{-9}$，其他元素质量分数为$\times10^{-6}$。

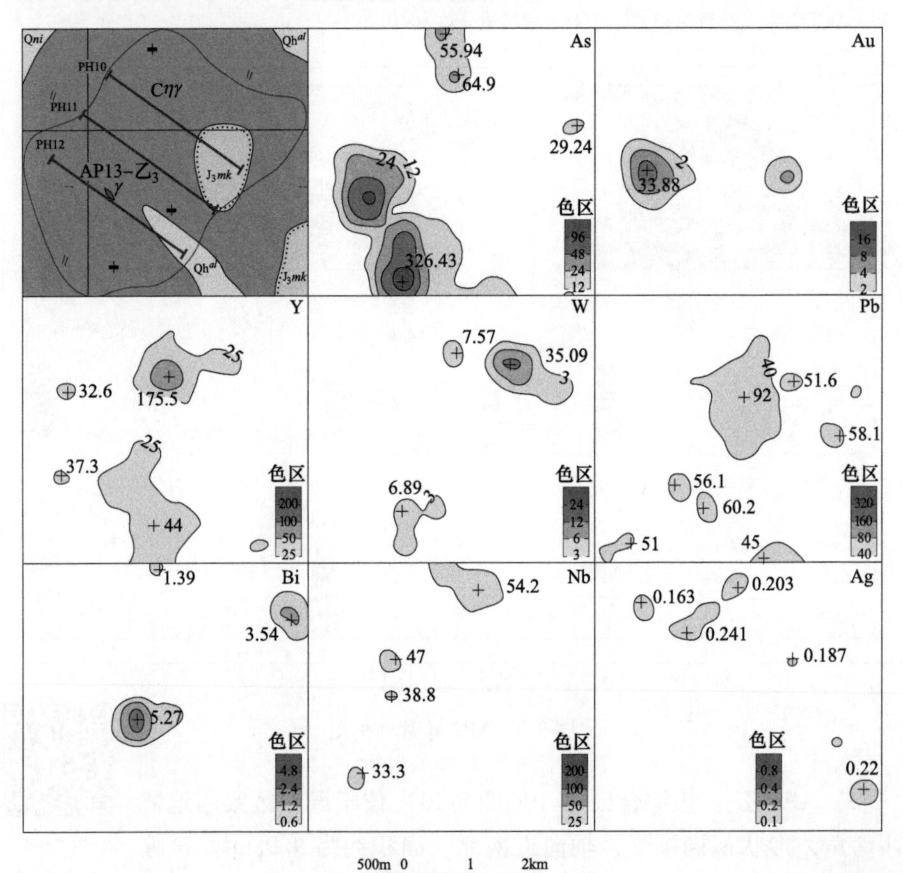

图 3-10 AP3 异常剖析图

扫一扫
查看彩图

（4）AP4 乙$_3$。该综合异常（见图 3-11）位于调查区梁西地营幅西南，AP13 乙$_3$ 号异常以东，形状似椭圆形，走向近南北，面积约为 4.9km^2。该综合异常主要分布在石炭纪斑状黑云母二长花

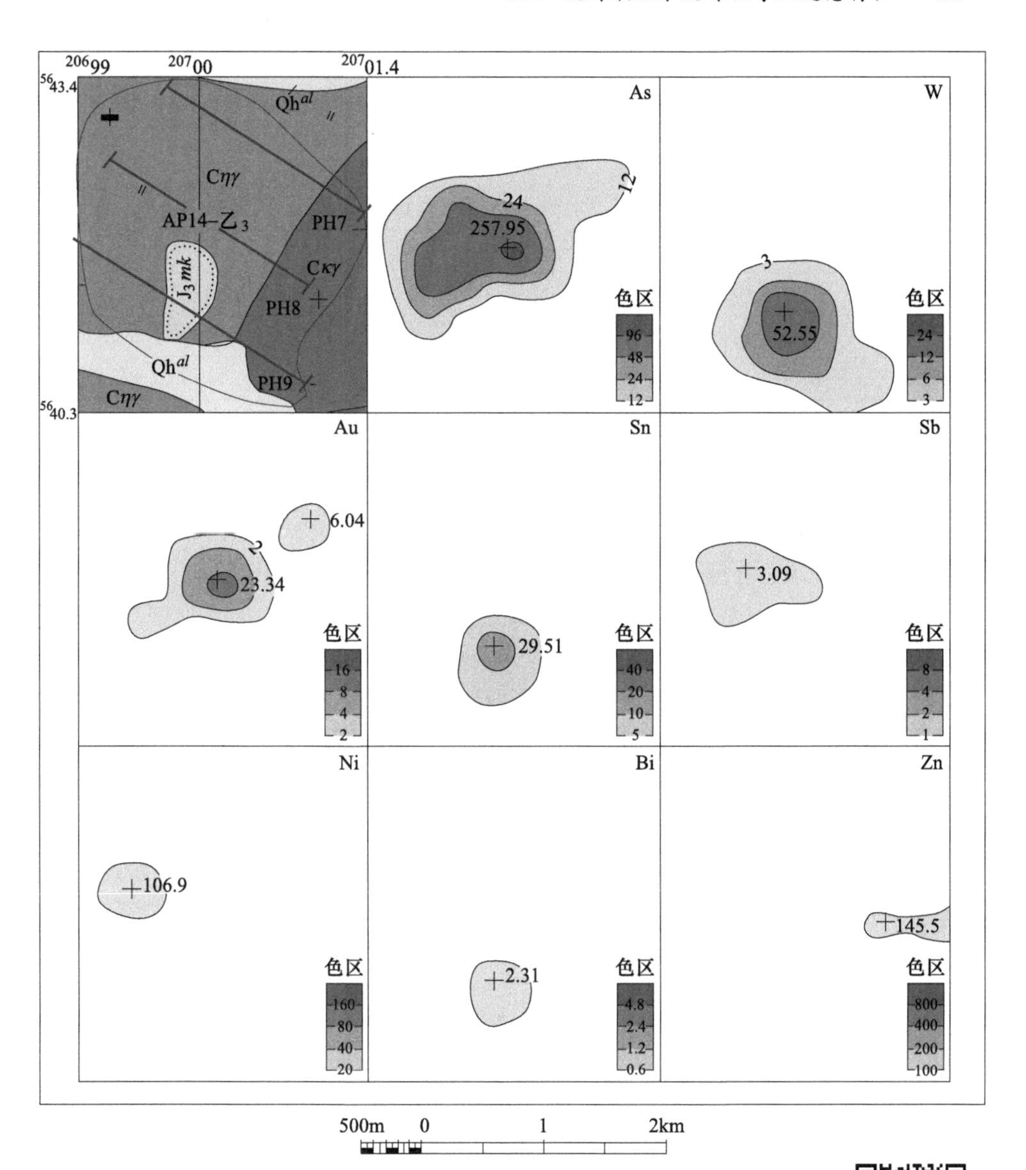

图 3-11　AP4 异常剖析图

扫一扫
查看彩图

岗岩上，东南部见石炭纪斑状正长花岗岩，少部分见上侏罗统满克头鄂博组火山碎屑岩，以 As、W、Au 元素为主，伴生有 Sn、Sb、Ni、Bi 等元素，见表 3-11，是一组高中低温热液元素组合。其中 As、Au、W 元素异常面积较大，As、Au、W、Sn、Ni、Bi 元素为强异常。其余元素异常强度较低。可见 AP3、AP4 从异常元素组合、空间关系上来看，可能异常具有相同的成因，在异常查证时可以共同查证，两个异常中元素存在一定的北东走向趋势。

表 3-11 AP4 乙$_3$ 综合异常特征值表

元素	As	W	Au	Sn	Sb	Ni	Bi	Zn	Y	Cu
形状	不规则	不规则	不规则	不规则	不规则	不规则	不规则	不规则	不规则	不规则
面积/km^2	1.54	1.57	0.88	0.46	0.74	0.38	0.24	0.20	0.15	0.07
平均值	77.53	12.65	7.85	29.51	2.12	69.90	2.31	118.54	30.55	27.35
最高值	257.95	52.55	23.34	29.51	3.09	106.90	2.31	146.70	37.28	38.30
衬度	6.46	4.22	3.92	5.90	2.12	3.50	3.85	1.19	1.22	1.82
规模	9.95	6.62	3.45	2.71	1.57	1.33	0.92	0.24	0.18	0.13

注：Au 元素质量分数为$\times10^{-9}$，其他元素质量分数为$\times10^{-6}$。

（5）AP5 乙$_2$。该综合异常（见图 3-12）位于调查区梁西地营东南，形状似椭圆形，轴向北东，面积约为 5.8km^2。该综合异常分布在石炭纪斑状黑云母二长花岗岩上，北部见全新统及零星出露中二叠世黑云母二长花岗岩。该综合异常以 Sb、U、Cu、Zn、As、Ag、Pb 等元素的组合，见表 3-12，是一组中高低温热液成矿元素组合。异常浓集中心明显，主要元素异常强度较大，该异常主要由同一采样点引起的环状异常，具有较好的相关性；该综合异常内元素大多具有较强的异常强度，极大值较高，尤其是中温元素的极大值，其中 $w(\mathrm{Sb})$ 为 35.89×10^{-6}，$w(\mathrm{Cu})$ 为 230×10^{-6}，$w(\mathrm{Zn})$ 为 1733.30×10^{-6}，$w(\mathrm{Pb})$ 为 516.1×10^{-6}。主要由点异常引起。

表 3-12 AP5 乙$_2$ 综合异常特征值表

元素	Sb	U	Cu	As	Zn	Ag	Pb	Mo	Bi	Y	Sn	La
形状	似圆形	不规则	似圆形	似圆形	不规则	似圆形	似圆形	似圆形	似圆形	不规则	不规则	不规则
面积/km^2	1.83	1.61	1.26	1.49	1.34	1.55	1.74	0.73	1.26	2.44	1.66	1.22
平均值	13.68	13.86	230	85.84	525.30	0.304	100.29	8.99	1.5	31.77	9.04	39.24
最高值	35.89	54.68	230	377.14	1733.30	0.975	516.1	8.99	2.1	56.1	23.71	46
衬度	13.68	3.46	15.33	7.15	5.25	3.04	2.51	4.5	2.49	1.27	1.81	1.31
规模	25.03	5.58	19.32	10.66	7.04	4.71	4.36	3.28	3.14	3.10	3.00	1.6

注：Au 元素质量分数为$\times10^{-9}$，其他元素质量分数为$\times10^{-6}$。

（6）AP6 乙$_2$。该综合异常（见图 3-13）位于七卡幅西北部，为一个封闭的似椭圆形，面积约 5.70km^2。该异常分布于中二叠世黑云母二长花岗岩中，该综合异常东部见白钨矿点、西部有小型铁矿点，该异常西见走向北西的韧性剪切带。异常组合较为简单，主要为 W、Bi、U、Th、Nb 等元素，见表 3-13，为一套以高温组合为主的组合。异常套合较好，主要由两部分组成。异常西部 W、Sn

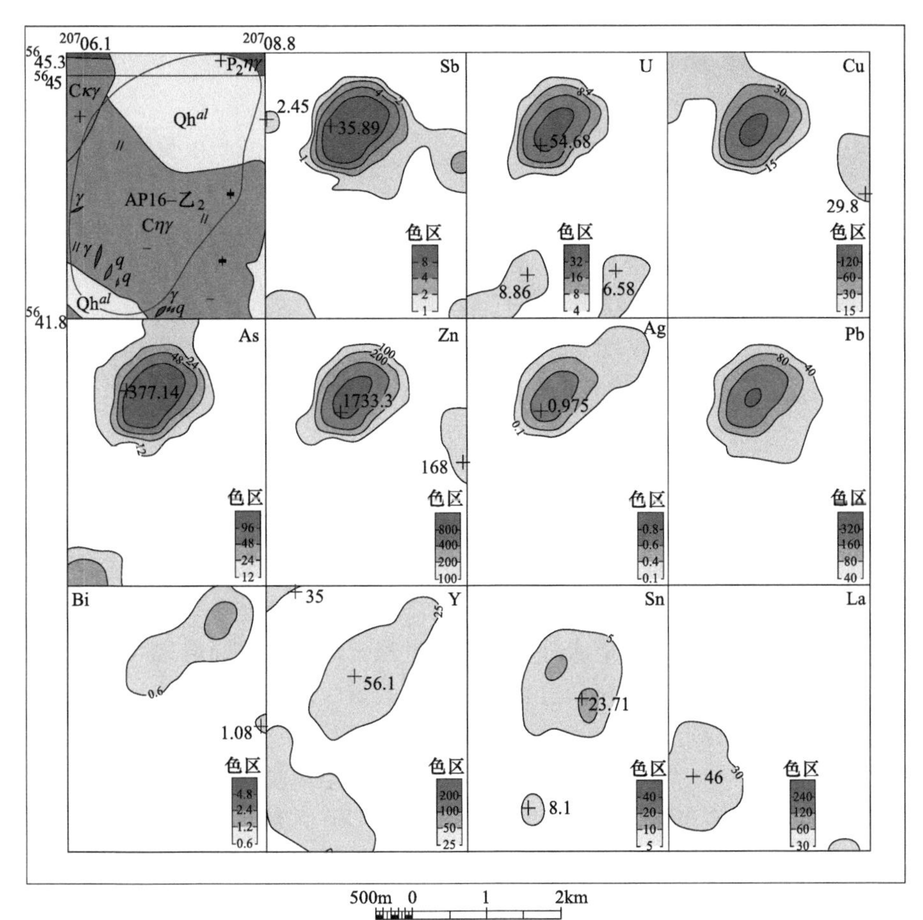

图 3-12　AP5 异常剖析图

扫一扫
查看彩图

的四级异常套合主要由点异常引起，W 的质量分数为 60.47×10^{-6}，Bi 的质量分数为 830.38×10^{-6}；该异常东部主要由 Bi 的四级异常和 U 的二级异常组成。异常附近位置在前期工作中存在有白钨矿重砂异常；故推测该综合异常可能为矿致异常。

表 3-13　AP6 乙$_2$ 综合异常特征值表

元素	Bi	U	W	Th	Nb	Y	Sn
形状	不规则	不规则	椭圆形	不规则	不规则	不规则	椭圆形
面积/km^2	3.73	1.28	0.69	0.68	0.6	0.4	0.33
平均值	84.96	7.29	32.78	36.58	42.84	39.58	6.01
最高值	830.38	13.5	60.47	63.5	92.8	60.41	6.61
衬度	141.61	1.82	10.93	1.46	1.71	1.58	1.20
规模	528.2	2.33	7.54	0.99	1.03	0.63	0.40

注：元素质量分数为$\times10^{-6}$。

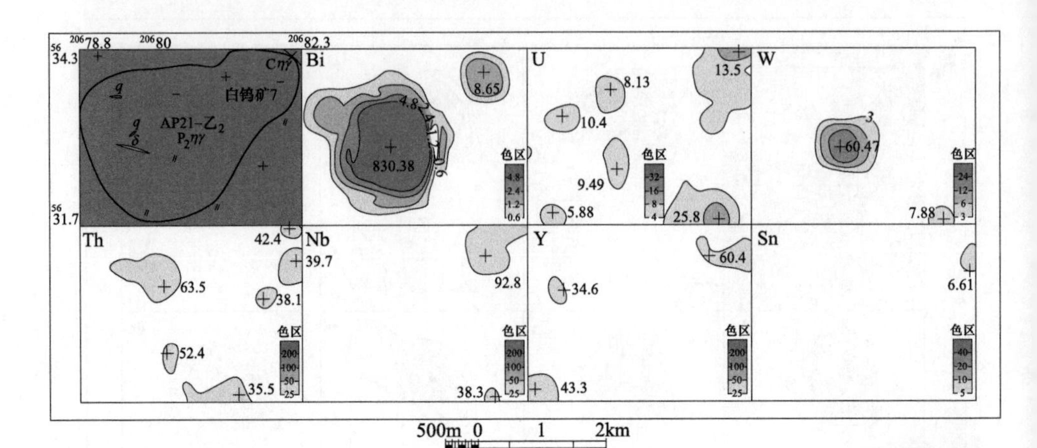

图 3-13 AP6 异常剖析图

扫一扫
查看彩图

（7）AP7 乙$_1$。该综合异常（见图 3-14）位于调查区七卡幅东北部，形状似圆形，面积约为 19.4km^2。该综合异常中部分布石炭纪斑状黑云母二长花岗岩，周缘分布中二叠世黑云母二长花岗岩之上，南部可见古元古界新华渡口群残积物，东南与西南角见全新统沉积物，异常内存在近南北向的韧性剪切带。以 W、Bi、Mo、Sn 元素为主，伴生有 Y、Th、Ag、U、La 等元素，见表 3-14，是一组以高温热液成矿元素为主的组合，主要异常元素来源与花岗岩有关。W、Bi、Sn 元素异常面积较大，套合较好，且异常连续性较好，异常强度较大，均达四级强异常；其余元素异常面积中等或较小，其中，W、Bi 元素异常形态相近。该综合异常内部分元素的极大值较高，其中 w(W)为 142.30×10^{-6}，w(Bi)为 124.65×10^{-6}，w(Mo)为 100×10^{-6}，w(Sn)为 46.84×10^{-6}，具有较好的指示作用。推测该异常主要受高温热液作用而引起，建议在该综合异常范围内主要检查高温元素。

表 3-14 AP7 乙$_1$ 综合异常特征值表

元素	W	Bi	Mo	Sn	Y	Th	Ag	U	La	Sb	Au	Nb	Zn	V
形状	不规则	不规则	似圆形	不规则	不规则	不规则	似圆形	不规则	不规则	不规则	不规则	椭圆形	不规则	椭圆形
面积/km^2	8.13	7.96	0.86	1.84	2.44	2.23	0.96	1.34	0.75	0.14	0.21	0.21	0.18	0.16
平均值	23.29	4.61	16.97	8.76	31.77	34.51	0.13	7.21	37.32	2.03	4.02	36.42	116.73	124.42
最高值	142.30	124.65	100	46.84	98.38	49.5	0.225	25.8	49.3	4.26	6.91	53.7	147.70	185
衬度	7.76	7.68	8.48	1.75	1.27	1.38	1.3	1.80	1.24	2.03	2.01	1.46	1.17	1.24
规模	63.13	61.14	7.3	3.22	3.10	3.08	1.25	2.42	0.93	0.28	0.42	0.31	0.21	0.2

注：Au 元素质量分数为×10^{-9}，其他元素质量分数为×10^{-6}。

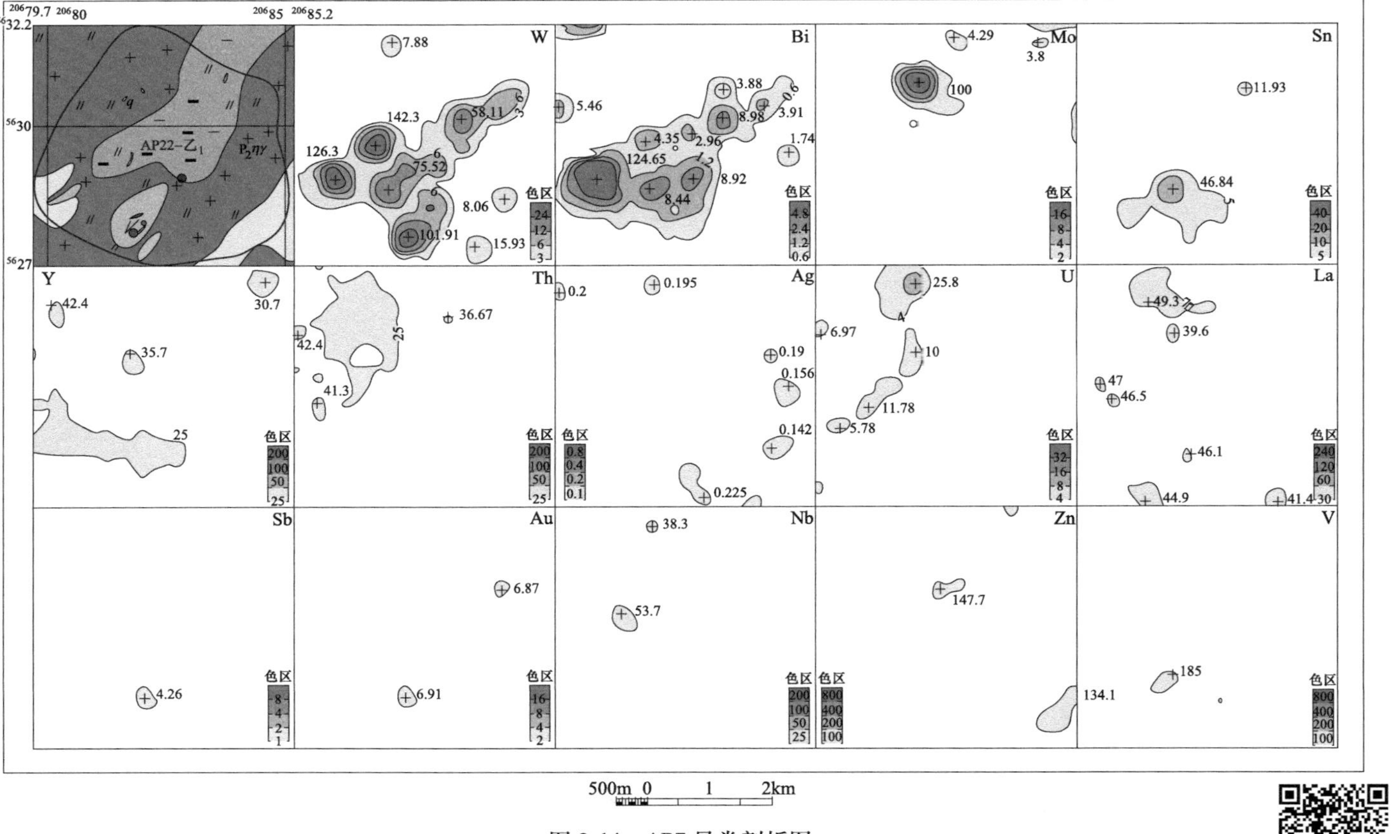

图 3-14 AP7 异常剖析图

扫一扫
查看彩图

（8）AP8 乙$_1$。该综合异常（见图 3-15）位于调查区七卡幅东部，形状似椭圆形，轴向北东，面积约为 25.6km^2。该综合异常主要分布在石炭纪斑状黑云母二长花岗岩上，西部出露中二叠世黑云母二长花岗岩，东北角分布上侏罗统满克头鄂博组火山碎屑岩。以 W、Bi、La、Th、U、Pb、Y 等元素为主，伴生有 As、Sn、Ni、Sb 等元素，见表 3-15，是一组高温元素为主的组合。异常套合较差，且连续性较差。该综合异常中元素 W 的四级强异常与 Bi 的二级异常套合较好；元素 La、Pb、Th 为面积较大的中等强度异常；其余元素多为小面积的低缓强度异常；该综合异常内元素相关性较好，存在多个不连续的环状异常，由多个采样点引起。该综合异常内部分元素极大值较高，推测主要异常元素的来源可能与中酸性岩浆岩有关。

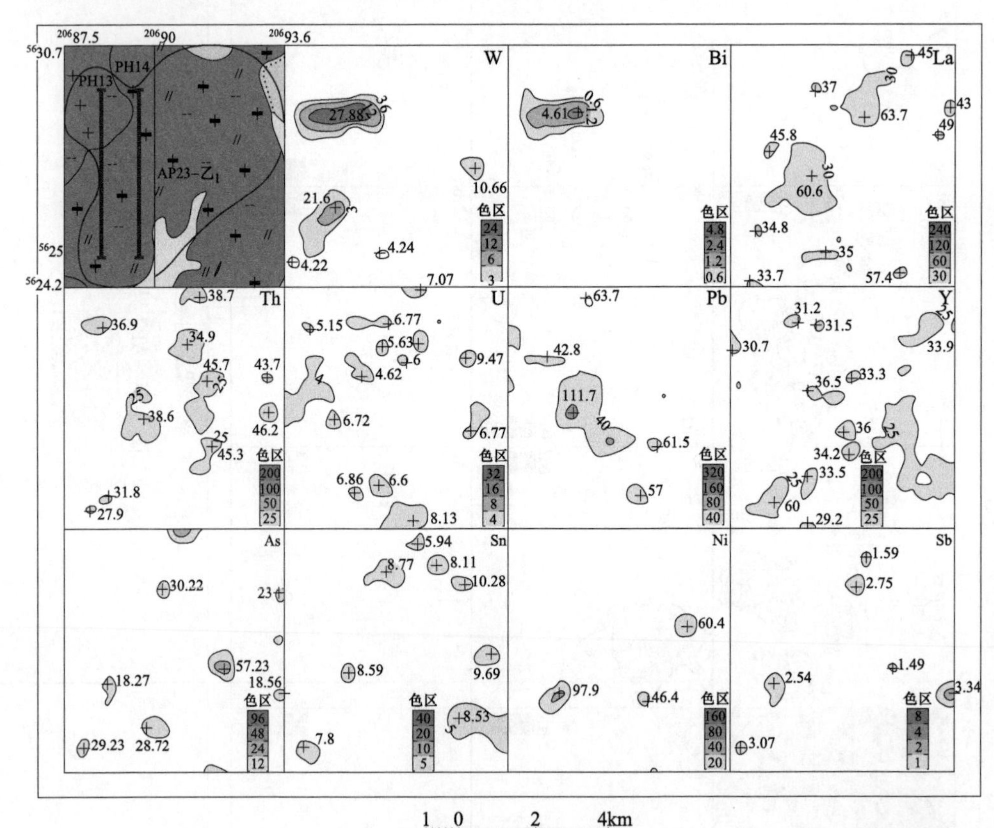

图 3-15 AP8 异常剖析图

扫一扫
查看彩图

表 3-15 AP8 乙$_1$ 综合异常特征值表

元素	W	Bi	La	Th	U	Pb	Y	As	Sn	Ni	Sb	Ag	Cu	V
形状	不规则	不规则	不规则	不规则	不规则	不规则	不规则	不规则	不规则	不规则	不规则	不规则	不规则	椭圆形
面积/km^2	3.9	1.89	3.72	3.36	2.95	2.64	2.99	1.49	1.72	0.88	0.8	0.41	0.28	0.26
平均值	10.11	2.16	38.66	30.53	5.29	57.43	31.38	20.01	6.49	44.16	1.66	0.136	25.94	181.63
最高值	27.88	4.61	63.7	46.2	9.47	189.9	60.03	57.23	10.28	97.9	3.07	0.189	60	385.1
衬度	3.37	3.6	1.29	1.22	1.32	1.44	1.26	1.67	1.30	2.21	1.66	1.36	1.73	1.82
规模	13.15	6.8	4.79	4.10	3.90	3.79	3.75	2.48	2.23	1.94	1.33	0.56	0.48	0.47

注：Au 元素质量分数为$\times10^{-9}$，其他元素质量分数为$\times10^{-6}$。

3.2.3 遥感异常特征

本次工作收集了 2 期 Landsat8 和 1 期 ZY3 号卫星遥感影像数据，所选数据在调查区内无云层覆盖，数据质量优良，波段信息丰富，分辨率较高，能够满足对调查区内地层岩性和地质构造进行遥感解译和矿化蚀变信息提取。根据岩石地层、构造等出露情况在遥感影像上的可识别程度。参考地质填图工作对各地层和主要构造的影像特征进行详细解译，对调查区进行铁染和羟基矿化蚀变信息提取。提取的矿化蚀变异常有铁染蚀变异常和羟基蚀变异常两类。铁染蚀变异常显示地表的褐铁矿化、赤铁矿化、黄铁钾矾等。羟基蚀变异常显示地表的高岭土化、绿泥石化、绿帘石化、碳酸盐化等。

3.2.3.1 矿化蚀变信息的提取

矿化蚀变信息提取目前主要有比值分析法、主成分分析和光谱角填图法 3 种方法，由于光谱角填图法要求对每一类别有一个已知参考谱，且在高光谱岩性识别和矿化信息提取中应用较广，因此本次信息提取主要选取比值分析法和主成分分析法。

A 利用主成分分析法提取矿化蚀变异常

主成分分析（Principal Component Analysis，PCA）是将多变量通过线性变换选出较少个数重要变量的一种多元统计分析方法，在遥感矿化蚀变异常信息提取中称为 Crosta 信息提取技术，在数学上常称为 K—L 变换。通过主成分分析后获得特征向量值，可判别包含特定物质光谱信息的主分量图像及每个原始波段对感兴趣物质的光谱响应的贡献，并可根据特征向量的大小和符号确定特定物质在主成分分析中的象元分布特征。本次信息提取采用了比值—掩膜—主成分变换—分割等方法对调查区进行了铁染和羟基的矿化蚀变信息提取。

B 利用比值增强后再进行主成分分析

比值分析法是增强不同岩石、土壤之间的差别，研究动物类型及分布最简单、最常用的方法。同种岩石在两个波段上波谱辐射量的差别，被称为波谱曲线的坡度，不同地物在同一波段曲线上坡度有所不同，比值法在增强不同地物这种“坡度”微小差别的同时还会消除或减弱地形信息和亮度差别，在植被分布较少的基岩裸露区还可增强热液蚀变典型矿物光谱响应。经过国内外学者的多年研究在铁染和羟基的提取上，已获得较为成熟的方法，在 Landsat8 OLI 传感器中 band6/band7 为显示铁染蚀变的比值图像，band4/band2 为显示羟基矿物的比值图像。项目组分别对 2014 年 10 月 22 日和 2014 年 4 月 29 日遥感影像进行了比值法信息提取，得到铁染和羟基比值图像。

3.2.3.2 遥感地质解译

A 线性构造的解译

线性构造呈平直或微弯的直线状形态，这种形态特征多半是通过地形地貌、色调色彩、影纹图案、植被及水系的线性变化显示出来，主要表现为呈线性展布的山体、洼地、山脊错位等地貌单元的延伸及突变界线；影像、影纹的突变界线，地质体的突变界线等；线性影纹、带状异常色调等是鉴别线形构造的重要标志；呈直线性延伸的水系、河流突然转折部位、串珠状泉水等是鉴别隐伏断裂构造的主要标志。本区线性构造解译标志如下。

（1）色调色彩异常，即在正常背景下出现线状色调异常。

（2）两个不同的色调单元的直线相接。

（3）平行水系的消失。

（4）水系的直角转弯。

（5）两种不同影纹体的直线相接。

（6）地貌标志，即大型地貌单元的分界线，平直的山脊、沟谷，山前直线状延伸的沟谷、陡崖，呈线状分布的负地形等。

（7）地质体中有不明显的刀切直线状的小型线性影像。

（8）深大断裂在遥感图像上的表现宽度较大，宽数千米，延长一般为几十千至百余千米，一般表现为规模较大的河谷，并有一系列次级构造组成的条带。

B 调查区断裂构造的解译

本区有北东向额尔古纳、哈乌尔深大断裂通过，大断裂对该区岩浆活动、火山活动、构造活动、成矿作用都起到了决定性的影响，尤其对该区的火山活动和火山机构起到控制作用。

根据区域地质构造发育特点，参考已有地质构造调查结果，依据遥感图像上呈现的异常平直冲沟、断层三角面、断裂地貌等解译标志，解译了调查区断裂构造的空间分布。调查区新解译断层以虚线表示，全区域共解译16条断层，见表3-16，以北东向和北西为主，依据地质体界线和断层走向表明区域构造主体方向为北东向，如图3-16~图3-18所示。调查区断裂构造长度差异较大，无明显规律，最长27.77km，最短仅有3.64km。

表3-16 调查区线性构造参数列表

断层编号	长度/km	走向	地质地貌特征及遥感解译情况
F_1	23.70	32°	直线性延伸的水系，切割奥陶纪、石炭纪岩体及中侏罗统火山岩，岩石破碎，具高岭土化
F_2	27.77	122°	沟谷地貌，切割石炭纪岩体及佳疙疸组，地质体水平断距较大，局部见断层三角面
F_3	22.03	124°	沟谷地貌，切割石炭纪岩体及佳疙疸组
F_4	14.5	110°~130°	沟谷地貌，切割石炭纪岩体及佳疙疸组，断距0.6~1.4km，局部见断层三角面
F_5	5.19	16°~27°	位于沟谷西岸，见断层三角面，产状285°∠50°在沟谷处见有构造角砾岩，呈棱角状
F_6	19.67	117°	沟谷地貌（布拉河），北侧为中二叠世岩体，岩石破碎
F_7	3.64	139°	沟谷地貌，切割中—下奥陶统地层
F_8	17.35	40°~50°	沟谷地貌（哈尔滨沟），遥感影像清晰，两侧中二叠世岩体，岩石破碎，高岭土化强烈
F_9	12.76	24°~50°	沟谷地貌，切割乌宾敖包组、中—晚侏罗世火山岩及石炭纪斑状黑云母二长花岗岩
F_{10}	12.05	10°~30°	地貌为哈乌尔河，沟谷宽阔，切割石炭纪、侏罗纪花岗岩，两侧有侏罗纪火山岩分布
F_{11}	16.59	128°~133°	沟谷地貌，遥感影像清晰，切割石炭纪、中二叠世岩体
F_{12}	11.96	137°	沟谷地貌，遥感影像清晰，切割石炭纪、中二叠世岩体
F_{13}	7.45	138°	沟谷地貌，遥感影像清晰，切割石炭纪、中二叠世岩体
F_{14}	4.52	18°~28°	沟谷地貌，遥感影像清晰，与被北西向断裂切割平移的F_8向北东延伸断裂
F_{15}	10.76	19°~45°	沟谷地貌，遥感影像清晰，与被北西向断裂切割平移的F_8向北东延伸断裂
F_{16}	6.14	20°~40°	沟谷地貌，遥感影像清晰，与被北西向断裂切割的F_8向北东延伸断裂

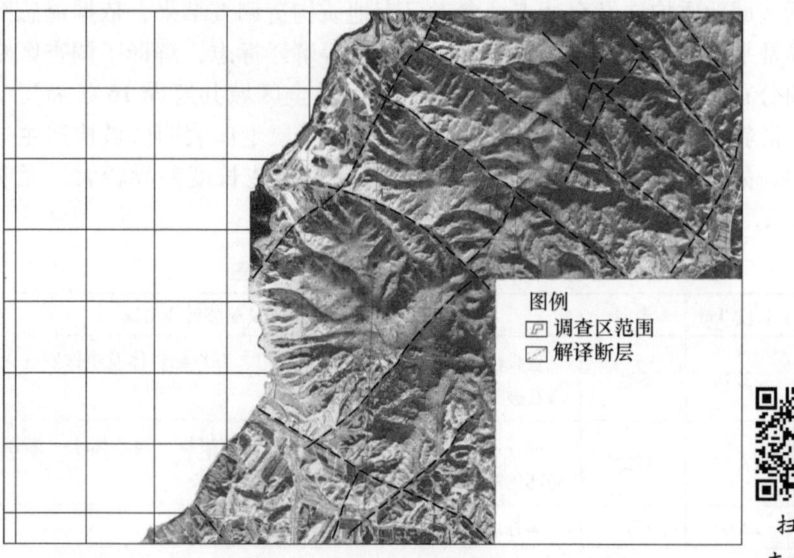

扫一扫
查看彩图

图 3-16 调查区断层分布图

图 3-17 平直沟谷与系列断层三角面

扫一扫
查看彩图

a 北东向、北北东向断裂构造

北东向、北北东向线性构造主要分布于调查区东部和西部地区。从遥感影像特征显示及地质特征反映，北东向线性构造在区域上显示具有不同的构造演化特点。以额尔古纳河大断裂（F1）和哈乌尔河大断

图 3-18 异常冲沟

扫一扫
查看彩图

裂（F10）为代表，遥感影像特征表现为直线性延伸的水系、河流突然转折的特点，局部见有断层三角面，反映了拉张性断裂的特点。额尔古纳河大断裂在调查区延绵 78km，向北东、南西延出调查区，哈乌尔河断裂在调查区长约 20km，向两侧延出调查区。调查区西部北东向、北北东向线性构造、乌兰山断裂及韧性剪切带，反映了深层次断裂构造的特点，其构造演化表明始于加里东期，经历长期构造发展过程；北东向、北北东向展布的岩浆岩受北东向、北北东向断裂控制；哈乌尔河大断裂两侧经历了完全不同构造演化历程，该大断裂为断面南东倾的正断层，北西盘为上升盘，南东盘为下降盘，大断裂形成于中生代，新生代仍在活动。

b 北西向断裂构造

北西向断裂构造在调查区非常发育。构造标志主要表现为呈线性展布的山体、洼地、山脊错位等地貌单元的延伸及突变界线；影像、影纹的突变界线，地质体的突变界线等；线性影纹、带状异常色调等。规模较大的有 F2、F3、F4、F6、F7、F11、F12、F13，长 3.64~27.77km，见表 3-16。

3.2.3.3 矿化蚀变异常分布特征

通过主成分分析法和比值法的铁染蚀变与羟基蚀变异常信息提取，并结合地质体界线进行了分析，调查区提取了 4 个铁染蚀变信息集中分布区域，而羟基蚀变信息主要沿沟谷分布。

A 铁染蚀变信息提取

通过对调查区内 2014 年 4 月 29 日和 2014 年 10 月 22 日 Landsat8 OLI 遥感影像进行主成分分析法变换形成了两期铁染蚀变信息提取图（见图 3-19 和图 3-20）

扫一扫
查看彩图

图 3-19 调查区 2014 年 4 月 29 日铁染蚀变异常信息提取图

扫一扫
查看彩图

图 3-20 调查区 2014 年 10 月 22 日铁染蚀变异常信息提取图

经过对铁染蚀变异常信息的整理和修正，去除在城镇、植被和第四系中的干扰信息，结合比值法信息提取的结果最终得到调查区铁染蚀变异常信息分布图，如图 3-21 所示。

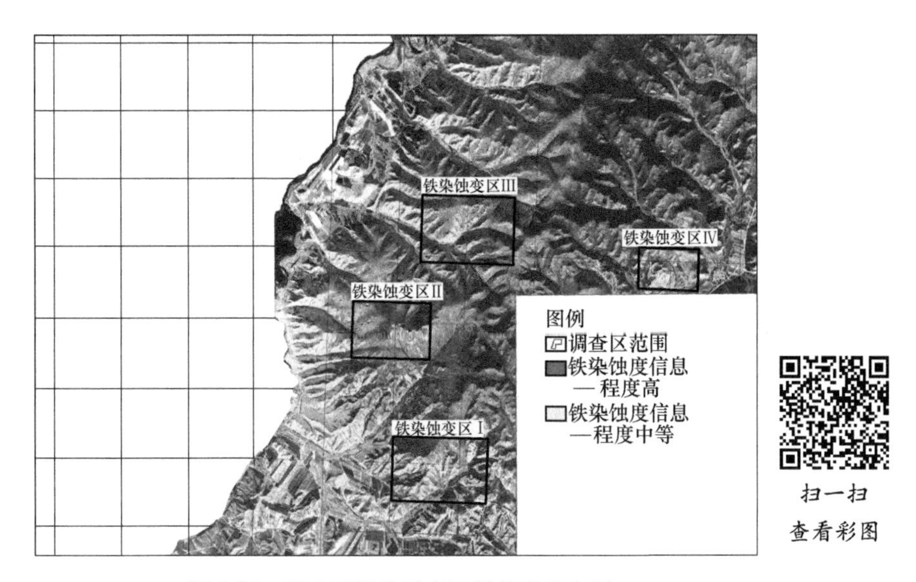

图 3-21 调查区铁染蚀变区域信息分布图

结果表明铁染蚀变异常信息主要分布在图 3-21 四个区域内，区域内主要对应地层为浅肉红色、灰白色斑状黑云母二长花岗岩和浅肉红色中细粒正长花岗岩等，下面分别对四个区域的铁染蚀变异常信息进行简单说明。

a 铁染蚀变区域Ⅰ

区域Ⅰ中铁染蚀变异常主要分布在石炭纪浅肉红色、灰白色斑状黑云母二长花岗岩（$C\eta\gamma$）中，该处异常主要分布在山坡中部及下部，区域较为集中，如图 3-22 所示。

b 铁染蚀变区域Ⅱ

区域Ⅱ中铁染蚀变异常主要分布在石炭纪浅肉红色、灰白色斑状黑云母二长花岗岩（$C\eta\gamma$）中。该区域异常分布略分散，主要分布在灰黑色斑块状区域，如图 3-23 所示。

c 铁染蚀变区域Ⅲ

区域Ⅲ中铁染蚀变异常主要分布在石炭纪浅肉红色、灰白色斑状黑云母二长花岗岩（$C\eta\gamma$）中，该处异常主要分布在山体沟谷处，异常面积较小，如图 3-24 所示。

扫一扫
查看彩图

图 3-22 调查区铁染蚀变区域Ⅰ

扫一扫
查看彩图

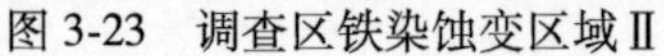

图 3-23 调查区铁染蚀变区域Ⅱ

图 3-24 调查区铁染蚀变区域Ⅲ

B 羟基蚀变信息提取

经过对调查区内 2014 年 4 月 29 日和 2014 年 10 月 22 日 Landsat8 OLI 遥感影像进行 PCA 变换形成了两期羟基蚀变信息提取图（见图 3-25 和图 3-26），经过

图 3-25 调查区 2014 年 4 月 29 日羟基蚀变异常信息提取图

整理和修正，结合比值法信息提取的结果最终得到调查区羟基蚀变异常分布图，如图 3-27 所示。

扫一扫
查看彩图

图 3-26　调查区 2014 年 10 月 22 日羟基蚀变异常信息提取图

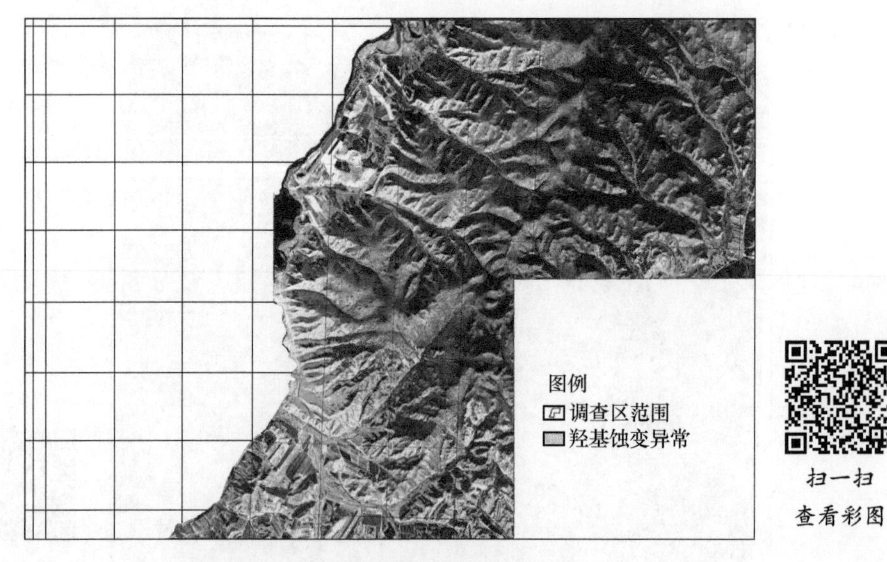

图 3-27　调查区羟基蚀变异常分布图

羟基蚀变主要分布在调查区中部偏南区域及中部偏东区域。经过与地质体进行比对表明羟基蚀变主要分布在石炭纪灰白色斑状黑云母二长花岗岩（C$\eta\gamma$）中与中二叠世浅肉红色二叠世二长花岗岩（$P_2\eta\gamma$），其中以石炭纪斑状黑云母二长花岗岩分布最广。

3.3 区域矿产

3.3.1 概况

本次矿产地质调查以有色金属、贵金属为重点，兼顾一般矿产，进行全面找矿。结合区内及区域上目前已有的地质、矿产、物、化、遥等资料所反映的成矿地质信息。通过三年的1∶50000矿产地质调查和异常检查，大致查明了调查区矿化带分布、规模、产状、地质特征及含矿性，初步查明了调查区矿化与岩石、地层、构造、蚀变的关系，大致查明了各矿化点矿石类型特征。划分出了调查区成矿远景区和找矿靶区。由于调查区总体上地质矿产工作程度偏低以及特殊的自然地理条件的限制，区内的矿产综合研究较薄弱。近年来随着本区地质找矿勘查和矿产开发工作的逐渐加强，调查区矿权所属人进行了不同程度的矿产勘查，但均没有重大突破。

根据1985年由内蒙古自治区地质矿产局第一区域地质调查队在该区所做的1∶200000区域地质调查报告，调查区内已发现矿化点有8处，其中金矿化点1处，铁矿化点5处，铜铅锌矿化点1处，铀矿化点1处，见表3-17。

表3-17 调查区内以往发现的矿（化）点一览表

矿点编号	矿种	地质概况	矿产特征	投入主要工作量	结论
1	铁	零星出露塔木兰沟组玄武岩	玄武岩中磁铁矿物较多，风化后形成褐铁矿	—	由于该点位于中俄边境，未进行查证
2	铁	出露石炭纪斑状黑云母二长花岗岩	针铁矿和赤铁矿呈细脉充填在斑状花岗岩的裂隙中，细脉长度不定，最长不到2.5m，宽5~10cm，产状为220°∠38°	地质路线调查2条	经查证该矿化点为热液充填型矿点，规模较小
3	铁	出露石炭纪斑状黑云母二长花岗岩	花岗岩节理面上赤铁矿、褐铁矿呈薄膜状产出，厚约1~2mm。节理产状215°∠20°	地质路线调查2条，采集样品1件	经查证该矿化点为热液型矿点，规模较小
6	铀	含矿岩性为安山岩，围岩为晚侏罗世浅肉红色粗粒正长花岗岩	具硅化、绿泥石化，角砾含铀0.002%，硅化花岗岩高达0.01%	地质路线调查2条，采集样品8件	经查证该点曾动用了探槽浅井平巷，为热液型矿化点，规模较小

续表 3-17

矿点编号	矿种	地质概况	矿产特征	投入主要工作量	结论
11	铁	出露中二叠世黑云母二长花岗岩	褐铁矿呈浸染状分布于硅化花岗岩裂隙中，矿化范围长 20m，宽 4m	地质路线调查 2 条	经查证该矿化点为热液型矿点，规模较小
16	铁	出露为石炭纪斑状正长花岗岩	在云英岩化花岗岩中，褐铁矿赋存于岩石的节理面上，呈粉末状	地质路线调查 2 条，采集样品 1 件	经查证该矿化点无进一步工作的价值
4	金	围岩为石炭纪斑状黑云母二长花岗岩	发现两条蚀变带，具高岭土化、褐铁矿化及磁铁矿化，局部见蜂窝状矿物，蚀变带由探槽控制，最长约 200m，最宽约 11.2m，钼 0.0097%，银的质量分数为 5.27×10^{-6}，锌的质量分数为 0.17%，金的质量分数为 0.29×10^{-6}。深部发现二层矿化体，第一层平均厚 3.5m，金平均的质量分数为 0.50×10^{-6}；第二层平均厚 2.05m，金平均品位为 1.0×10^{-6}	—	为热液型金矿点，具下一步工作价值
5	铅锌	含矿岩性为晚侏罗世浅肉红色粗粒正长花岗岩，北东向破碎带含矿	围岩具硅化、绿泥石化、肉眼见到褐铁矿，分析结果：铜的质量分数为 0.02%，铅的质量分数为 0.08%，锌的质量分数为 0.012%	地质路线调查 2 条，采集样品 5 件	经查证为热液型矿化点，规模较小

通过本次 1∶50000 区域地质矿产调查，新发现的矿化点 8 处，分别为七卡铋矿化点、七卡钨矿化点、七卡电气石矿点 2 处，七卡上四岛金矿化点 3 处（见表 3-18）。

表 3-18 调查区新发现的矿（化）点一览表

矿点编号	矿种	地质概况	矿产特征	含量	结论
13	铋	分布于石炭纪斑状黑云母二长花岗岩与中二叠世中细粒黑云母二长花岗岩接触带的石英脉中	岩石具褐铁矿化，呈蜂窝状、浸染状、细脉状发育较强	拣块样 Bi 的质量分数为 0.11%~0.33%；刻槽样 Bi 的质量分数最高为 0.089%	经查证为热液型铋矿化点

续表 3-18

矿点编号	矿种	地质概况	矿产特征	含量	结论
15	钨	分布于兴华渡口群的黑云母角闪斜长片麻岩中	有微细石英脉穿插发育，岩石硅化较强，具褐铁矿化，褐铁矿呈蜂窝状、浸染状发育较强，裂隙面铁染	拣块样 WO_3 最高的质量分数为 0.64%，刻槽样 WO_3 的质量分数最高为 0.074%	经查证为热液充填型矿点，规模较小
12	电气石	分布于石炭纪斑状黑云母二长花岗岩	岩石褐铁矿化、电气石化较普遍	电气石的质量分数为 5%	经查证为热液型电气石矿点
14	电气石	分布于兴华渡口群的黑云母角闪斜长片麻岩及石英脉中	岩石具褐铁矿化，电气石化，轻微硅化，局部裂隙面铁染	电气石的质量分数为 35%~65%	经查证为热液型电气石矿点
8	金	分布于中—下奥陶统乌宾敖包组二段土黄色、灰白色石英脉中	金矿化带岩石具褐铁矿化，呈蜂窝状、粒状、细脉状发育较强。围岩轻微硅化，裂隙面铁染。 电气石矿带，岩石具褐铁矿化，电气石化，局部裂隙面铁染	拣块样 Au 的质量分数最高为 0.6g/t，拣块样金的质量分数最高为 0.1g/t。电气石的质量分数为 25%~90%	经查证为热液型金矿化点，电气石矿点
10	金	赋存于中—下奥陶统乌宾敖包组一段中的石英脉中	围岩为土黄色、灰绿色绢云母板岩，岩石具褐铁矿化，呈蜂窝状、浸染状发育较强	拣块样 Au 的质量分数最高为 0.36g/t，拣块样金的质量分数最高为 0.21g/t	经查证为热液型金矿化点
9	金	赋存于中—下奥陶统乌宾敖包组一段中的石英脉中	岩石具褐铁矿化，呈蜂窝状、粒状、细脉状发育较强。围岩轻微硅化，裂隙面铁染	拣块样 Au 的质量分数最高为 0.14g/t，拣块样金的质量分数最高为 0.15g/t	经查证为热液型金矿化点
7	电气石	大多分布于石英脉中，少部分为电气石化绢云母板岩	围岩为灰白色绢云母变质粉砂岩；岩石具褐铁矿化、电气石化、轻微硅化，岩石裂隙面具铁染现象	电气石的质量分数为 7%~67%	经查证为热液型电气石矿点

3.3.2 典型矿床特征

3.3.2.1 矿区地质概况

小伊诺盖沟金矿与调查区位于同一成矿带—莫尔道嘎金、铅、锌成矿带，具有相同的构造、成矿演化历史，是区域内较为典型的矿床。小伊诺盖沟金矿区东距额尔古纳市政府所在地拉布达林镇 90km，东南距黑山头新镇 45km。

2001年1月—2004年12月由内蒙古地勘十院开展普—详查工作，2006年提交《内蒙古自治区额尔古纳市小伊诺盖沟金矿详查报告》，提交（122b）+（333）金矿石资源/储量66389t，金金属量326.3kg；333（低）矿石量5086t，金金属量11.1kg。其中（122b）矿石量13182t，金金属量75.3kg；（333）矿石量53207t，金金属量251.0kg。

矿区内出露地层为青白口系佳疙疸组（Q*nj*）、震旦系额尔古纳河组（Z*e*）及第四系（Q）。侵入岩主要有燕山早期黑云母二长花岗岩（$\beta\eta\gamma$）、花岗斑岩（$\gamma\pi$）、闪长岩（δ）及脉岩；矿区构造以褶皱和断裂为主。矿区变质岩以区域变质岩为主，也有动力变质岩和接触变质岩；动力变质岩主要存在于韧性剪切带及构造破碎带内，形成摩棱岩及构造角砾岩。接触变质岩主要分布在岩体边部，受岩体作用，形成少量的角岩化岩石。区域变质岩主要为佳疙疸组黑云母斜长变粒岩、浅粒岩、绢（白）云母石英片岩及额尔古纳河组变质粉砂岩、板岩、大理岩等。额尔古纳河组岩石变质程度较低，原岩结构、构造特征明显；佳疙疸变质变形程度较高，原岩结构、构造不明显。

3.3.2.2 矿床地质

A 矿床特征

矿体产于蚀变带中，共有两条，分Ⅰ、Ⅱ矿段，Ⅰ、Ⅱ矿段共圈定金矿体8条，金矿化体21条。其中对工程控制程度较高、规模较大的Ⅰ矿段Ⅰ-1、Ⅰ-2号矿体，进行了较详细的地质工作。

B 矿体特征

在矿段东侧发育一蚀变带，长300~350m，宽160~180m，产状：倾向260°~270°，倾角60°~80°，走向为近南北，其蚀变以硅化、褐铁矿化、黄铁矿化为主，局部硅化蚀变表现强烈，靠近矿体蚀变表现越为强烈。其次为绢云母化、电气石化、弱钾长石化、绿泥石化、绿帘石化，矿区内的Ⅰ-1、Ⅰ-2号矿体发育在该蚀变带内。

（1）Ⅰ-1号矿体：位于该矿段的东侧。地表由探槽、浅井工程控制，深部施工有平硐及钻探工程。工程控制矿体长160m，推测长200m，平均厚1.54m，Au平均品位为5.14g/t。矿体产状：倾向265°~270°，倾角65°~75°。控制矿体最大斜深145m。矿体由于受断裂构造控制，局部可见有膨大缩小现象，特别在258号勘探线两侧反映最为明显，矿体最厚达5.20m，最薄处仅0.50m左右。由258号勘探线剖面图上可见到在575m标高以下，矿体逐渐变薄，最深处的ZK25803号钻孔控制的矿体真厚度仅为0.54m，Au品位为11.9g/t。该矿体品位变化较大，不均匀，局部采样分析品位最高可达136g/t，为特高品位。在

ZK25801号钻孔内控制的厚度仅0.60m，Au品位为1.04g/t，仅为表外矿体。在地表的探矿工程内可见有黄—淡黄色的自然金。258号勘探线中间有一倾角310°，倾角85°的闪长玢岩脉，沿成矿后期的断裂构造侵入，将矿体切割，但矿体受其破坏影响较小，其两侧的矿体位移不大，基本连续，脉岩宽1.0~1.5m。256~258号勘探线中部有一倾向165°，倾角70°的构造破碎带，宽5m左右，根据破碎带性质及特征，反映为两期活动的特点，即成矿前和成矿后。成矿前的构造活动较为强烈，岩石破碎程度较高，多呈糜棱状；后期构造活动仅表现为水平方向的位移，上盘东移，两侧的矿体相对位移0.8~1.0m，破碎带内矿体基本连续，仅矿石发生较强烈的破碎。

矿石的蚀变以强硅化为主，其次为黄铁矿化、褐铁矿化，局部可见有钾长石化。围岩蚀变为绢云母化、绿帘石化、绿泥化，硅化蚀变较弱，矿体受南北向断裂构造控矿作用明显，属构造蚀变岩型。

（2）Ⅰ-2号矿体：位于矿段中部，Ⅰ-1号矿体西140m处。地表施工有探槽、浅井及沿脉槽，深部由钻探及平硐控制。工程控制矿体长88m，推测长123m，平均厚1.15m，Au平均品位为3.50g/t。产状：倾向270°，倾角65°~70°。钻孔控制矿体最大斜深100m。矿体局部有膨大缩小现象，金品位变化较大。穿脉平硐YM4—CM1W工程内控制矿体最大真厚度可达3.06m，Au品位为1.80g/t。最薄处在ZK25802号钻孔内可见其真厚度仅0.15m，Au品位为1.03g/t。最高品位在浅井（QJ2）内达30.18g/t，矿体真厚度为0.56m。

矿体受南北向断裂构造控制，矿石以强硅化蚀变为主，次为黄铁矿化，局部有弱钾长石化及少量的电气石化。围岩蚀变与矿石蚀变一致，仅硅化蚀变较矿体弱。因此矿体与围岩界线不明显，较难区分。

C 矿石质量

a 矿石矿物组成

小伊诺盖沟金矿Ⅰ矿段氧化带不发育，矿石主要为硫化矿，次为氧化矿，无混合矿，氧化带与原生带中矿石种类一致。矿体由于赋存于含金构造蚀变带内，其自然类型主要有含金硅化碎裂白云母石英片岩、电气石化硅化碎裂钠长石浅粒岩、硅化绢云母钾长变粒岩、构造角砾岩金矿石。矿石矿物组合主要为自然金、螺状硫银矿、碘银矿、黄钾铁矾、褐铁矿、黄铁矿、毒砂、金红石、锐钛矿、磁铁矿、黄铜矿、方铅矿、白铅矿、白钨矿、石英、长石、白云母、闪石、锆石、萤石等。

b 结构、构造

Ⅰ矿段内矿石结构氧化矿石中可见由褐铁矿交代黄铁矿形成填隙结构，并保留有黄铁矿原矿物的形态特征。硫化矿石主要为半自形、他形粒状变晶结构，压碎、碎裂结构。氧化矿石中可见有角砾状构造和蜂窝状构造及由后期硅化石英细脉形成的网脉状构造。硫化矿石中主要为块状构造、角砾状构造、细脉—浸染状构、网脉状构造。

c 矿石类型

矿体的垂直分带不发育，未见有混合带，Ⅰ矿段矿体一般只有氧化带和硫化带，其界线比较明显。在Ⅰ矿段的Ⅰ-1号矿体北侧的沿脉平硐内可见有氧化矿与硫化矿的分界线，垂直深度在25m左右，在258号勘探线ZK25801钻孔，孔深18.3m处可见有原生带。Ⅰ-2号矿体北侧沿脉硐内垂直深度24m可见氧化矿与硫化矿分界。氧化矿石赋存于矿体的浅部，是由硫化矿石经氧化而成，具角砾状、蜂窝状、网脉状构造，氧化矿石中含金品位高于硫化矿石。

自然类型：以原生矿石为主，仅在近地表有少量的氧化。

工业类型：构造蚀变岩型金矿石。

d 矿床成因

矿床是与热液、含矿地层有关，并受断裂构造控制的构造蚀变岩型。

该矿为一小型金矿，具有良好的成矿地质条件，矿床品位较高，提交(122b)+(333)金矿石资源/储量66389t，金金属量326.3kg，具有一定的开采价值。

3.4 矿产检查

3.4.1 矿产检查工作

首先通过路线地质调查对27处1∶50000化探异常、1∶50000航磁异常、1∶50000遥感异常进行了检查，在此基础上对部分元素套合较好、强度较高的综合异常（AP1、AP3、AP5、AP6、AP8）布置了1∶10000地质、土壤综合剖面进行了概略检查；对1∶50000航磁异常C1′-1及航磁异常C3′布置1∶10000高精度磁法测量工作进行了重点检查。对异常套合好，矿化良好地段，建议转入重点检查，对通过路线地质及综合剖面的概略检查工作分述如下。

3.4.1.1 综合异常AP1乙$_1$

AP1乙$_1$综合异常形状似椭圆形，轴向北东，面积约为11.3km^2。组合异常内有北北东向的断层F1与韧性剪切带通过。该综合异常以W、Bi、Sn等高温元素为主，伴生有U、La、Ni、Nb等元素，是一组以高温热液元素为主的组合，同时这种组合成因与花岗岩有关。元素的套合较好，且异常强度较大，其中W、Sn、Bi、Mo、Ni、Zn、Sb、As元素异常强度均达到四级，W、Sn、Bi的元素异常面积较大。该综合异常内部分元素的极大值较高，其中$w(\mathrm{W})=139.40\times10^{-6}$，$w(\mathrm{Bi})=100.78\times10^{-6}$，$w(\mathrm{Mo})=39.16\times10^{-6}$。异常受高温热液的影响较大，异常强度较高。可见，该异常具有较好的成矿地质地球化学条件。

对该异常布设了 PH1、PH2、PH3、PH4 四条 1：10000 地质、土壤测量综合剖面，路线地质调查等方法进行了概略检查。其中综合剖面 PH1、PH2 穿过一条韧性剪切带，这组剖面北西端分布在中侏罗统塔木兰沟组上，大部分布置在石炭纪斑状黑云母二长花岗岩上。综合剖面 PH1 较为平缓，元素多呈背景态分布，在韧性剪切带富集有单点低缓异常；综合剖面 PH2 西北部存在较为连续的 Sn 元素异常，异常宽度较大，Sn 质量分数极大值为 41.72×10^{-6}；综合剖面 PH3、PH4 剖面分布有若干强度较低的单点异常，其中 PH4-140 点，W 元素质量分数极大值为 23.83×10^{-6}。这组剖面的异常多与石炭纪斑状黑云母二长花岗岩有关。

地质路线调查工作中采集化学样品 13 件，未见有矿化显示，分析结果见表 3-19。

表 3-19 AP1 乙$_1$ 异常化学样品分析结果表

样品编号	岩石名称	分析结果										
		w(Au) /g·t^{-1}	w(Ag) /g·t^{-1}	w(Cu) /%	w(Pb) /%	w(Zn) /%	w(Sn) /%	w(Ni) /%	w(WO_3) /%	w(Mo) /%	w(As) /%	w(Bi) /%
JH125	斑状黑云母二长花岗岩	0.032	0.22	0.001	0.0014	—	0.0002	—	—	—	—	—
JH126		0.038	0.14	0.0009	0.0012	—	0.0002	—	—	—	—	—
JH127		0.04	0.41	0.0008	0.0022	—	0.0011	—	—	—	—	—
JH128		0.038	0.27	0.0013	0.0017	—	—	0.0019	—	—	—	—
JH143		0.049	0.35	—	—	—	0.0004	—	0.0001	—	—	0.0017
JH144		0.045	0.25	—	—	—	0.0006	—	0.0001	—	—	0.0015
JH145	糜棱岩化斑状黑云母二长花岗岩	0.037	0.3	—	—	—	0.0011	—	0.0005	—	—	0.0016
JH240		0.033	0.32	—	—	—	—	—	0.0025	0.001	—	0.0014
JH241		0.037	0.62	—	—	—	—	—	0.0001	0.0008	—	0.0015
JH242	中细粒黑云母二长花岗岩	0.035	0.56	—	—	—	—	—	0.0001	0.0004	—	0.0012
JH243		0.043	0.44	—	—	—	—	—	0.0019	0.0004	—	0.0014
JH244		0.037	0.37	—	—	—	—	—	0.0001	0.0006	—	0.0013
JH245		0.047	0.7	—	—	—	—	—	0.0038	0.0009	—	0.0016

该异常检查区西北部发育走向北东的额尔古纳大断裂（F_1）及韧性剪切带、侵入岩与火山岩十分发育，受高温热液的影响较大，Bi、Sn、W 元素套合较好、且异常强度较大，具有较好的成矿地质地球化学条件。

3.4.1.2 综合异常 AP3 乙$_3$

AP3 乙$_3$ 综合异常形状似椭圆形，轴向近东西，面积约为 12.2km^2。异常以 Sn、U、W 元素为主，伴生有 Ag、Y、La、Nb、Th、Zn、Pb 等元素，是一组与高温热液相关的元素。其中 Sn 元素为大面积的强异常，W 元素异常面积较小，但异常极大值较高，其余元素多为小面积的中低强度异常。

对该异常布设了两条 1：10000 地质、土壤测量综合剖面 PH5、PH6，路线地质调查等方法进行了概略检查。PH5 剖面上元素多呈低背景态展布；PH6 大部分元素都为低背景态展布，仅 W 元素在剖面的南北两端存在双峰异常，其中南端 118 点，W 元素分析值 34.16×10^{-6}，北端异常较为连续，推测成因与所穿过的韧性剪切带有一定关系。

地质路线调查采集化学样品 8 件，分析结果不理想，见表 3-20。

表 3-20 AP3 乙$_3$ 异常化学样品分析结果表

样品编号	岩石名称	分析结果										
		w(Au) /g·t^{-1}	w(Ag) /g·t^{-1}	w(Cu) /%	w(Pb) /%	w(Zn) /%	w(Sn) /%	w(Sb) /%	w(WO_3) /%	w(Mo) /%	w(As) /%	w(Bi) /%
JH134	斑状黑云母二长花岗岩	—	0.21	—	0.0014	0.0051	0.0004	—	0.0001	—	—	—
JH135		—	0.21	—	0.0015	0.0064	0.0007	—	0.0001	—	—	—
JH136		—	0.29	—	0.0018	0.0073	0.0005	—	0.0001	—	—	—
JH137		—	0.25	—	0.002	0.0078	0.0006	—	0.0001	—	—	—
JH138		—	0.12	—	0.0013	0.0025	0.0003	—	0.0001	—	—	—
JH187	糜棱岩化中细粒黑云母二长花岗岩	0.049	0.26	—	—	—	0.0005	—	0.0001	0.0009	—	0.0014
JH246	中细粒黑云母二长花岗岩	0.051	—	—	—	—	—	0.15	0.0001	0.0003	—	0.0007
JH247	糜棱岩化斑状黑云母二长花岗岩	0.041	—	—	—	—	—	0.44	0.0001	0.0006	—	0.0018

该组剖面北端分布在全新统沉积物上，大部分布在石炭纪斑状黑云母二长花岗岩上，穿过一条北东向的韧性剪切带。异常内 Sn、U、W 元素为主，W 元素极大值较高，该异常处在较为成矿有利部位。

3.4.1.3 综合异常 AP5 乙$_3$

AP5 乙$_3$ 综合异常形状似椭圆形，轴向近南北，面积约为 9.9km^2。异常以 As、Y 元素为主，伴生有 Au、W、Pb、Bi、Nb、Ag、Ni 等元素的组合。As、Au、W 元素为面积较大的强异常，元素具有较好的相关性；Bi 元素为小面积的强异常，其余元素多为小面积的低缓异常。Au 的质量分数极大值为 33.88×10^{-9}，W 的质量分数为 35.09×10^{-6}。As 元素作为前缘元素具有较好的指示作用。

对该异常布设了三条 1∶10000 地质、土壤测量综合剖面 PH10~PH12，路线地质调查等方法进行了概略检查。该综合异常以 As、Y 元素为主，其中 Au 的质量分数极大值为 33.88×10^{-9}，W 的质量分数为 35.09×10^{-6}。As 元素作为前缘元素具有较好的指示作用。在 AP5-乙$_3$ 布设平行剖面 PH10、PH11、PH12，方向 125°。这组分布在石炭纪二长花岗岩上。元素在这组剖面中大多呈背景态分布，仅有少数几个单点异常，其中 PH10-112 点 Au 元素的质量分数为 24.01×10^{-9}，PH11-202 点 Bi 元素的质量分数为 10.85×10^{-6}。

路线地质调查工作中采集化学样品 12 件，分析结果不理想，见表 3-21。

该异常处在金、钨成矿较为有利部位。

表 3-21 AP5 乙$_3$ 异常化学样品分析结果表

样品编号	岩石名称	分析结果							
		w(Au) /g·t^{-1}	w(Ag) /g·t^{-1}	w(Pb) /%	w(Zn) /%	w(Ni) /%	w(WO_3) /%	w(Su) /%	w(Cu) /%
JH59	安山岩	0.037	0.12	0.0055	0.0056	0.0021	0.0009	0.0004	—
JH60	斑状黑云母二长花岗岩	0.039	0.13	0.0024	0.0044	0.0021	0.0008	0.0002	—
JH61	斑状黑云母二长花岗岩	0.042	0.21	0.0048	0.014	0.0021	0.0009	0.0008	—
JH65	斑状黑云母二长花岗岩	0.044	0.15	0.0034	—	—	0.0004	0.001	—
JH66	石英脉	0.034	0.12	0.0015	—	—	0.0001	0.0001	—
JH325	褐铁矿化斑状黑云母二长花岗岩	0.038	—	—	—	—	—	—	0.0012
JH326	褐铁矿化斑状黑云母二长花岗岩	0.038	—	—	—	—	—	—	0.0011
JH327	褐铁矿化斑状黑云母二长花岗岩	0.042	—	—	—	—	—	—	0.0011
JH328	褐铁矿化斑状黑云母二长花岗岩	0.041	—	—	—	—	—	—	0.0012
JH329	褐铁矿化斑状黑云母二长花岗岩	0.048	—	—	—	—	—	—	0.0014
JH330	褐铁矿化斑状黑云母二长花岗岩	0.044	—	—	—	—	—	—	0.0011
JH331	褐铁矿化斑状黑云母二长花岗岩	0.037	—	—	—	—	—	—	0.0009

3.4.1.4 综合异常 AP6 乙$_3$

AP6 乙$_3$ 综合异常形状似椭圆形，走向近南北，面积约为 4.9km^2。异常以 As、W、Au 元素为主，伴生有 Sn、Sb、Ni、Bi 等元素，是一组高中低温热液元素组合。其中 As、Au、W 元素异常面积较大，As、Au、W、Sn、Ni、Bi 元素为强异常。其余元素异常强度较低。

对该异常布设了三条 1∶10000 地质、土壤测量综合剖面 PH7~PH9，路线地质调查等方法进行了概略检查。

该组综合剖面布置在石炭纪斑状黑云母二长花岗岩上，东南部见石炭纪黑云母花岗岩，PH9 中部见上侏罗统满克头鄂博组火山碎屑岩不整合于石炭纪斑状黑云母二长花岗岩上。PH7 剖面在剖面北西段和中段存在 As、Sb、Au 元素的双峰异常，其中 PH7-150 点，Au 元素的质量分数分析值为 44.13×10^{-9}，Sb 元素的质量分数分析值为 108.73×10^{-6}；PH8 在 124~164 点间存在较为连续的多元素强异常，以 As、Sb、Au 元素为主，Au 元素的质量分数极大值为 77.11×10^{-9}；PH9 剖面北西和中段存在双峰异常，前段的异常为单点的 Au 元素异常，中段异常强度较高且具有较好的连续性，Au 元素的质量分数极大值为 102.28×10^{-9}。可见在该组剖面的 150 点附近均存在较好的低温成矿元素异常，这组剖面较好地验证了前期工作所圈定的异常，并且进一步细化了异常形态，且明确了异常的走向。

路线地质调查工作中采集化学样品 21 件，其中见金矿化显示，JH64 Au 的质量分数为 0.1×10^{-6}，JH332 Au 的质量分数为 0.30×10^{-6}，其他元素分析结果不理想，见表 3-22。

异常内 As、Au、W 元素异常面积较大，为强异常，该异常处在 Au 成矿有利部位，推测为矿质异常。建议进行重点检查。

表 3-22 AP6 乙$_3$ 异常化学样品分析结果表

样品编号	岩石名称	分析结果					
		w(Au) /g·t^{-1}	w(Ag) /g·t^{-1}	w(Pb) /%	w(WO_3) /%	w(Sn) /%	w(Sb) /%
JH63	斑状黑云母二长花岗岩	0.048	0.24	0.0032	0.0003	0.0004	—
JH64		0.1	0.19	0.0037	0.0009	0.0005	—
JH310	褐铁矿化斑状黑云母二长花岗岩	0.036	—	—	0.0001	—	0.24
JH311		0.037	—	—	0.0003	—	0.36
JH312		0.038	—	—	0.0026	—	1.75
JH313		0.054	—	—	0.0047	—	1.09
JH314		0.041	—	—	0.0001	—	0.22
JH315		0.048	—	—	0.0014	—	0.32
JH316	斑状黑云母二长花岗岩	0.047	—	—	0.0006	—	0.24
JH317	褐铁矿化岩屑晶屑凝灰岩	0.039	—	—	0.0001	—	0.21
JH318		0.04	—	—	0.0088	—	0.45
JH319	岩屑晶屑凝灰岩	0.043	—	—	0.0003	—	0.48
JH320	斑状黑云母二长花岗岩	0.058	—	—	0.0001	—	0.36
JH321	岩屑晶屑凝灰岩	0.034	—	—	0.0001	—	0.45
JH322	闪长岩脉	0.046	—	—	0.0001	—	0.4
JH323	石英脉	0.037	—	—	0.0026	—	0.74

续表 3-22

样品编号	岩石名称	分析结果					
		w(Au) /g·t^{-1}	w(Ag) /g·t^{-1}	w(Pb) /%	w(WO_3) /%	w(Sn) /%	w(Sb) /%
JH324	褐铁矿化斑状黑云母二长花岗岩	0.056	—	—	0.0004	—	3.14
JH332	褐铁矿化斑状黑云母二长花岗岩	0.3	—	—	0.0009	—	32.22
JH333	褐铁矿化斑状黑云母二长花岗岩	0.041	—	—	0.0003	—	1.27
JH334	褐铁矿化凝灰岩	0.04	—	—	0.0001	—	0.34
JH335	褐铁矿化斑状黑云母二长花岗岩	0.049	—	—	0.0003	—	0.99

3.4.1.5 综合异常 AP8 乙$_1$

该区域形状似椭圆形，轴向北东，面积约为 25.6km^2。以 W、Bi、La、Th、U、Pb、Y 等元素为主，伴生有 As、Sn、Ni、Sb 等元素，是一组高温元素为主的组合。异常套合较差，且连续性较差。该综合异常中元素 W 的四级强异常与 Bi 的二级异常套合较好；元素 La、Pb、Th 为面积较大的中等强度异常；其余元素多为小面积的低缓强度异常；该综合异常内元素相关性较好，存在多个不连续的环状异常，由多个采样点引起。该综合异常内部分元素极大值较高，推测主要异常元素的来源可能与中酸性岩浆岩有关。

在综合异常 AP8 乙$_1$ 布设两条 1∶10000 地质、土壤测量综合剖面 PH13、PH14，其中 PH14 分布在石炭纪斑状二长花岗岩上；PH13 南部分布在石炭纪二长花岗岩上，北部分布在中二叠世黑云母二长花岗岩上。PH14 中元素多为背景态展布；PH13-172 点 Au 元素的质量分数为 81.83×10^{-9}，Ag 元素的质量分数为 1.092×10^{-6}，在 146~222 点之间存在较为连续的 W、Bi 元素的中等强度异常。

通过路线地质调查，采集化学样品 22 件，其中拣块样 JH19 Au 的质量分数为 0.11×10^{-6}，具有金矿化显示，其他元素分析结果不理想，见表 3-23。

表 3-23 AP8 乙$_1$ 异常化学样品分析结果表

样品编号	岩石名称	分析结果										
		w(Au) /g·t^{-1}	w(Ag) /g·t^{-1}	w(Cu) /%	w(Pb) /%	w(Zn) /%	w(Ni) /%	w(WO_3) /%	w(Mo) /%	w(Sb) /%	w(Bi) /%	w(Y) /%
JH19	斑状黑云母二长花岗岩	0.11×10^{-4}	1.48×10^{-4}	—	0.0045	0.01	0.012	—	—	—	—	—
JH20	变质石英砂岩	0.055×10^{-4}	1.96×10^{-4}	—	0.0057	0.01	0.0047	—	—	—	—	—

续表 3-23

样品编号	岩石名称	分析结果										
		w(Au) /g·t^{-1}	w(Ag) /g·t^{-1}	w(Cu) /%	w(Pb) /%	w(Zn) /%	w(Ni) /%	w(WO_3) /%	w(Mo) /%	w(Sb) /%	w(Bi) /%	w(Y) /%
JH21	斑状黑云母二长花岗岩	0.042 ×10^{-4}	0.38 ×10^{-4}	—	0.016	0.02	0.0024	—	—	—	—	—
JH22		0.042 ×10^{-4}	0.14 ×10^{-4}	—	0.004	0	0.0021	—	—	—	—	—
JH248		0.038 ×10^{-4}	—	—	—	—	—	0.0013	0.0003	0.66	0.0015	—
JH249		0.030 ×10^{-4}	—	—	—	—	—	0.0001	0.0005	0.86	0.0012	—
JH250		0.045 ×10^{-4}	—	—	—	—	—	0.0001	—	0.45	0.0012	—
JH251		0.046 ×10^{-4}	—	—	—	—	—	0.0013	—	0.5	0.0011	—
JH262	花岗岩	—	—	—	—	—	—	0.0001	—	—	0.0007	0.0044
JH263	云英岩化花岗岩	—	—	—	—	—	—	0.0003	—	—	0.0009	0.0008
JH264		—	—	—	—	—	—	0.0004	—	—	0.0009	0.0008
JH266	石英脉	0.032 ×10^{-4}	0.23 ×10^{-4}	—	—	—	—	0.0009	—	—	0.001	—
JH267	安山岩	0.037 ×10^{-4}	1.68 ×10^{-4}	—	—	—	—	0.0001	—	—	0.003	—
JH268		0.033 ×10^{-4}	0.31 ×10^{-4}	—	—	—	—	0.0003	—	—	0.0014	—
JH269	蚀变花岗岩	0.035 ×10^{-4}	1.61 ×10^{-4}	—	—	—	—	0.0001	—	—	0.0028	—
JH271	中细粒黑云母二长花岗岩	0.032 ×10^{-4}	0.18 ×10^{-4}	—	—	—	—	0.0001	—	—	0.0011	—
JH272	安山岩	0.048 ×10^{-4}	0.78 ×10^{-4}	—	—	—	—	0.0006	—	—	0.0021	—
JH273		0.22 ×10^{-4}	1.83 ×10^{-4}	—	—	—	—	0.0037	—	—	0.002	—
JH274	变质石英砂岩	0.044 ×10^{-4}	0.36 ×10^{-4}	—	—	—	—	0.0003	—	—	0.0016	—

续表 3-23

样品编号	岩石名称	分析结果										
		w(Au) /%	w(Ag) /%	w(Cu) /%	w(Pb) /%	w(Zn) /%	w(Ni) /%	w(WO_3) /%	w(Mo) /%	w(Sb) /%	w(Bi) /%	w(Y) /%
JH275	石英脉	0.033×10^{-4}	0.19×10^{-4}	—	—	—	—	0.0001	—	—	0.001	—
JH277	安山岩	0.054×10^{-4}	1.16×10^{-4}	—	—	—	—	0.0001	—	—	0.0027	—

异常内 Bi、W 元素套合较好，元素相关性较好，存在多种不连续的环状异常，且发现有金矿化显示，推测主要异常元素的来源可能与中酸性岩浆岩有关。

3.4.2 新发现矿产地

3.4.2.1 七卡地区

本次矿调工作在七卡地区共发现矿（化）点 4 处，其中铋矿化点 1 处，钨矿化点 1 处，电气石矿点 2 处，分述如下。

A 七卡铋矿化点（13）

七卡铋矿化带位于七卡北东向约 5.5km，赋存于石炭纪斑状黑云母二长花岗岩与中二叠世中细粒黑云母二长花岗岩接触带的石英脉中，石英脉地表可见长约 125m，宽约 30m，走向 18°。岩石具褐铁矿化，呈蜂窝状、浸染状、细脉状发育较强。围岩轻微硅化，裂隙面铁染。两种岩体接触带有矿化蚀变显示。在该点共采集拣块化学样 4 件，其中 JH90 样品 w(Bi) 为 0.33×10^{-2}、JH230 样品 w(Bi) 为 0.11×10^{-2}；并且对矿化良好地段布置槽探（TC10 等）工程进行控制。在探槽 TC10 中采集刻槽样 14 件，Bi 的质量分数最高为 0.089%（样品 H2）。

B 七卡钨矿化点（15）

七卡钨矿化带位于七卡北东约 4.3km，赋存于兴华渡口群的黑云母角闪斜长片麻岩中，岩石中有微细石英脉穿插发育，岩石硅化较强，具褐铁矿化，褐铁矿呈蜂窝状、浸染状发育较强，裂隙面铁染。在该点共采集化学样 2 件，其中 WO_3 最高的质量分数为 0.64×10^{-2}(JH215)；并且对矿化良好地段布置槽探（TC30 等）工程进行控制。在探槽 TC30 中采集刻槽样 23 件，WO_3 的质量分数最高为 0.074×10^{-2}(样品 H2)。

C 七卡电气石矿点（12）

七卡电气石矿点（12）位于七卡北东向约 7.3km，赋存于石炭纪斑状黑云母二长花岗岩中，可见一条矿带（DSP1）走向约 15°，矿带地表可见长约 170m，宽约 30m，岩性为电气石化斑状黑云母二长花岗岩，岩石褐铁矿化、电气石化较普遍，电气石化的质量分数为 5×10^{-2}，局部裂隙面铁染。

D 七卡电气石矿点（14）

七卡电气石矿点（14）内可见两条电气石矿带 DSP2、DSP3，如下所述。

a 七卡电气石矿带 DSP2

七卡电气石矿带 DSP2 位于七卡北东向约 4.1km，分布于兴华渡口群的黑云母角闪斜长片麻岩中，矿化带地表可见长约 190m，宽约 25m，走向 20°，岩石具褐铁矿化、电气石化、轻微硅化，岩石裂隙面具铁染现象，在矿带中可见一条含电气石化褐铁矿化石英脉，石英脉长约 20m，宽约 1m，走向 20°，岩石具褐铁矿化，电气石化，局部裂隙面铁染。在该区共采集样品 4 件，分析结果见表 3-24。

b 七卡电气石矿带 DSP_3

七卡电气石矿带 DSP_3 位于七卡北东向约 4.2km，分布于古元古界兴华渡口群的黑云母角闪斜长片麻岩中，矿带地表可见长约 375m，宽约 50m，走向 53°，岩石具褐铁矿化、电气石化，岩石裂隙面具铁染现象，在矿带中赋可见一条含电气石化褐铁矿化石英脉，石英脉长约 50m，宽约 5~10m，走向 53°，岩石具褐铁矿化，电气石化，局部裂隙面铁染。在该区共采集样品 4 件，分析结果见表 3-25。

表 3-24 七卡电气石矿带 DSP2 分析结果表

样品编号	质量分数	岩石名称
Qb2-1	40%	电气石化中细粒黑云母二长花岗岩
Qb2-2	40%	电气石化中细粒黑云母二长花岗岩
Qb2-3	35%	电气石化石英脉
Qb2-4	38%	电气石化中细粒黑云母二长花岗岩

表 3-25 七卡电气石矿带 DSP3 分析结果表

样品编号	质量分数	岩石名称
Qb1-5	38%	电气石化石英脉
Qb1-6	65%	含电气石石英脉
Qb3-1	53%	含电气石石英脉
Qb3-2	65%	含电气石石英脉

3.4.2.2 七卡上四岛地区

本次矿调工作在七卡上四岛地区共发现矿（化）点 5 处，其中金矿化点 3 处；电气石矿点 1 处，分述如下。

A 七卡上四岛金矿化点（8）

矿化点（8）位于七卡上四岛北东向约 3.8km，该矿点见一条矿化带 SSP1，赋存于中—下奥陶统乌宾敖包组二段土黄色、灰白色石英脉中，围岩为绢云母变质粉砂岩，石英脉地表可见长约 36m，宽约 2m，走向 75°，岩石具褐铁矿化，呈蜂窝状、粒状、细脉状发育较强。围岩轻微硅化，裂隙面铁染。在该石英脉采集拣块样 2 件，Au 的质量分数最高为 0.6×10^{-6}，在褐铁矿化石英脉中布设探槽，采集刻槽样品 12 件，金的质量分数最高为 0.12×10^{-6}。

同时该矿点处可见一条电气石矿带 DSP1，赋存于中—下奥陶统乌宾敖包组二段含电气石化褐铁矿化石英脉中，围岩为土黄色、灰白色绢云母变质粉砂岩中。含电气石化褐铁矿化石英脉地表可见长约 90m，宽约 10m，走向 27°，岩石具褐铁矿化，电气石化，局部裂隙面铁染。在该区共采集样品 2 件，分析结果见表 3-26。

表 3-26 七卡上四岛电气石矿带 DSP1 分析结果表

样品编号	质量分数	岩石名称
B305	90%	电气石化石英脉
B319	25%	含电气石石英脉

B 七卡上四岛金矿化点（10）

七卡上四岛金矿化点（10）位于七卡上四岛东约 2.1km，该矿点见一条矿化带 SSP2，赋存于中—下奥陶统乌宾敖包组一段中的石英脉中，围岩为土黄色、灰绿色绢云母板岩，石英脉地表可见长约 80m，宽约 5m，走向 62°，岩石具褐铁矿化，呈蜂窝状、浸染状发育较强。在该石英脉采集拣块样 1 件，Au 的质量分数为 0.36×10^{-6}。在褐铁矿化石英脉中布设探槽 TC47，采集刻槽样品 6 件，金的质量分数最高为 0.21×10^{-6}。

C 七卡上四岛金矿化点（9）

七卡上四岛金矿化点（9）位于七卡上四岛东约 3km，可见一条矿化带 SSP3，赋存于中—下奥陶统乌宾敖包组一段中的石英脉中，围岩为土黄色、灰绿色绢云母板岩，石英脉地表可见长约 90m，宽约 5m，走向 167°，岩石具褐铁矿化，呈蜂窝状、粒状、细脉状发育较强。围岩轻微硅化，裂隙面铁染。在该石英脉采集拣块样 2 件，Au 的质量分数最高为 0.14×10^{-6}，在褐铁矿化石英脉中布设探槽，采集刻槽样品 6 件，金的质量分数最高为 0.15×10^{-6}。

D 七卡上四岛电气石矿点（7）

矿点（7）位于七卡上四岛北东向约 3.6km，可见一条矿带 DSP2，矿带地表可见长约 210m，宽约 40m，走向 57°，岩石具褐铁矿化、电气石化、轻微硅化，岩石裂隙面具铁染现象，围岩为灰白色绢云母变质粉砂岩中。矿带中可见一条含电气石化褐铁矿化石英脉，石英脉长约 100m，宽约 5m，走向 57°，岩石具褐铁矿化，电气石化，局部裂隙面铁染。在该区共采集样品 8 件，分析结果见表 3-27。

表 3-27 七卡上四岛电气石矿带 DSP2 分析结果表

样品编号	质量分数	岩石名称
Qb4-1	12%	电气石化石英脉
Qb4-2	12%	电气石化绢云母板岩
Qb4-3	67%	含电气石石英脉
Qb4-4	30%	电气石化石英脉
Qb4-5	35%	电气石化石英脉
Qb4-6	7%	电气石化绢云母板岩
Qb4-7	47%	电气石化石英脉
Qb4-8	49%	电气石化石英脉

3.5 成矿规律及矿产预测

3.5.1 成矿规律

矿产的形成受构造、岩浆、地层、岩石等多种地质条件的控制，并且与矿产所在地区的地质发展史密切相关。正是由于各种地质作用是有规律发生发展的，所以矿产分布也是有规律的。这些规律的综合反映主要表现在成矿的空间分布规律、时间分布规律、矿产的共生关系及内在成因规律等几个方面，而以上这些规律又与物质来源密切相关。经过 3 年的工作，调查区内目前已发现矿（化）点共 16 处，其中 8 处为本次矿调新发现的（金矿化点 3 处、铋矿化点 1 处、钨矿化点 1 处、电气石矿点 3 处），显示了调查区在金、铋、钨、电气石等矿产方面具有较好的找矿前景。

根据《内蒙古自治区主要成矿区（带）和成矿系列》（邵和明，2001），本区位于额济纳旗—兴安岭元古代华力西燕山期铜、铅、锌、金、银、铬、铌成矿区（Ⅱ2），额尔古纳河燕山期铜（钼）、金、银、铅、锌成矿带（Ⅲ5），莫尔道嘎金、铅、锌成矿带（Ⅳ51）内。

通过本次工作的认识并结合区域矿产分布特征，对调查区内的成矿规律初步认识如下。

（1）地层对矿产的控制作用。不同时代地层控制不同矿产类型。中侏罗统塔木兰沟组火山岩是区域上铅锌矿的主要含矿层，如比利亚古铅锌矿、三河铅锌矿、二道河子铅锌矿及许多铅锌矿化带均位于该地层中，根据区域基岩光谱分析结果表明塔木兰沟组下部的沉凝灰岩铅锌的质量分数可达666×10^{-6}，中部和上部的安山玄武岩、火山角砾岩铅锌的质量分数可达500×10^{-6}以上；下部层位的沉凝灰岩、凝灰角砾岩中铅锌银都远高于克拉克值，因此该地层的分布区是寻找铅锌银的有利地段。

（2）岩浆活动对矿产的控制作用。岩浆活动是矿产富集的先决条件，而各期次岩浆活动的地球化学特征决定了它们成矿专属性。区域上三河铅锌矿、二道河子铅锌矿与流纹斑岩、石英斑岩关系密切，这两种岩石均为满克头鄂博旋回后期酸性熔浆上涌所形成的火山通道相和次火山岩相的产物，岩浆活动期后热液携带的矿质在构造有利部位富集成矿。

调查区2、3、11、16号铁矿点与花岗岩有关。特别是晚侏罗世正长花岗岩具富硅、钾，贫钙、钠的特点，这种熔浆对携矿、运矿较为有利，调查区5号铜铅锌矿点就产于该岩体中。

另外，地下尚未冷凝的酸性岩浆析出含矿汽水热液沿断裂构造或构造薄弱带上涌，充填交代围岩，形成脉状或浸染状矿体，本区13号铋矿化点产于斑状黑云母二长花岗岩与中二叠世二长花岗岩接触带中的石英脉中。

（3）构造控矿作用。断裂构造是导矿构造，为含矿热液上升、运移提供通道，含矿热液上升的同时吸取围岩中的有用组分，同时断裂构造又是重要的熔矿构造，为含矿物质富集提供了场所，特别是两组断裂构造交汇部位对成矿、熔矿十分有利。

三河铅锌矿、二道河子铅锌矿均位于得尔布干断裂的次级断裂带，苏沁屯铅锌矿化点、黑山头屯铜铅锌矿化点均受断裂构造控制，本区4号铀矿点位于哈乌尔断裂的次级断裂带，显然，该区断裂构造控矿作用极为明显。在成矿有利地层及岩浆岩分布区，如发现有断裂构造，往往能找到较好的矿化或工业矿床。不同级别的断裂对矿产的控制程度又各有差异，北东向区域性断裂，如得尔布干断裂，控制了矿化的分布，为导矿构造，北西向的次级断裂则是配矿构造，如下比里亚谷断裂即为三河铅锌矿的配矿构造，更次一级的北西西、北西向断裂则是熔矿构造，它控制了矿化带或矿体的产状及规模。因此，在寻找多金属矿时应特别注意北西西向及北西向断裂发育的地段。而本调查区的后期断裂构造正是以北西向为主，成矿较为有利。

3.5.2 主要矿种的区域找矿模型

3.5.2.1 控矿地质因素分析

本区经历了多期次的构造—岩浆活动的改造，致使区内构造复杂，断裂发育，它既是多期岩浆活动带也是多期导矿、熔矿有利地段。构造活动为岩浆的运移、潜火山岩的形成、区域脉岩的上侵提供了有利的空间，同时也为矿液的运移、富集成矿提供了前提。致使区内局部地段发生多期金属矿化。

A 火山地层控矿因素分析

本区内火山地层较为发育，主要中侏罗世塔木兰沟组、晚侏罗世满克头鄂博组，主要岩性有玄武岩、玄武安山岩、安山岩、凝灰岩等，区内4号铀矿点产于中侏罗世塔木兰沟组，岩性主要为安山岩等。

B 侵入岩控矿因素分析

本区内侵入岩出露较广，呈岩基、岩株状、小岩基或脉岩产出，岩体受大断裂构造控制明显，走向大多为北东向，与矿产关系十分密切。如2号、3号、5号、6号铁矿点产于石炭纪、中二叠世二长花岗岩中，蚀变矿化受侵入体控制明显。

C 断裂构造控矿因素分析

自中元古代以来，区域上经历了复杂的构造运动，形成了不同时期、不同规模和性质的断裂构造。区内中侏罗世—早白垩世断裂构造最为发育，形成了一系列的NE、NW向张（扭）、压（扭）性断裂，控制了区内Au、W、Bi、Pb、Zn等多金属矿产的形成。如区内3处金矿化点、1处铋矿化点、1处钨矿化点的形成与断裂构造及其次级断裂活动中的硅质热液上升关系密切。

D 变质成矿作用

调查区内的12号电气石矿点产于古元古界兴华渡口群的黑云母角闪斜长片麻岩中。

3.5.2.2 找矿标志的分析

调查区内目前已发现矿（化）点共17处，其中金矿化点4处、铋矿化点1处、钨矿化点1处、铅锌矿化点1处，铀矿点1处，电气石矿点4处，铁矿点5

处，显示了调查区在金、铋、钨、铁、电气石等矿产方面具有较好的找矿前景。

通过本次工作获得的地质、物化探、遥感解译成果，初步确定区内优势矿种为金、铋、钨、铁、电气石等，多为构造热液型矿化特征，其找矿标志总结如下。

A 地层标志

调查区内出露的地层主要为中侏罗统塔木兰沟组、上侏罗统满克头鄂博组，主要岩性有玄武岩、玄武安山岩、凝灰岩等，区内主要控矿地层为塔木兰沟组，岩性主要为玄武岩、安山岩。

B 侵入岩标志

本区的侵入岩出露极广，主要为石炭纪、中二叠世、侏罗纪岩浆活动的产物以及中生代后期的脉岩侵入，成矿与岩浆侵入活动关系密切。通过对区内铁矿点分析认为，侵入岩在断裂带上矿化蚀变特征明显，是重要的找矿位置，其次本区西南部的金矿化点产于石英脉中，所以本区石英脉也是重要的找矿标志之一。

C 构造标志

（1）区内发现的多金属矿化点多位于北东向断裂构造附近。说明北东向断裂是本区主要的导矿和导岩构造。

（2）与大断裂相交的次一级构造是主要的控矿和熔矿构造。

（3）韧脆性剪切带、构造破碎带、岩体与地层的接触带是成矿的有利部位。

D 围岩蚀变标志

硅化、褐铁矿化、高岭土化、绢云母化、黄铁矿化、电气石矿化是主要的围岩蚀变。其中硅化是最显著标志之一。如七卡钨矿化点、七卡上四岛金矿化点与硅化带关系极为密切。

E 化探异常标志

根据区内化探异常与矿化点关系分析，元素组合齐全、强度高、异常规模大、各元素的分带性明显，是该区内的重要找矿标志。在全区范围内，Bi、Sn、Nb、As、Sb、W 元素平均质量分数高于克拉克值，相对富集，尤其以 Bi、Sn 元素为强富集态；本区主要成矿元素为 Bi、W、Au、电气石等。

F 物探异常标志

在高精度磁测方面，正磁异常与负磁异常的梯度带附近与区内多金属矿赋存部位关系较为密切。可作为间接找矿标志；电中梯方面，通过对矿产重点检查区内的激电异常特征分析，高阻和低阻变化梯度带以及较高极化是该区矿化点的主要特征，可作为间接找矿标志。

3.5.2.3 找矿模型的建立

总结区内成矿规律、找矿标志，结合找矿工作实际情况，建立本区找矿模型，见表3-28。

表3-28 调查区域找矿模式

找矿标志分类		找矿标志特征
区域地质背景	大地构造背景	位于滨太平洋陆缘构造带。成矿与燕山期火山—岩浆系统有关
	区域地球化学场	总体呈现NE向展布的Bi、W、Au、Zn、Pb组合异常场
	区域重力场	重力异常梯度带
	区域航磁场	航磁 ΔT 正负转换梯度带
成矿地质环境	地层条件	中侏罗统塔木兰沟组
	侵入岩	斑状黑云母二长花岗岩、中细粒二长花岗岩、石英脉
	火山岩	中基性与成矿的关系密切
	控岩控矿构造	北东向构造不仅对调查区岩浆岩分布进行了控制，对调查区的火山地层分布也进行了控制，控制了矿（床）点的分布、矿化体的展布。矿体常产于次级破裂中
物、化探异常特征	化探异常特征	异常以Au、Bi、W、电气石等组合元素，浓集中心明显
	物探异常	正负高磁异常交替部位，低、高阻变化带、较高极化率地段等，与成矿的关系比较密切
围岩蚀变	蚀变类型	硅化、褐铁矿化、高岭土化、绢云母化、黄铁矿化、电气石矿化等
矿点找矿标志	含矿围岩	乌宾敖包组、安山岩、二长花岗岩、石英脉
	含矿母岩	乌宾敖包组、安山岩、二长花岗岩、石英脉
	主成矿元素	Au、Bi、W、电气石
	地表找矿标志	硅化带、石英脉
	成因类型	构造热液型、石英脉型

3.5.3 矿产预测

3.5.3.1 成矿远景区的划分原则

根据本区的成矿规律和已发现的矿（化）点，结合各类物化探异常特征，综合分析全区成矿条件，进行了成矿远景区的划分，其主要原则如下。

（1）Ⅰ级成矿远景区。Ⅰ级成矿远景区主要以能反映调查区内已知的矿床、矿点的异常为主，在组合异常分类评述时多划为甲类或乙类异常。这类异常的强度高、规模大、元素组合复杂、浓集中心明显，主成矿元素的浓度梯度变化大，具有明显的水平分带性。成矿远景区内具有有利于成矿的地层、侵入岩、构造条件。在该成矿远景区内具有已知的矿床或矿点，通过进一步的勘探工作，有些异常还有可能扩大矿床规模。

（2）Ⅱ级成矿远景区。Ⅱ级成矿远景区的划分，主要通过对调查区内主异常踏勘性检查后，新发现的具有进一步工作的找矿线索为主，并结合地质构造条件分析，具有可能形成大、中型矿床的远景区。Ⅱ级成矿远景区内的组合异常主要以乙类异常，主要的成矿元素异常分布范围大、异常强度、异常规模均较大，伴生元素组合较好，有一定的浓集中心和分带性，而且成群出现。

（3）Ⅲ级成矿远景区。Ⅲ级成矿远景区以乙、丙类异常为主，主要成矿元素异常呈带状或单个出现，成矿地质条件较为有利，但是由于工作程度较低，找矿线索不明显。

3.5.3.2 成矿远景区的圈定及特征

根据化探异常的强度、规模及分布特征，结合异常所处地球化学背景和地质背景，参照区域成矿作用特点，在调查区内圈定成矿远景区 5 处，即九卡上岛沟—保罗根斯克沟钨铋铁多金属矿Ⅲ级成矿远景区（Ⅰ），九卡沟—二道桥金铅锌多金属矿Ⅲ级成矿远景区（Ⅱ），九卡沟—头道桥铀铅锌矿多金属矿Ⅱ级成矿远景区（Ⅲ），八卡上二岛—哈尔滨沟钨铋金、电气石矿Ⅱ级成矿远景区（Ⅳ），七卡上四岛金、电气石Ⅱ级成矿远景区（Ⅴ），见表 3-29。这 5 个成矿远景区内具有的异常强度较高、规模较大，且具明显的浓集中心，成矿地质条件和地球化学背景有利，并存在已知矿化带多处，分别简述。

表 3-29 成矿远景区一览表

成矿远景区	远景区内存在综合异常编号
九卡上岛沟—保罗根斯克沟钨铋铁多金属矿Ⅲ级成矿远景区（Ⅰ）	1：200000 化探异常有 45 $乙_2$，1：50000 化探异常 AP1 $乙_2$、AP7 $乙_1$、AP8 丙、AP10 $乙_2$ 共 4 处
九卡沟—二道桥金铅锌多金属矿Ⅲ级成矿远景区（Ⅱ）	AP12 $乙_3$、AP13 $乙_3$、AP14 $乙_3$、AP15 $乙_3$、AP16 $乙_2$ 共 5 处 1：50000 异常
九卡沟—头道桥铀铅锌多金属矿Ⅱ级成矿远景区（Ⅲ）	1：200000 化探异常有 50 $乙_1$
八卡上二岛—哈尔滨沟钨铋金、电气石矿Ⅱ级成矿远景区（Ⅳ）	AP21 $乙_2$、AP22 $乙_1$、AP23 $乙_1$ 共 3 处 1：50000 异常
七卡上四岛金、电气石Ⅱ级成矿远景区（Ⅴ）	1：200000 化探异常有 65 $乙_2$，异常以 Cu、Bi、Mo、Sb、As 及铁族元素为主。1：50000 化探异常 AP24 $乙_1$

（1）九卡上岛沟—保罗根斯克沟钨铋铁多金属矿Ⅲ级成矿远景区（Ⅰ）。远景区位于八卡旧址幅九卡上岛沟—保罗根斯克沟一带。

1）地质概况。远景区出露的侵入岩为石炭纪斑状黑云母二长花岗岩、斑状黑云母花岗岩及中二叠纪中细粒黑云母二长花岗岩。

区域线性构造十分发育，走向北东的额尔古纳大断裂 F1 和与大断裂近似平行的韧性剪切带。

2）矿产地质。该区内金属矿产为铁，目前已发现两处铁矿点，铁矿点位于石炭纪斑状黑云母二长花岗岩与斑状黑云母花岗岩、中细粒黑云母二长花岗岩的接触带上，岩石节理面上赤铁矿、褐铁矿呈薄膜状、浸染状产出，厚 1~2mm。节理产状 215°∠20°。

3）地球化学特征。该区内 1：200000 化探异常有 45 $乙_2$。异常以 Sn、Be、Nb、B、Th 为主，并伴有 Cr、Ti、V、Ag、Y 等元素。

1：50000 土壤测量在远景区有 AP1 $乙_2$、AP7 $乙_1$、AP8 丙、AP10 $乙_2$共四处异常，主要以 W、Bi、Sn、Pb、Zn、Th、U、Y、La 等元素为主，伴有 As、Sb、Ag 等的元素组合元素，主要元素间套合较好，异常连续性较好，异常强度较中等—高。其中 AP7 $乙_1$ 中，元素极大值 w（W）为 139.40×10^{-6}，w（Bi）为 100.78×10^{-6}，w(Mo) 为 39.16×10^{-6}，Sn 元素的质量分数极大值为 44.89×10^{-6}，Y 元素的质量分数极大值为 102.62×10^{-6}。

4）地球物理特征。分布的 1：50000 航磁异常有 C1′-1 磁异常，磁异常规模相对较大，200nT 等值线圈异常面积约 $12km^2$，300nT 等值线圈异常面积约 $3.7km^2$，呈长轴北东向的椭圆状，最高强度在 300nT 以上。1：10000 高精度磁法测量在该区圈定磁异常 1 处、磁异常强度为 700~1700nT，磁场源应该是磁性强度更高的地质体。

综上所述，该区具备较好的成矿地质背景和物化探综合异常，区内地、物、化、遥吻合程度较高，单元素异常极大值较高，且区内可见热液型铁矿点两处。通过后续加大勘查力度有望寻找到钨铋铁多金属矿产。故将其确定为钨铋铁多金属矿成矿远景区。

（2）九卡沟—二道桥金铅锌多金属矿Ⅲ级成矿远景区（Ⅱ）。远景区位于梁西地营幅九卡沟—二道桥一带。

1）地质概况。出露的地层为上侏罗统满克头鄂博组英安质岩凝灰岩。侵入岩为石炭纪斑状黑云母二长花岗岩、斑状正长花岗岩、中二叠世黑云母二长花岗岩。

2）矿产地质。该区内九卡沟新发现金矿化线索两处，JH64 w(Au) 为 0.1×10^{-6}，JH332 w(Au) 为 0.30×10^{-6}，岩石为褐铁矿化斑状黑云母二长花岗岩。

3）地球化学特征。在远景区 1：50000 化探异常有 AP13 $乙_3$、AP14 $乙_3$、

AP15 乙$_3$、AP16 乙$_2$ 四个异常，异常以 Y、W、Au、Sb、U、Cu、Zn、Pb 等元素为主的组合，伴生有 Sn、Ag、Ni、Bi 等元素，主要元素间套合较好，异常连续性较好，异常强度较高。其中 w(W) 为 52.55×10^{-6}，w(Sb) 为 35.89×10^{-6}，w(Cu) 为 230×10^{-6}，w(Zn) 为 1733.3×10^{-6}，w(Pb) 为 516.1×10^{-6}，w(Y) 为 175.52×10^{-6}。

在 AP14 乙$_3$ 异常布置 1∶10000 土壤测量进行了检查，圈定 1∶10000 化探异常 5 处，在相对较好的 JAP2、JAP5 异常区布置了 1∶5000 地质、土壤剖面进行了检查；在 JAP-2 异常中布设剖面 PZ17、PZ18，剖面中的 Mo 最高质量分数为 11.53×10^{-6}。在 JAP-5 异常布设剖面 PZ19、PZ20，PZ19-120 到 PZ19-106 间存在 Au 单元素质量分数极大值为 30.84×10^{-9}；W 元素质量分数极大值为 18.83×10^{-6}。主要寻找 Au、Cu、Y、Zn 等矿种。

4）地球物理特征。分布的 1∶50000 航磁异常有 C2′磁异常，磁异常规模相对较小，磁场强度相对较弱，100nT 等值线圈异常面积约 1.4km^2，呈半圆形状，最高强度在 100nT 以上。

综上所述，该区具备较好的成矿地质背景和物化探综合异常，区内地、物、化、遥吻合程度较高，单元素质量分数极大值 w(Sb) 为 35.89×10^{-6}，w(Cu) 为 230×10^{-6}，w(Zn) 为 1733.3×10^{-6}，w(Pb) 为 516.1×10^{-6}，w(W) 为 139.40×10^{-6}，w(Y) 为 175.52×10^{-6}。元素质量分数均较高。区内目前在九卡沟新发现金矿化线索两处。通过后续加大勘查力度有望寻找到金铅锌多金属矿产，故将其确定为金铅锌多金属矿成矿远景区（Ⅱ）。

（3）九卡沟—头道桥铀铅锌多金属矿Ⅱ级成矿远景区（Ⅲ）。远景区位于梁西地营幅九卡沟—头道桥一带。

1）地质概况。出露的地层为中侏罗统塔木兰沟组安山岩、上侏罗统满克头鄂博组英安质岩凝灰岩。侵入岩为石炭纪斑状黑云母二长花岗岩、侏罗纪正长花岗岩。

2）矿产地质。区内目前已发现铀矿化点、铅锌矿化点各 1 处。

3）地球化学特征。远景区内 1∶200000 化探异常有 50 乙$_1$ 异常，异常组成元素复杂，除 U 外还有 Mo、Cu、Sb 及铁族元素。

综上所述，该区具备较好的成矿地质背景和化探综合异常，区内地、化吻合程度较高，且区内目前已发现铀矿化点、铅锌矿化点各 1 处。通过后续加大勘查力度有望寻找到铀铅锌多金属矿，故将其确定为铀铅锌多金属矿成矿远景区（Ⅱ）。

（4）八卡上二岛—哈尔滨沟钨铋金、电气石矿Ⅱ级成矿远景区（Ⅳ）。远景区位于七卡幅八卡上二岛—哈尔滨沟一带。

1）地质概况。远景区西南部出露地层为兴华渡口群灰绿色斜长角闪片麻岩、绿帘石化石榴石角闪石英片岩、全新统冲积沼泽层分布于远景区西南与中部。

出露的侵入岩有石炭纪斑状黑云母二长花岗岩与中二叠世中细粒黑云母二长花岗岩，脉岩有石英脉、正长斑岩脉、闪长岩脉等。

2）矿产地质。该区内主要金属矿产为铋、钨及金矿化线索，目前已发现铋矿化点 1 处，钨矿化点 1 处、电气石矿点两处，以及金矿化线索 1 处。

其中铋矿化点产于石炭纪斑状黑云母二长花岗岩与中二叠世中细粒黑云母二长花岗岩接触带的石英脉中，钨矿化点赋存于兴华渡口群的黑云母角闪斜长片麻岩中，电气石矿点产于石炭纪斑状黑云母二长花岗岩与兴华渡口群的黑云母角闪斜长片麻岩中，金矿化线索产于褐铁矿化斑状黑云母二长花岗岩。

3）地球化学特征。1∶200000 化探异常有 60 $乙_2$，异常以 Bi、B、Sn、W 为主，并伴有 As、Y、Nb 等元素。

1∶50000 土壤测量在远景区有 AP21 $乙_2$、AP22 $乙_1$、AP23 $乙_1$ 三个异常。异常以 W、Bi、Sb、U、Th、Y 等元素为主的组合，伴生有 Sn、Ag、Ni、Bi 等元素，主要元素间套合较好，异常连续性较好，异常强度较高。其中 w(W) 为 142.30×10^{-6}，w(Bi) 为 830.38×10^{-6}，w(Y) 为 98.38×10^{-6}，w(Mo) 为 100×10^{-6}，w(Si) 为 46.84×10^{-6}。

在 AP21 $乙_2$ 异常中圈定异常 3 处，以 W、Bi、Au 元素为主，伴生有 Pb 等元素，元素极大值 w(W) 为 64.31×10^{-6}，w(Bi) 为 227.88×10^{-6}，w(Au) 为 101.57×10^{-9}；在 AP22 $乙_2$ 异常中圈定异常 9 处，以 W、Bi 元素为主，伴生有 Sb、Ag、Sn、Y、Cu 等元素，元素极大值 w(W) 为 285.24×10^{-6}，w(Bi) 为 53.81×10^{-6}。

4）地球物理特征。分布的 1∶50000 航磁异常有 C3′磁异常，磁异常规模相对较大，200nT 等值线圈异常面积约 $13.7km^2$，呈长轴北东向的椭圆状，最高强度在 200nT 以上。在 C3′磁异常布置 1∶10000 高精度磁法测量 $15km^2$。

圈定磁异常 1 处 HC1，磁异常强度为 700～3100nT，磁异常源应该是磁性较强的隐伏磁铁矿。按照磁异常的展布特征判断，磁异常源埋藏应该是较为集中，且埋深较浅。

1∶10000 激电中梯测量在 AP22 $乙_2$ 异常中圈定出六处激电异常，编号为 DJS1、DJS2、DJS3、DJS4、DJS5、DJS6。视极化率极大值为 3.40%～5.38%，视电阻率高达 500～10000Ω·m，处于高阻高极化区域。

综上所述，该区具备较好的成矿地质背景和物化探综合异常，区内地、物、化、遥吻合程度较高，单元素极大值 w(W) 为 142.30×10^{-6}，w(Bi) 为 830.38×10^{-6}，w(Y) 为 98.38×10^{-6}，w(Mo) 为 100×10^{-6}，w(Sn) 为 46.84×10^{-6}，质量分数均较高。分布有，铋矿化点 1 处，钨矿化点 1 处，电气石矿点两处，金找矿线索 1 处（Au 0.11g/t），铋质量分数最高为 0.33×10^{-2}，三氧化钨含量最高

0.64%，电气石的质量分数 5%～65%。通过后续加大勘查力度有望寻找到钨铋金、电气石等矿产。故将其确定为钨铋金、电气石矿成矿远景区（Ⅳ）。

（5）七卡上四岛金、电气石Ⅱ级成矿远景区（Ⅴ）。远景区位于七卡幅七卡上四岛一带。

1）地质概况。远景区西南部出露的地层有中—下奥陶统乌宾敖包组绢云母板岩、变质粉砂岩、变质长石英砂岩等，呈北西向展布。

2）矿产地质。该区内主要金属矿产为金，目前已发现金矿化点 3 处，发现非金属电气石矿点 1 处。

金矿化点分布于中—下奥陶统乌宾敖包组二段土黄色、灰白色石英脉中，岩石具褐铁矿化，呈蜂窝状、粒状、细脉状发育较强。电气石矿点赋存于中—下奥陶统乌宾敖包组二段含电气石化褐铁矿化石英脉中，围岩为土黄色、灰白色绢云母变质粉砂岩中。

3）地球化学特征。1∶200000 化探异常有 65 乙$_2$，异常以 Cu、Bi、Mo、Sb、As 及铁族元素为主。

1∶50000 化探异常有 AP24 乙$_1$ 一处异常。异常以 As、Sb、Cu、Ni 元素为主，伴生有 V、Zn、Y、Au、Bi、Mo 等元素；该综合异常内部分元素的极大值较高，w(Sb) 为 31.66×10^{-6}，w(Cu) 为 817.50×10^{-6}，w(Zn) 为 571.20×10^{-6}，w(Au) 为 62.77×10^{-9}，w(Mo) 为 31.57×10^{-6}，w(Bi) 为 30.37×10^{-6}，w(Ag) 为 3.441×10^{-6}。

1∶10000 土壤测量在 AP24 乙$_1$ 异常中圈定异常 8 处，以 As、W、Au、Sb 元素为主，伴生有 Sb、Ag、Pb、Ni 等元素，其中元素极大值 w(As) 为 2573×10^{-6}，w(Au) 为 95.95×10^{-9}，w(Sb) 为 264.55×10^{-6}，w(Ag) 为 8.574×10^{-6}。

综上所述，该区具备较好的成矿地质背景和物化探综合异常，区内地、物、化吻合程度较高，化探单元素极大值 w(As) 为 2573×10^{-6}，w(Au) 为 95.95×10^{-9}，w(Sb) 为 264.55×10^{-6}，w(Ag) 为 8.574×10^{-6}，w(Cu) 为 817.50×10^{-6}，w(Zn) 为 571.20×10^{-6}，w(Mo) 为 31.57×10^{-6}，w(Bi) 为 30.37×10^{-6}，质量分数均较高。且已发现 3 处金矿化点，质量分数 w(Au) 为 0.36×10^{-6}，w(Au) 为 0.6×10^{-6}，w(Au) 为 0.15×10^{-6}，电气石矿点中，电气石的质量分数为 7%～90%。通过后续加大勘查力度有望寻找到金、电气石等矿产，故将其确定为金、电气石矿成矿远景区。

3.5.4 找矿靶区的优选及特征

3.5.4.1 找矿靶区的圈定

找矿靶区的选择是在对以往和本次矿调工作所取得的地质矿产及物化探成果进行综合分析的基础上进行的。主要是对所选区域的成矿地质条件、成矿特征、物化探异常分布特征、遥感影像特征等进行综合分析、对比。在此基础上根据区域典型矿床特征对比及对控矿因素作出判断，在已圈定的成矿远景区范围内对所选区矿化分布情况、矿体特征、化探异常元素组合特征进行综合类比，进一步缩小找矿目标范围，明确主攻矿种，确定找矿靶区。划分找矿靶区的具体原则如下。

（1）A级找矿靶区。地质调查和矿产检查已发现有一定规模的矿（化）体或矿化好、矿化蚀变规模较大，成矿地质条件最为有利，具一定找矿前景的地段，并有与成矿属专属性的侵入岩或地层分布，构造发育；有1处以上化探综合异常，且多为甲、乙类异常，异常面积一般较大，异常元素组合中与主攻矿种相同元素的异常居多；找矿标志明显，有1处高精度磁测异常或遥感异常分布，成矿地质条件有利，找矿潜力较大的远景区，推测能扩大已知矿规模或找到新的矿产地。

（2）B级找矿靶区。有已知矿化点（带），主要出露的侵入岩或地层对称有利，构造较为发育，有后期脉岩侵入；有2~4处化探综合异常，且多为乙类异常，异常元素组合中有与主攻矿种相同元素的异常，或有1~2处高精度磁测异常或遥感异常分布，成矿地质条件较有利，或发现有矿化现象，有一定找矿潜力而工作程度不甚高的远景区，推测能找到有价值矿产。

（3）C级找矿靶区。有1~2处化探综合异常，异常为乙类或丙类，异常元素与主攻矿种有一定联系。出露的侵入岩或地层对称有利，构造较为发育，偶有高精度磁测或遥感异常，面积较小，找矿潜力尚不明朗的远景区，推测有一定找矿意义。

3.5.4.2 找矿靶区的圈定及特征

通过对上述的4个成矿远景区中各类异常特征的分析总结，按照靶区圈定原则，将调查区内各远景区缩小找矿靶区，找矿靶区具体划分及相关特征见表3-30。

表3-30 找矿靶区划分情况表

成矿远景区	靶区名称	靶区级别	面积/km²	化探异常	已知矿化信息	可能发现矿种
九卡上岛沟—保罗根斯克沟钨铋铁多金属矿Ⅲ级成矿远景区（Ⅰ）	九卡上岛沟—保罗根斯克沟铁矿C级找矿靶区（Ⅰ）	C级	48.29	1：200000化探异常有45乙$_2$，AP8丙、AP10乙$_2$共2处 1：50000异常	小型铁矿点两处	铁

续表 3-30

成矿远景区	靶区名称	靶区级别	面积/km^2	化探异常	已知矿化信息	可能发现矿种
九卡沟—二道桥金铅锌多金属矿Ⅲ级成矿远景区（Ⅱ）	九卡沟金矿C级找矿靶区（Ⅱ）	C级	4.44	AP12 乙$_3$、AP13 乙$_3$、AP14 乙$_3$、AP15 乙$_3$、AP16 乙$_2$ 共五处 1∶50000 异常	金矿化线索两处	金
九卡沟—头道桥铀铅锌多金属矿Ⅱ级成矿远景区（Ⅲ）	头道桥铀铅锌矿B级找矿靶区（Ⅲ）	B级	6.13	1∶200000 化探异常有 50 乙$_1$	发现铀、铅锌矿化点各1处	铀、铅、锌
八卡上二岛-哈尔滨沟钨铋金、电气石矿Ⅱ级成矿远景区（Ⅳ）	七卡钨铋电气石矿B级找矿靶区（Ⅳ）	B级	14.84	1∶50000 化探异常 AP21 乙$_2$	发现钨、铋矿化点各1处，电气石矿点两处	钨、铋、电气石
	哈尔滨沟金矿C级找矿靶区（Ⅴ）	C级	9.88	1∶50000 化探异常 AP23 乙$_1$	金矿化线索1处	金
七卡上四岛金、电气石Ⅱ级成矿远景区（Ⅴ）	七卡上四岛找矿靶区	B级	9.02	1∶200000 化探异常有 65 乙$_2$，1∶50000 化探异常 AP24 乙$_1$	发现金矿化点3处，电气石矿点1处	金、电气石

（1）九卡上岛沟—保罗根斯克沟铁矿 C 级找矿靶区（Ⅰ）。该靶区位于八卡旧址幅九卡上岛沟—保罗根斯克沟一带。

1）地质概况。远景区出露的侵入岩为石炭纪斑状黑云母二长花岗岩、斑状黑云母花岗岩及中二叠纪中细粒黑云母二长花岗岩。

区域线性构造十分发育，受北东向区域额尔古纳大断裂控制。

2）矿产地质。该区内金属矿产为铁，目前已发现两处铁矿点，铁矿点位于石炭纪斑状黑云母二长花岗岩与斑状黑云母花岗岩、中细粒黑云母二长花岗岩的接触带上，岩石节理面上赤铁矿、褐铁矿呈薄膜状、浸染状产出，厚 1~2mm。节理产状 215°∠20°。

3）地球化学特征。该区内 1∶200000 化探异常有 45 乙$_2$。异常以 Sn、Be、Nb、B、Th 为主，并伴有 Cr、Ti、V、Ag、Y 等元素。

1∶50000 土壤测量在远景区有 AP8 丙、AP10 乙$_2$ 共四处异常，主要以 W、Bi、Sn、Pb、Zn 等元素为主，伴有 As、Ag 等的元素组合元素，主要元素间套合较好，异常连续性较好，异常强度中等。

4）地球物理特征。分布的 1∶50000 航磁异常有 C1′-1 磁异常，磁异常规模相对较大，200nT 等值线圈异常面积约 12km^2，300nT 等值线圈异常面积约 3.7km^2，呈长轴北东向的椭圆状，最高强度在 300nT 以上。1∶10000 高精度磁法测量在该区圈定磁异常 1 处、磁异常强度为 700～1700nT，磁场源应该是磁性强度更高的地质体。

综上所述，该区具备较好的成矿地质背景和物化探综合异常，区内地、物、化吻合程度较高，区内可见热液型铁矿点两处。通过后续加大勘查力度有望寻找铁矿。故将其确定为铁矿 C 级找矿靶区。

（2）九卡沟金矿 C 级找矿靶区（Ⅱ）。该找矿靶区位于梁西地营幅九卡沟一带。

1）地质概况。出露的地层为上侏罗统满克头鄂博组英安质岩凝灰岩；侵入岩为石炭纪斑状黑云母二长花岗岩、斑状正长花岗岩。

2）矿产地质。该靶区内新发现金矿化线索 2 处，JH64 w(Au) 为 0.1×10^{-6}，JH332 w(Au) 为 0.30×10^{-6}，岩石为褐铁矿化斑状黑云母二长花岗岩。

3）地球化学特征。在该靶区内 1∶50000 化探异常有 AP14 乙$_3$，异常以 As、W、Au 元素为主，伴生有 Sn、Sb、Ni、Bi 等元素，其中 As、Au、W 元素异常面积较大，As、Au、W、Sn、Ni、Bi 元素为强异常。其中 w(W) 为 52.55×10^{-6}，w(Au) 为 23.34×10^{-6}，w(Zn) 为 146.7×10^{-6}，w(Ni) 为 106.9×10^{-6}，w(Y) 为 37.28×10^{-6}。

在 AP14 乙$_3$ 异常中，圈定 1∶10000 化探异常 5 处，在 JAP-2 异常中布设剖面 PZ17、PZ18，剖面中的 Mo 最高质量分数为 11.53×10^{-6}；在 JAP-5 异常布设剖面 PZ19、PZ20，PZ19-120～PZ19-106 存在 Au 单元素极大值为 30.84×10^{-9}；W 元素极大值为 18.83×10^{-6}。

4）地球物理特征。分布的 1∶50000 航磁异常有 C2′磁异常，磁异常规模相对较小，磁场强度相对较弱，100nT 等值线圈异常面积约 1.4km^2，呈半圆形状，最高强度在 100nT 以上。

综上所述，该区具备较好的成矿地质背景和物化探综合异常，区内地、物、化吻合程度较高 Au 单元素极大值为 30.84×10^{-9}；W 元素极大值为 18.83×10^{-6}。新发现金矿化线索两处。

通过后续加大勘查力度有望寻找到金矿产地，故将其确定为金矿找矿靶区。

（3）头道桥铀铅锌矿 B 级找矿靶区（Ⅲ）。该找矿靶区位于梁西地营幅头道桥—哈乌尔河一带。

1）地质概况。出露的地层为中侏罗统塔木兰沟组安山岩、上侏罗统满克头鄂博组英安质岩凝灰岩。侵入岩为中侏罗世粗粒正长花岗岩与晚侏罗世中细粒正长花岗岩。

2）矿产地质。区内已发现铀矿化点、铅锌矿化点各1处。

3）地球化学特征。靶区内1∶200000化探异常有50乙$_1$异常，异常组成元素复杂，除U外还有Mo、Cu、Sb及铁族元素。

综上所述，该区具备较好的成矿地质背景和化探综合异常，区内地、化吻合程度较高，且区内发现铀矿化点、铅锌矿化点各1处。通过后续加大勘查力度有望寻找到铀铅锌多金属矿，故将其确定为铀铅锌矿找矿靶区。

（4）七卡钨铋电气石矿B级找矿靶区（Ⅳ）。该靶区位于七卡幅七卡—哈尔滨沟一带。

1）地质概况。该靶区西南部出露地层为兴华渡口群灰绿色斜长角闪片麻岩、绿帘石化石榴石角闪石英片岩、全新统冲积沼泽层分布于远景区西南与中部。

出露的侵入岩有石炭纪斑状黑云母二长花岗岩与中二叠世中细粒黑云母二长花岗岩，脉岩有石英脉、正长斑岩脉、闪长岩脉等。

2）矿产地质。该区内主要金属矿产为铋、钨，目前已发现铋矿化点1处，钨矿化点1处、电气石矿点两处。

其中铋矿化点产于石炭纪斑状黑云母二长花岗岩与中二叠世中细粒黑云母二长花岗岩接触带的石英脉中，钨矿化点赋存于兴华渡口群的黑云母角闪斜长片麻岩中，电气石矿点产于石炭纪斑状黑云母二长花岗岩与兴华渡口群的黑云母角闪斜长片麻岩中。

3）地球化学特征。1∶200000化探异常有60乙$_2$，异常以Bi、B、Sn、W为主，并伴有As、Y、Nb等元素。

1∶50000土壤测量在远景区有AP22乙$_1$。异常以W、Bi、Mo、Sn元素为主，伴生有Y、Th、Ag、U、La等元素，W、Bi、Sn元素异常面积较大，套合较好，且异常连续性较好，异常强度较大，均达四级强异常。其中w(W)为142.30×10^{-6}，w(Bi)为124.65×10^{-6}，w(Y)为98.38×10^{-6}，w(Mo)为100×10^{-6}，w(Sn)为46.84×10^{-6}。

1∶10000化探异常。在AP22乙$_2$异常中圈定异常9处，以W、Bi元素为主，伴生有Sb、Ag、Sn、Y、Cu等元素，元素极大值w(W)为285.24×10^{-6}，w(Bi)为53.81×10^{-6}。

4）地球物理特征

1∶10000激电中梯测量在AP22乙$_2$异常中圈定出六处激电异常，编号为DJS1、DJS2、DJS3、DJS4、DJS5、DJS6。视极化率极大值为3.40%~5.38%，视电阻率高达500~10000Ω·m，处于高阻高极化区域。

综上所述，该区具备较好的成矿地质背景和物化探综合异常，区内地、物、化吻合程度较高，单元素极大值w(W)为142.30×10^{-6}，w(Bi)为124.65×10^{-6}，w(Y)为98.38×10^{-6}，w(Mo)为100×10^{-6}，w(Sn)为46.84×10^{-6}，质量分数均

较高。分布有，铋矿化点 1 处，钨矿化点 1 处，电气石矿点两处，铋质量分数最高为 0.33×10^{-2}，三氧化钨质量分数最高为 0.64%，电气石质量分数为5%~65%。

通过后续加大勘查力度有望寻找到钨铋、电气石等矿产。故将其确定为钨铋、电气石矿找矿靶区。

3.5.5 矿产资源远景评价

调查区地质工作程度普遍较低，今后的工作首先应加强对矿化集中区及其外围的基础地质研究，进一步搞清其成矿规律和控矿因素，综合各种找矿方法开展区域矿产资源普查及评价工作。

通过本次矿产远景调查工作，经综合研究分析，调查区的优势矿种为金、钨、铋等贵金属、有色金属以及非金属矿产电气石。

调查区内乌宾敖包组地层、石英脉分布较广，为本区重要的赋矿层位，侵入岩、火山岩广布，为成矿物质提供了重要物源；区内北东向及北西向断裂十分发育，伴生的次级断裂带为成矿物质的活化、迁移、富集和岩浆热液的运移提供了良好的通道和空间。通过本次工作，新发现金属矿化点 5 处，非金属电气石矿点 3 处，因此，本区具备较好的找矿前景，区内几种主要矿产资源远景评价如下。

（1）金矿产资源远景评价。本区以金元素为主要成矿元素的矿化点有 3 处，成因主要为石英脉型，围岩为乌宾敖包组，矿化点周围石英脉十分发育，北东向矿化蚀变带特征明显，该矿化点 1∶50000 及 1∶10000 化探异常金异常规模较大，强度高，浓集中心明显，异常检查重现性好，所以具有很好的金成矿地球化学条件，调查区西侧为走向北东的额尔古纳大断裂，说明本区具有较大的石英脉型金矿产资源找矿前景。

（2）钨、铋矿产资源远景评价。本区以钨、铋为主要成矿元素的矿化点各 1 处，即七卡钨矿化点、七卡铋矿化点。

七卡钨矿化点、七卡铋矿化点分别产于新华渡口群地层石英脉中及石炭纪斑状黑云母二长花岗岩与中二叠世中细粒黑云母二长花岗岩接触带石英脉中，矿化蚀变特征明显，在 1∶50000 及 1∶10000 化探中，矿化带具有较大规模的钨异常，强度高，具有浓集中心等特点，且异常重现性好，有较齐全的伴生元素，体现出较好的地球化学特点，分析认为，本区具有很好的石英脉型钨、铋矿床资源找矿前景。

（3）铀、铅锌矿产资源远景评价。铀、铅锌矿化点的含矿岩性为安山岩，围岩为晚侏罗世浅肉红色粗粒正长花岗岩，围岩具硅化、绿泥石化、褐铁矿，分析结果：铜的质量分数为 0.02%，铅的质量分数为 0.08%，锌的质量分数为 0.012%，安山岩角砾含铀的质量分数为 0.002%，硅化花岗岩的质量分数高达 0.01%，经查证为热液型矿化点，本区具有良好的电气石矿产资源找矿前景。

（4）电气石矿产资源远景评价。本区发现的电气石矿点3处，主要产于中二叠世中细粒黑云母二长花岗岩、石英脉及绢云母板岩中，矿化蚀变特征明显、分布范围较广，矿石品位较高为5%~90%，矿石品位多为30%~65%，本区具有良好的电气石矿产资源找矿前景。

3.6 结　论

通过1∶50000矿产地质填图、1∶50000土壤测量、1∶50000遥感解译、地质剖面测制、矿点踏勘、矿产检查以及典型矿床研究等技术手段，查清了调查区地质构造格架、地层和岩浆岩等各类地质体的基本特征，对成矿标志、矿（化）体特征、矿产分布规律和矿产资源远景情况进行了详细研究，取得了丰富的野外实际资料和地质矿产研究成果，提高了调查区的综合研究水平，为本地区进一步找矿工作指明了方向。

（1）对调查区地层进行了重新划分和厘定，划分了9个正式填图单位，并对各单位的岩石组合、形成环境、含矿性进行了初步分析。

（2）大致查明了侵入岩、脉岩的形态与规模、产状、主要矿物成分、岩石类型、结构构造、岩石化学和地球化学特征等，侵入岩建立了7个填图单位，并对含矿性进行了研究。

（3）大致查明了火山岩的层序、厚度、产状、分布范围、沉积夹层及岩石化学和地球化学特征，划分出塔木兰沟和满克头鄂博期两个火山喷发旋回。

（4）对区内的变质岩系进行了较为系统的总结和归类，划分了变质相带，并就变质作用及其与成矿之间的关系作了初步的了解。

（5）大致查明了调查区构造基本类型和主要构造的形态、规模、产状、性质、生成序次和组合特征。建立了区域构造格架，共划分了5个构造演化阶段，建立了8个地质事件及8个构造变形事件，划分了4个构造单元。

（6）对调查区2处较好的1∶50000航磁异常进行了1∶10000高精度磁法测量，分别圈定了高精磁异常1处。在七卡重点工作区圈定出1∶10000激电异常6处。

（7）通过遥感工作，建立了区内主要地质构造单元及矿化信息的解译标志；区内提取了铁染异常4处及羟基蚀变异常。

（8）调查区新发现金属矿化点5处（其中金矿化点3处、钨矿化点1处、铋矿化点1处），非金属电气石矿点3处，加上已知的矿（化）点8处，区内矿（化）点共达16处。

（9）调查区划分出5个成矿远景区（其中Ⅱ级成矿远景区3个，Ⅲ级成矿远景区2个），优选出找矿靶区6个（其中B级找矿靶区3个，C级找矿靶区3个）。

4 内蒙古锡林郭勒盟巴彦塔拉及周边钨、钼、银、铅多金属矿调查与研究

锡林郭勒盟巴彦塔拉及周边金属矿床位于内蒙古自治区锡林郭勒盟东乌珠穆沁旗北部，是一处具有大型规模远景的金属矿床，探讨该地区金属矿床的成矿原因及成矿规律具有重要的地质意义。通过对区域和矿床的地质特征分析，对矿床的成矿原因及成矿规律进行了初步探讨，并明确了找矿标志。研究表明区域成矿期主要为燕山成矿期，区内古生代地层中褶皱、断裂较为发育，北东向、北西向断裂及次一级构造裂隙为铅锌低温热液矿床提供了有利的赋存空间。中生代北东向和北西向断裂构造及裂隙对研究区内矿产空间分布起着尤为重要的控制作用，控制着区内钨、钼、银、铅、锌热液矿床的分布。对矿产分布规律进行了初步总结，对研究区进行矿产预测，认为本区具有进一步工作的价值，可开展预普查工作，有希望找到有经济价值的工业矿床。

锡林郭勒盟巴彦塔拉及周边金属矿床成矿带位于西伯利亚板块和华北板块的汇聚部位，受华北地区、古蒙古国洋壳和西伯利亚板块多期次俯冲、碰撞和对接作用影响，巴彦塔拉及周边金属矿床内褶皱、断裂发育，为成矿提供了导矿、熔矿构造（黄再兴等，2013；余超等，2017）。陆相火山—次火山岩及中生代二长花岗岩体的发育为矿产的形成提供了必要的热源和物质来源（黄忠军，2011；王建平等，2003）。深大断裂带（层）纵横交错，各类侵入岩十分发育并形成了金属矿床，具有特殊的地质构造背景和有利的成矿环境（张万益，2008）。地层与岩体接触带是找矿的有利地段，NE 向构造，特别是其与 NW、EW、SN 向构造交会处，是矿床产出的主要部位（刘洪利等，2011）。从现有的矿产地质资料和数据看，巴彦塔拉及周边金属矿产主要以银、铅—锌和铁为主，其次为铜、钼、钨、铬、铋、锡和稀有金属（黄再兴等，2013；聂凤军，2007）。

需要提及的是，巴彦塔拉及周边金属矿床（点）总体研究程度相对较低。许多矿（床）点没有进行系统研究工作。通过对区域地质背景和矿床地质特征的全面总结，对研究区内取得的地质、矿产、物化探等资料进行了全面综合整理、研究，结合区域演化特点，讨论了内蒙古锡林郭勒盟巴彦塔拉及周边的矿床成矿规律，并对内蒙古锡林郭勒盟巴彦塔拉及周边的矿床进行成矿预测，以期为区域上进一步找矿提供信息，对区域找矿具有重要的指导意义。

4.1 区域地质背景

巴彦塔拉及周边金属矿床成矿区大地构造位置处于西伯利亚板块（Ⅲ），西伯利亚东南陆缘增生带（$Ⅲ_1$），东乌旗—扎兰屯火山被动陆缘（$Ⅲ_1^3$），如图 4-1 所示。研究区褶皱、断裂的展布方向为北东向、北西向、近东西向、北北东向。一般古生代褶皱构造的展布以北东向为主，中生代褶皱则以北北东向为主。与褶皱构造相伴生的北东向断裂，绝大部分为逆冲断层。北东向多为中低角度的逆断层，构成本区主体构造线方向，严格控制地质体的展布方向。北西向则以高角度的正断层和平移断层为主，其与地层走向垂直或斜切，为本区主要控矿构造。北北东向断裂构造，是中生代末期产生的，明显干扰了北东向断裂构造，显示出研究区的总体构造格局。

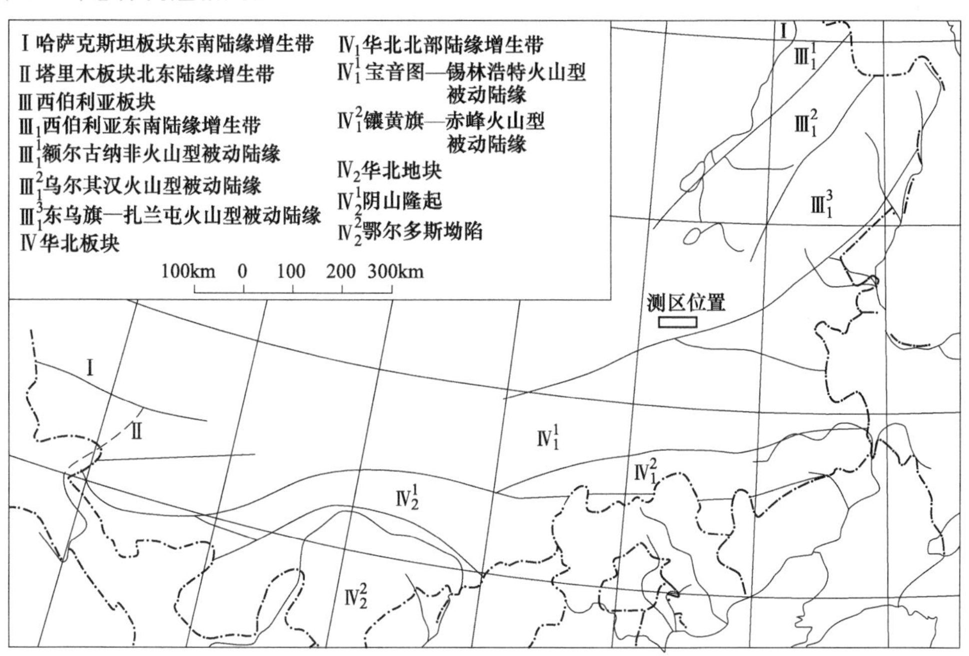

图 4-1 研究区大地构造位置图

扫一扫
查看彩图

研究区出露地层主要为古生界上泥盆统安格尔音乌拉组（D_3a）、中生界下侏罗统红旗组（J_1h）及中生界下白垩统大磨拐河组（K_1d）、新生界新近系上新统宝格达乌拉组（N_2b）、第四系更新统（Qp）和第四系全新统（Qh）。如泥盆系统安格尔音乌拉组（D_3a）的岩性组合为变质细砂岩、含角砾变质细砂岩、变质细粒石英砂岩、局部夹变质粉砂岩的砂岩层，出露面积约 103km²；下侏罗统红旗组（J_1h）的一套由砂砾岩、砂岩、泥岩、碳质泥岩组成的碎屑岩层，出露面积约13.7km^2；下白垩统大磨拐河组（K_1d）的由紫红色、灰白色、浅灰黄色复成分砾岩、含砾粗砂岩、粗砂岩及细砂岩组成的一套内陆湖泊边缘相沉积岩层，出露总面积约2.3km^2；新近系上新统宝格达乌拉组（N_2b）的由棕红色泥岩、泥质砂砾岩等组成的夹有多层钙质结核层；第四系的上更新统冲洪积物（Qp^{pal}）、全新统洪冲积物（Qh^{pal}）、全新统冲积物（Qh^{al}）、全新统湖积物（Qh^{l}）和全新统风积物（Qh^{eol}）。

区内的断层级别由大到小依次为呼仁乌和日—查干哈达噶断层、呼和敖包正—平移断裂以及冬根呼都格西断层。除呼仁乌和日—查干哈达噶断层呈北东东向60°~70°延伸外，其他断层为北西向延伸。其中，区内最大的断裂构造为呼仁乌和日—查干哈达噶断层，由于其分布位置和走向与苏布拉—呼仁乌和日复向斜的轴迹非常一致，推测两者是相伴生形成的。断层只在安格尔音乌拉组地层中发育，在西南、东北两端被第四系和新近系沉积物掩盖。断层性质推测为在北西—南东向的挤压应力下的逆断层。区内褶皱由大到小依次是苏布拉—呼仁乌和日复向斜、古尔班陶勒盖向斜、哈尔道花向斜、哈尔道花背斜、呼和敖包向斜、呼和敖包背斜以及古尔班向斜。区内华力西期褶皱构造主要出露呼日其格幅的哈尔道花—呼和敖包一带，轴迹为北北东向，主要构成向—背—向—背斜构造平行排列的构造格局。一般两翼倾角较大，位于50°~77°，褶皱轴沿轴向倾伏或扬起，轴面多弯曲，倾向直立或南东东向。哈尔道花一带发育较完整的两个平行排列的背向斜褶皱，呼和敖包一带发可见到三个平行排列的褶皱。该期褶皱轴面劈理发育。

研究区岩浆活动强烈，侵入岩种类繁多，以酸性岩类为主，分布较广泛。侵入岩从古生代到中生代均有不同程度的出露，呈现出多阶段、多期次侵入的特点。研究区东部以石炭纪、二叠纪岩浆活动为主，形成于碰撞背景下；西部以侏罗纪、白垩纪岩浆活动为主，形成于伸展机制的环境中。研究区内侵入岩规模大，脉岩发育，侵入岩中的石英脉与研究区内成矿关系较为密切。

4.2 矿床地质特征

4.2.1 矿体特征

沙麦矿区圈定钨矿体550余条，其中够工业品位的矿体有77条，参与储量计算的为59条。

矿区内矿体总体走向295°~307°，倾向南西（1、3号脉带）、北东（2号脉带），倾角82°~89°，矿体近于直立。矿体长24~645m，平均厚0.75~11.06m，最厚达15.27m。

1号矿脉带：走向北西305°，倾向南西，倾角84°~87°。

2 号矿脉带：走向北西，倾向北东，倾角 82°~89°。

3 号矿脉带：走向北西 307°，倾向南西，倾角 84°。

矿体总体分布形态复杂，但具体矿脉形态较简单，呈石英、云英岩细脉型和大脉型。

1 号矿脉带：由 24 个脉体组成，矿脉带控制长约 800m，深约 400m，宽 30~130m。矿脉具右向斜列的特点。

2 号矿脉带：组成 2 号矿脉带总计有 34 个矿体，控制长约 1000m，深约 400m，宽 24~55m。矿脉具左向斜列的特点。

3 号矿脉带：组成 3 号矿脉带总计有 8 个矿体，控制长约 600m，深约 400m，宽 30~56m。矿体主要以尖灭再现及平行右向斜列排布的特点。

沙麦钨矿典型矿床所在区域地质矿产如图 4-2 所示。

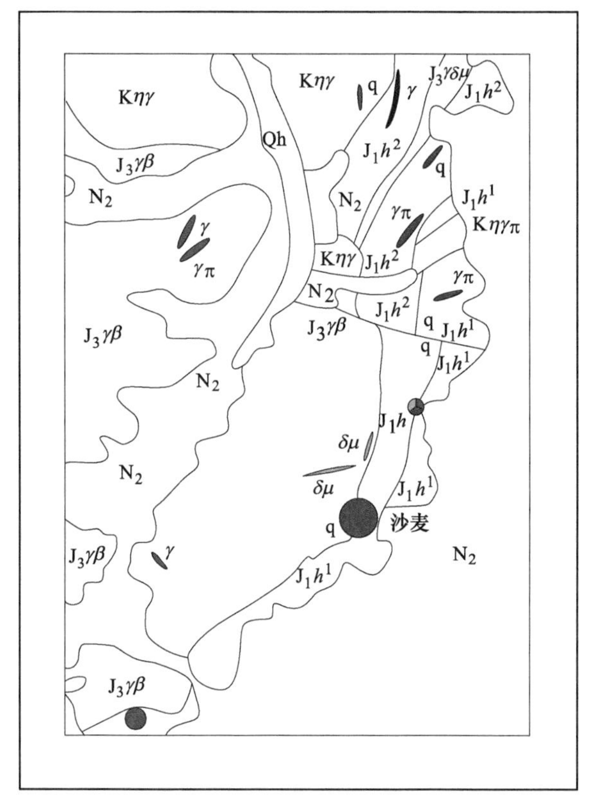

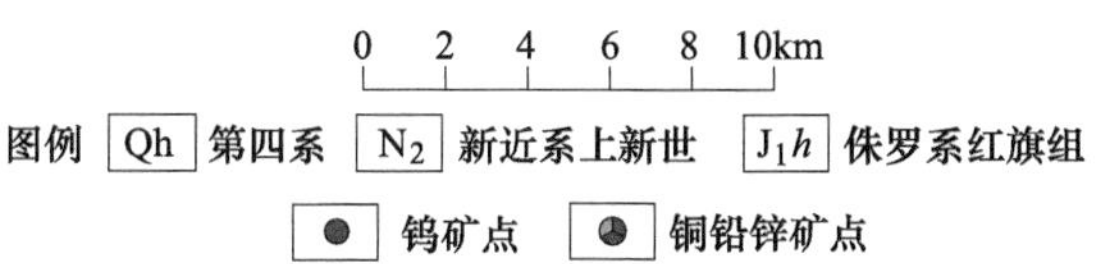

扫一扫
查看彩图

图 4-2 沙麦钨矿典型矿床所在区域地质矿产

4.2.2 矿石特征

沙麦钨矿共生或伴生矿物20余种，金属矿物以黑钨矿为主，其次为白钨矿、黄铁矿、黄铜矿。另见少量斑铜矿、方铅矿，偶见辉钼矿、毒砂、闪锌矿、孔雀石、蓝铜矿、褐铁矿；非金属矿物以石英、白云母、铁白云母、黑云母为主，钾长石、钠长石、黄玉次之，萤石少量，电气石、伊利石微量。矿石结构包括结晶作用形成微晶、粗粒、中粗粒、细粒结晶结构；交代作用形成的结构有鳞片花岗变晶、残余、骸晶、交叉结构；机械作用形成的压碎结构等。矿石构造包括块状、交错脉状及网脉状、斑块状、浸染状、梳状、晶洞构造。

4.2.3 围岩蚀变特征

矿床的主要围岩是中粒黑云母花岗岩、似斑状黑云母花岗岩及其脉岩。石英脉、云英岩、云英岩和花岗岩为主要含矿岩石。围岩蚀变类型主要为铁白云母化、云英岩化、角岩化，其次为黄铁矿化、萤石化、电气石化。

4.3 地球物理特征及化学特征

4.3.1 地球物理特征

研究区各地层间均存在着一定的密度差异，本区地壳表层自上而下可分为3个密度层，它们之间在岩石的矿物成分、结构构造等方面表现出不同的特征。第一层为新生界，由第四系松散物和新近系陆相沉积建造构成，其压实程度差，密度平均值为$1.90\times10^3kg/m^3$，该层为本区最低的密度层。第二层由白垩系、侏罗系、三叠系构成。下部是海陆交互相砂页岩含煤建造，上部是陆相砂砾岩及火山碎屑岩建造，岩石中钠质矿物较多，颗粒大小不一，空隙度较大，压实程度较低，密度变化范围较大，平均密度为$2.46\times10^3kg/m^3$，故该层为本区较低密度层。第三层由奥陶系、石炭系、二叠系构成，该地层主要岩石是白云岩和灰岩类，其结构致密，密度平均值为$2.64\times10^3kg/m^3$，故该层为本区最高密度层。它们构成了该区地壳表层的密度界面。这些密度界面起伏变化或突变时均能产生相应的重力异常。

区内侵入岩体分布广泛，岩体的规模不等、岩性复杂，当具有一定规模的侵入岩与围岩接触成明显的密度界面时，均能形成不同特征的重力异常。超基性岩、基性岩密度大，高于所有地层。当岩体具有一定规模时，能够产生较为明显的重力高异常。中酸性岩体的密度低于古生界密度，高于中、新生界密度。当它们具有一定规模并侵入于古生界地层时，能够产生明显的重力低异常，当它们具有一定规模并侵入中、新生界地层时，能够产生明显的重力高异常。

区域上，磁铁矿、磁铁石英岩、基性—超基性岩、玄武岩、安山玄武岩等具强磁性，磁化率平均值高达 18086（$4\pi\times10^{-6}$ SI），剩余磁化强度的平均值为 9124（10^{-3} A/m）；花岗闪长岩类的磁性也较强，也会有较明显的磁异常反应，磁化率平均值为 12156（$4\pi\times10^{-6}$ SI），剩余磁化强度的平均值为 5526（10^{-3} A/m）；花岗斑岩类磁性中等，可以引起较明显的磁异常，花岗岩等酸性侵入岩磁性差异较大，多数花岗岩类岩体为中弱磁性，可以引起的磁异常较弱；石英片岩、变质石英砂岩、千枚岩等变质岩磁性较弱，通常不会形成明显磁异常；沉积岩磁性普遍较弱，一般会形成平缓的较低磁场。

测区位于内蒙古—大兴安岭地槽区，从 1∶500000 布格重力异常图上看，如图 4-3 所示，布格异常值为-130～-115，重力场值变化相对较平缓，该区重力异常总体走向近北东向，异常低缓，水平梯度较小，无明显分区特征，重力场值基本上显示为由西向东增大的趋势。重力场特征具有重力高、低相间分布，反映了该区内古生界基底的起伏情况，工作内东南部为一个明显的重力梯级带，属于西伯利亚板块与华北板块对接带的反映。由于在古生代岛弧、残留海盆、活动陆缘和中生代拗陷盆地的复杂背景上又叠加了同期或后期的堆覆构造，致使测区构造形态复杂多样，从而显现出现今不同性质、不同规模的断层与褶皱相互交织的构造格局致使重力场的局部异常极小的梯度带较多。

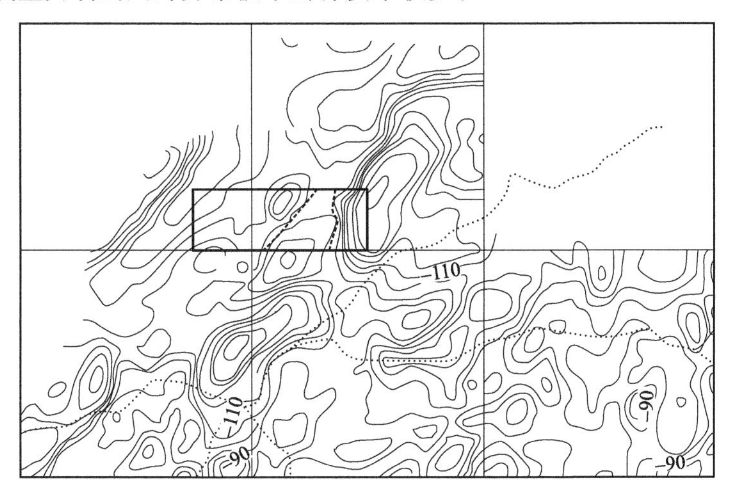

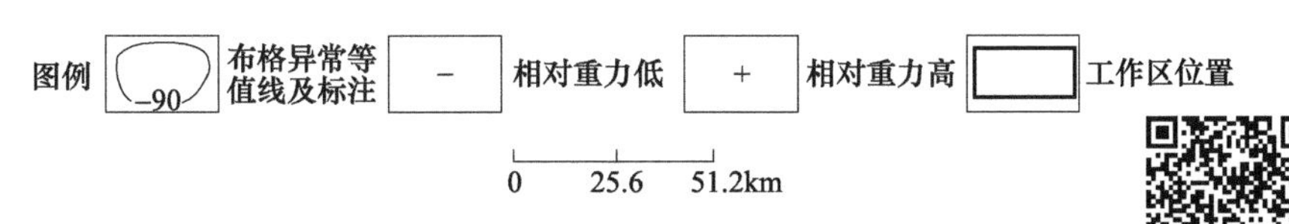

图 4-3 区域布格重力异常平面图

扫一扫
查看彩图

测区内航磁异常总体为北东向展布，与区内地层及构造线方向基本一致，具有明显的分区分带特征，且线性特征明显。测区西部以正磁场为主，呈面状分布，强度较高，磁场值为200~500nT，向北未封闭，且在区外具有极大值，与地表大面积出露的侵入岩有关，且其间夹杂多条条带状正磁异常，多为构造引起；中部偏东分布的面状高磁场区，磁场变化较剧烈，强度高，磁场值为200~1000nT，极大值大多沿侵入岩接触带分布，在该磁场区内有一条明显的条带状异常沿北东向分布，北侧为低磁场或负磁场分布，线性特征明显，推测为断裂构造的反应；中部负磁磁场区呈不规则状分布，场值在50nT左右，与地表出露的岩性有关。

4.3.2 地球化学特征

测区开展了1∶50000土壤测量扫面工作，并对所圈定的化探异常进行了异常查证工作。对研究区内的Au、As、Sb、W、Pb、Zn、Cu、Ag、Co、Mo、Bi等主要成矿元素的区域地球化学特征进行了初步分析，大多数元素的异常区及高背景区分布在呼日其格与巴彦塔拉相接地带以及巴彦塔拉东部和恩格尔珠如和音呼都格内；低背景区及低值区主要分布在西部呼日其格。矿区具有以W为主伴有Pb、Zn、Ag、Au、Cd等元素组成的综合异常；在沙麦一带W异常强度最高，规模大，浓集中心明显，Pb、Zn含量较高，而Ag、Au、Cd元素的含量较低。

根据1∶50000土壤化探异常在研究区圈定17处综合异常，给予统一编号（AP1~AP17）。

其中，AP1为甲$_{3\text{-}1}$类异常，即已知小型或矿点异常。异常位于呼日其格幅东北部哈拉道和和尔浑迪一带，异常区出露上泥盆统安格尔音乌拉组一段和新近系上新统宝格达乌拉组。异常元素组合以Au—Pb—Cu—Zn—Sn—Bi—Ag—Li—Be—Ni—Nb为主。异常面积中等，元素组合中等，强度中等，浓集中心明显，高温元素Bi、Sn元素面积较大，套合规整，Bi元素浓度分带达到四级，其他元素呈串珠状展布，异常主要分布在地层与岩体接触带处。该异常分解为3个1∶10000综合异常（见图4-4），且在该异常区内发现一条银矿化石英脉，Ag最高为87.7g/t；一条钨矿化石英脉，钨的质量分数为0.033%。综合分析认为该异常为矿致异常。

AP2、AP3、AP5、AP6、AP7、AP8、AP9、AP10、AP11、AP15为乙$_3$类异常，即推断的矿致异常。其中AP2异常位于巴彦塔拉幅西北部昂格尔珠如和北部一带，出露的地层主要为第四系全新统及第四系更新统洪冲积物，局部岩石中可见褐铁矿化现象。异常元素组合以As—Pb—Sn—Mo—W—Bi—Ag—Li—Be为主，呈近东西向展布，其中Pb、Ag、W元素浓度分带达到四级，强度高，面积大，其他元素呈串珠状展布。异常主要发育在侵入岩内，多期岩体侵入，脉岩较发育，分析异常与岩体有关。AP3异常位于恩格尔珠如和音呼都格幅西北部额门昂格尔北一带，地层仅见少量第四系全新统洪冲积物出露。异常元素组合以

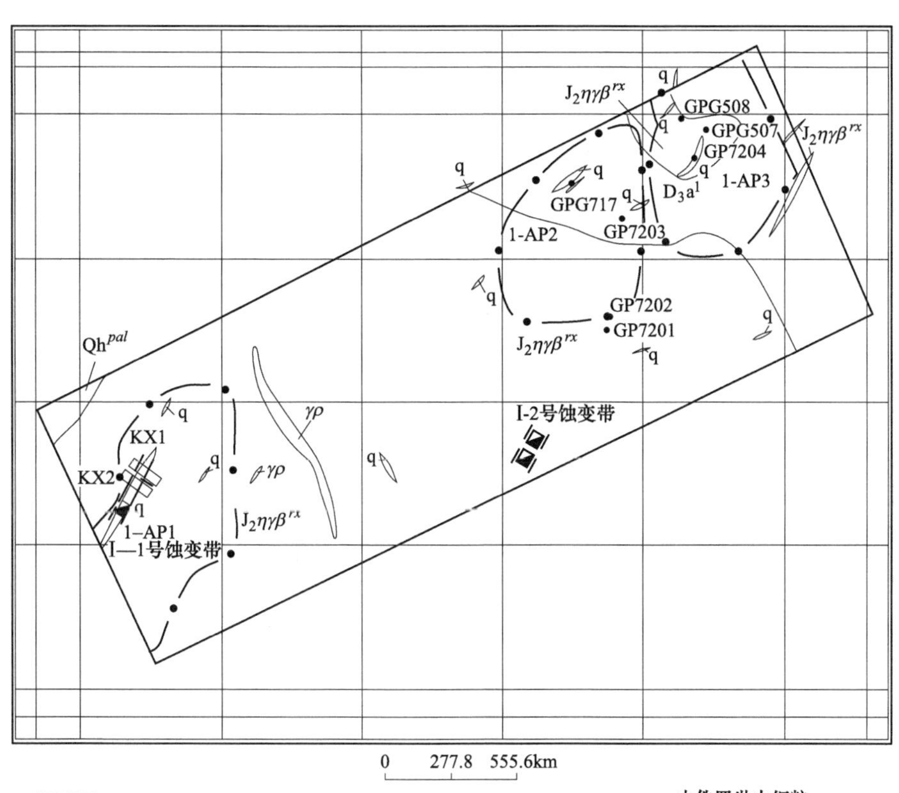

图例

Qh^{pal} 第四系全新统洪冲积　D_3a^l 上泥盆统安格音乌拉组一段　$J_2\eta\gamma\beta^{rx}$ 中侏罗世中细粒黑云母二长花岗岩

q 石英脉　$\gamma\rho$ 花岗伟晶岩脉　地质界线

蚀变带　1:10000地质草测、土壤测量范围　1-AP 1:10000化探异常范围及编号

KX 刻线样位置及编号　GPG717 采样点位置及编号

图 4-4　AP1 综合异常区地质图

扫一扫
查看彩图

As—Sb—Pb—Zn—Sn—Mo—W—Bi—Ag—Be 为主，伴生 Bi、Ag、Pb、As 等元素。其中 Bi、Ag 元素浓度分带达到四级，Pb、As 为三级分带，其他各元素以串珠状展布。区域内地质主要以侵入岩为主，多期岩体侵入，给异常的发育提供了有利条件。分析认为，异常成因与岩体接触蚀变有关。AP5 异常位于呼日其格幅中东部哈拉道尔和尔浑迪一带，出露地层为泥盆系安格尔音乌拉组上段，异常区高值点附近可见褐铁矿化和硅化现象。异常元素组合以 Au—As—Cu—Zn—Sn—Mo—W—Bi—Ag—Ni 为主。元素组合较多，形成两处较明显的浓集中心，分为东西两处，主要分布在脉岩发育地段。ZP1 综合剖面上有 Ag、Zn、Cu 元素的高值点，初步分析认为该异常可能与成矿元素局部富集有关。AP7 异常位于恩格尔珠如和音呼都格幅额门昂格尔一带，内

未见地层出露。异常元素组合以 Au—As—Sb—Pb—Zn—Ag—Be—Ni—Y 为主。其中 As、Pb、Zn、Ag、Cd 元素浓集分带达到四级。区域内地质情况比较简单，主要是岩体的接触。通过 1：10000 激电中梯扫面，圈定了 3 处激电异常，且发现一条银铅矿化蚀变带，此外还发现多处 Ag 高值点。综合分析认为该异常可能为矿致异常。AP8 异常位于呼日其格幅哈尔道花一带，出露的地层有泥盆系安格尔音乌拉组下段，泥盆系安格尔音乌拉组上段，下侏罗统红旗组，新近系宝格达乌拉组。异常元素组合以 Au—As—Pb—Cu—Zn—Sn—Mo—W—Bi—Ag—Co—Ni—Y 为主，呈北东向展布在泥盆系安格尔音乌拉组内部，其中 W 元素异常强度较高，浓度分带达到四级，异常主要以星散状展布。将 1：50000 航磁异常蒙 C-2007-262，分解为 C-1、C-2 两个磁异常，推测与磁性物质有关，且在该异常区内发现多个异常高值点。分析认为该异常可能为矿致异常。

AP12、AP14、AP16 为乙$_1$ 类异常，即已知矿化、矿体、矿床或对成矿有直接控制作用的地质体、地质构造，但从异常特征分析还可能有新的重要发现。AP12 异常位于呼日其格幅东南部古尔班陶乐盖一带，出露的地层有泥盆系安格尔音乌拉组下段，下侏罗统红旗组。异常元素组合以 Au—As—Sb—Pb—Cu—Zn—Sn—W—Ag—Co—Li—Be—Ni—Y 为主，呈北东向沿构造带方向展布。异常区内多见褐铁矿化，推测与侵入岩的接触交代作用和断层都有直接或间接的关系。分析认为该异常可能为矿致异常。AP14 异常位于恩格尔珠如和音呼都格幅责贵苏图黑拉一带，出露的地层主要为上泥盆统安格尔音乌拉组二段、上泥盆统安格尔音乌拉组一段及少量第四系全新统洪冲积物。异常元素组合以 Au—As—Sb—Cu—Zn—Sn—Mo—Co—Li—Ni—Y—Nb 为主，主要以不规则条带状沿构造方向展布在泥盆系上统安格尔音乌拉组内部，其中 As、Sb 指示元素强度较高，浓度分带达到四级。区域内地质构造复杂，控矿条件有利。AP16 异常位于恩格尔珠如和音呼都格幅责贵苏图黑拉西南一带，出露地层为上泥盆统安格尔音乌拉组一段、二段和新近系上新统宝格达乌拉组。异常元素组合以 Au—As—Sb—Pb—Cu—Zn—W—Sn—Bi—Co—Li—Ni 为主，主要以不规则状沿构造带展布，其中 As、Sb 指示元素异常强度较高，分别达到四级分带。沿断层两侧褐铁矿化强烈，推测该异常可能与金属矿化有关。

4.4 讨　　论

4.4.1 成矿原因

4.4.1.1 *矿床类型*

矿区位于大兴安岭—蒙古—阿尔泰弧形构造带东翼的东乌珠穆沁旗复式背斜

轴部，矿床受断裂构造控制明显，矿体以脉状形式展布。华力西晚期到燕山期的岩浆岩发育，其中燕山晚期的中粒黑云母花岗岩、似斑状黑云母花岗岩既是成矿期岩体也是含矿母岩。矿床类型多以组合叠加形式存在，多数矿床为石英脉型、蚀变岩型以及二者的组合形式（密文天等，2015）。郭好拔脱银多金属矿点岩脉主要为石英脉、花岗伟晶岩脉、黑云母二长花岗岩脉；准阿都楚鲁巴润鲁钨多金属矿点脉岩主要为石英脉、二长花岗岩脉、花岗岩脉。

4.4.1.2 构造活动对成矿的影响

成矿前构造常常具有控岩、控矿的作用，它能提供成矿流体的运移通道及容矿空间（陈科，2011；辛杰，2018）。受华北地区、古蒙古国洋壳和西伯利亚板块多期次俯冲、碰撞和对接作用影响，巴彦塔拉及周边金属矿床内褶皱、断裂发育，为成矿提供了导矿、熔矿构造（黄再兴等，2013；余超等，2017）。深大断裂带（层）纵横交错，各类侵入岩充分发育并形成了金属矿床，具有特殊的地质构造背景和有利的成矿环境（张万益，2008）。研究区内古生代地层中褶皱、断裂较为发育，北东向、北西向断裂及次一级构造裂隙为铅锌低温热液矿床提供了有利的赋存空间（阮诗昆等，2009）。

4.4.1.3 岩浆活动与成矿的关系

自晚侏罗世以来，研究区及周边构造岩浆活动剧烈，且具有多期次的特征。岩浆活动是地壳活动的主要形式之一，许多内生矿床，特别是金属矿床的形成和分布都不同程度地受岩浆活动因素所控制（王伏泉，1991；辛杰，2018）。研究区陆相火山—次火山岩及中生代二长花岗岩体的发育为矿产的形成提供了必要的热源和物质来源（黄忠军，2011；王建平等，2003）。花岗质岩浆不仅从深部带来了大量的成矿物质，并在自身的分异演化中使其往岩体顶部和边部富集（赫英，1991；刘家远，2002；华仁民等，2003），而且往往扮演了“热能机”的作用，导致了成矿热液的对流循环（毛景文等，1998；张作衡等，2002）。随着花岗质岩浆在地壳浅部侵位与冷凝，在岩体的隆起部位常形成一系列断裂系统，此时体系处于开放状态。沿这些开放的断裂系统，花岗质岩浆自身演化形成的岩浆热液与地表较冷的大气降水发生混合，引起流体体系的温度骤然冷却以及物理化学条件的改变，导致钨的快速沉淀，形成含钨石英脉型矿床。

4.4.2 成矿规律

成矿规律就是研究矿床的空间关系、时间关系、物质共生关系及内在成因关系的总和。因此，要取得对成矿规律的正确认识，必须从时间、空间、物质成分3个方面进行综合分析。

4.4.2.1 成矿时间演化规律

矿产分布特征与成矿时间有着密切的关系，不同的成矿期具有不同的赋矿地层、岩浆热液活动、地质构造等。测区内生金属矿产成因类型主要为岩浆热液型、接触交代型，从成矿物质、成矿热液来源和矿（化）点的空间分布特征来看，测区成矿期主要为燕山成矿期。

区内燕山期岩浆活动强烈，侵入岩以酸性岩类及规模不等的酸性岩脉和石英脉为主，其中石英脉与成矿关系比较密切，严格控制区内热液型钨矿床的分布。

4.4.2.2 成矿空间分布规律

测区内古生代地层中褶皱、断裂较为发育，北东向、北西向断裂及次一级构造裂隙为铅锌低温热液矿床提供了有利的赋存空间，如古尔班陶勒以及贵勒苏图黑拉重点检查区内的铜锌矿化；中生代北东向和北西向断裂构造及裂隙对测区内矿产空间分布起着尤为重要的控制作用，控制着区内钨、钼、银、铅、锌热液矿床的分布，如区内额门昂格尔钨矿点、额门昂格尔银铅矿点等；区内巴彦塔拉凹陷和锡林乌苏凹陷控制区内含煤地层的分布范围，目前正处于预普查阶段，如内蒙古东乌旗沙麦煤田地质普查、内蒙古自治区东乌珠穆沁旗呼和敖包银铅锌矿普查和内蒙古自治区东乌珠穆沁旗白音霍布尔煤田翁特敖包矿区煤炭预查。

自晚侏罗世以来，测区内构造岩浆活动频繁，主要受北东向构造控制。测区内矿点分布与中侏罗世中细粒黑云二长花岗岩和晚侏罗世中细粒黑云母二长花岗岩关系较为密切，矿体主要分布于岩体内的石英脉中，且靠近石英脉的岩体也为含矿岩石。如郭好拔脱银多金属矿点位于中侏罗世中细粒黑云二长花岗岩内的石英脉中；准阿都楚鲁巴润鲁钨多金属矿点位于晚侏罗世中细粒黑云母二长花岗岩中的石英脉及岩体中。

4.4.2.3 物质成分

研究区的异常空间分布总体上为北东向，与区域构造线方向一致。异常的形成与侏罗纪黑云母二长花岗岩关系密切，元素组合为 W、Mo、Bi、Ag、Pb、Zn 等多金属成矿元素；部分异常分布于酸性花岗岩和泥盆系安格尔音乌拉组的接触带上，元素组合主要为 Ag、Pb、Zn、Au。异常内多具褐铁矿化、绿帘石化、角岩化、绢云母化、云英岩化、磁铁矿化等蚀变现象，是寻找热液型钨、钼、银、铅多金属矿有利地段（王辉，2019）。测区不同时代地层控制不同的矿产，例如安格尔音乌拉组土壤中 Au、As、Sb、Cu、Zn、Sn、Mo、W、Bi、Co、Li、Ni、Y、Nb、La 表现相对富集，As、Sb、W、Bi 具强分异特征，Au、Cu、Mo、Ag、Co、Li、Ni 元素具有明显分异特征。地层中所富集的元素恰恰是该地区内的成矿元素，这反映了地层可能提供矿质来源。此外，区域上安格尔音乌拉组地层与侵入岩的接触带上有低温热液型萤石矿、铅锌矿及多金属矿，其中萤石矿规模较小，可作找矿线索，且形成的铅锌矿及多金属矿品位较高，有进一步找矿的意义。

4.4.3 找矿标志

找矿标志包括地质、地球物理、地球化学的特征信息。地质标志主要有控矿和赋矿地层、岩石、构造、岩浆岩、围岩蚀变、赋矿部位；地球物理标志主要有目标物的磁、电、重力、放射性等物理性质和相应的地球物理异常特征；地球化学标志主要有目标物的地球化学成分及相应的岩石、水系沉积物、土壤、地下水地球化学异常特征。根据本区矿化特征，较为显著的找矿标志有：控矿和赋矿地层标志、构造标志、围岩蚀变标志、地球化学标志、地球物理标志等。

4.4.3.1 含矿围岩标志

该区矿产多为热液型矿床，主要产于中细粒黑云母二长花岗岩、中细粒斑状黑云母二长花岗岩以及石英脉中，它们共同构成含矿的主体岩石。

4.4.3.2 构造标志

本区北东向、北西向断裂构造发育，且与成矿关系较为密切。在实际工作中，要注意寻找受控于北东向和北西向张性断裂控制的石英脉和矿化蚀变带。

4.4.3.3 矿化蚀变标志

主要围岩蚀变有褐铁矿化、角岩化、绢云母化、云英岩化，其次为黄铁矿化、磁铁矿化、绿帘石化。

（1）褐铁矿化：在区内金属矿矿点中均有发育，与矿化有密切相关，是直接的找矿标志。

（2）角岩化+绢云母化：一般呈北东南西向分布，主要发育在花岗岩体与围岩外接触带中，是寻找岩浆热液型矿产的良好标志。

（3）云英岩化：云英岩及云英岩化花岗岩多为含钨石英脉直接蚀变围岩，又往往形成独立矿体。因此花岗岩类云英岩化蚀变可作为钨矿的直接找矿标志。

4.4.3.4 地球化学找矿标志

As、Pb、Zn、W、Mo、Ag 等元素异常面积大、吻合较好、浓集中心明显的区域，同时异常区断裂裂隙构造、中细粒黑云母二长花岗岩、中酸性脉岩、围岩蚀变发育，是寻找钨、钼、银等多金属矿产的有利部位。

本区成矿区内是 W、Mo 等元素的地球化学高背景区，Pb、Ag 元素分布有强度较高、面积较大的异常，是良好的地球化学找矿标志。

4.4.3.5 地球物理标志

钨矿化多与酸性侵入体中的石英脉有关，含钨石英脉电阻率相对侵入体高；激电剖面上电阻率背景值 1000Ω · m 左右，异常区电阻率 3000Ω · m，视极化率值在 2%～3%，变化较为剧烈的部位；新发现两处钨矿点综合剖面均如此反映。因此上述激电特征是寻找钨多金属矿化有利地段的找矿地球物理标志。

4.5 结　论

（1）研究区内古生代地层中褶皱、断裂较为发育，北东向、北西向断裂及次一级构造裂隙为铅锌低温热液矿床提供了有利的赋存空间。中生代北东向和北西向断裂构造及裂隙对研究区内矿产空间分布起着尤为重要的控制作用，控制着区内钨、钼、银、铅、锌热液矿床的分布。

（2）矿产分布特征与成矿时间有着密切的关系，不同的成矿期具有不同的赋矿地层、岩浆热液活动、地质构造等。研究区内生金属矿产成因类型主要为岩浆热液型、接触交代型，从成矿物质、成矿热液来源和矿（化）点的空间分布特征来看，研究区成矿期主要为燕山成矿期。

（3）对矿产分布规律进行了初步总结，明确了找矿标志，对研究区进行矿产预测，初步确定区内优势矿种为钨、银、铅，矿床类型主要为热液型矿床。认为本区具有进一步工作的价值，可开展预普查工作，有希望找到有经济价值的工业矿床。

5 内蒙古赤峰万合永及周边金、钼、铜、银、铅、锌多金属矿调查与研究

5.1 区域地质背景

万合永位于大兴安岭南端西拉木伦河南侧，出露的地层主要为中二叠统于家北沟组（P_2y），侏罗系中统万宝组（J_2wb）、土城子组（J_2t），上统满克头鄂博组（J_3mk）、玛尼吐组（J_3mn）和白音高老组（J_3b）。区域中新元古代—古生代大地构造位置处于华北板块（Ⅳ），华北北部陆缘增生带（$Ⅳ_1$），镶黄旗—赤峰火山型被动陆缘（$Ⅳ_1^2$）；中生代—新生代受东部滨太平洋板块对欧亚板块俯冲的影响，属滨太平洋陆缘构造带。区域内岩浆活动强烈，侵入岩种类繁多，以中酸性岩类为主，分布较广泛，多呈岩株、岩脉状产出。侵入岩从古生代到中生代均有不同程度的出露，呈现出多阶段、多期次侵入的特点。其中燕山晚期岩浆活动尤为活跃，形成的侵入岩规模大，脉岩发育，在断裂构造发育区或地层接触带易于形成热液型矿床。区域内主构造线方向为北东向，其次为北西、南北、东西向。北东断裂构造控制着区内晚古生代地层和中生代花岗岩体的展布，北西向断裂控制着区内多数小型矿床、矿（化）点分布在其附近。

5.2 成矿地质条件分析

5.2.1 地层状况

区域内地层分布广泛。出露古生代、中生代及新生代地层，其中中生代和新生代地层最为发育。其古生代地层区划属华北地层大区，内蒙古草原地层区，赤峰地层分区；中新生代地层划属为滨太平洋地层区，大兴安岭—燕山地层分区，乌兰浩特—赤峰地层小区。

万合永地层单位特征一览表见表5-1。

表 5-1　万合永地层单位特征一览表

界	系	统	组	代号	厚度/m	分布地点	主要岩性组合特征	矿化、蚀变特征
新生界	新近系	上新统	百岔河玄武岩	$N_2b\beta$	>70	高家营子及百岔河沟两壁	灰色、深灰色、灰黑色，块状、气孔-杏仁状碱性橄榄玄武岩	
		中新统	汉诺坝组	N_1h	>574	测区内大面积分布	灰色—深灰色、灰黑色，块状、气孔状—杏仁状碱性橄榄玄武岩夹松散砂砾石层	煤
中生界	侏罗系	晚侏罗统	白音高老组	J_3b	>350	永远明及好来沟一带	浅灰色、灰白色、灰紫色，流纹岩、流纹质火山角砾岩、英安质晶屑玻屑熔结凝灰岩、凝灰质砂砾岩、沉积凝灰岩	岩石具褐铁矿化
			玛尼吐组	J_3mn	>1873	测区北部大面积分布	灰绿色、灰色、灰紫色、深灰色，块状（杏仁状）安山岩，夹凝灰质砂砾岩和凝灰质粗中粒杂砂岩、英安岩、英安质晶屑熔结凝灰岩	岩石具褐铁矿化、硅化、铁锰矿化，内见铅锌矿点
			满克头鄂博组	J_3mk	>989	测区南、东部大面积分布	紫灰色流纹岩、灰色流纹质晶屑熔结凝灰岩、灰色英安质含角砾玻屑凝灰岩夹沉角砾岩屑凝灰岩	具褐铁矿化、铁锰矿化、绿帘石化、镜铁矿化，孔雀石，铅锌矿化
		中侏罗统	土城子组	J_2t	>434	河南营子	上部，灰黄色钙质中细粒长石岩屑砂岩与紫色钙质粉砂岩互层。下部，灰色、灰紫色砂砾岩、含砾粗粒岩屑砂岩及少量粉砂岩	
			万宝组	$J_2\omega b$	>138.4	新开地幅邱家营子一带	灰色、灰黑色砂砾岩、砂岩、粉砂岩组合	
古生界	二叠系	中二叠统	于家北沟组	P_2y^3	>574	乌拉苏及怀都坤	上部，灰色、灰紫色、紫色变质中-细粒钙质长石岩屑砂岩，变质钙质粉砂岩，含植物化石碎片。下部，黄绿色、灰紫色变质钙质细-粉砂岩、钙质粉砂质板岩	岩石具褐铁矿化、硅化、铁锰矿化，内见两个小型铜矿床

续表 5-1

界	系	统	组	代号	厚度/m	分布地点	主要岩性组合特征	矿化、蚀变特征
古生界	二叠系	中二叠统	于家北沟组	P_2y^2	>3202	西沟—柳条子沟	上部，灰色厚层层纹状灰岩夹灰黄色中厚层长石石英砂岩。中部，灰色、深灰色粉砂质板岩、钙质粉砂质板岩、变质细粒岩屑砂岩夹变质凝灰质含砾中-粗粒（长石）杂砂岩。下部，灰色、深灰色、灰黄色变质细粒岩屑砂岩、变质粉砂岩、含粉砂板岩	岩石具褐铁矿化、硅化、铁锰矿化，内见数个银、铅、锌矿(化)点
				P_2y^1	>908	张家营子—大托何	灰色、灰黄色变质砂质砾岩、变质含砾粗-中粒岩屑砂岩、变质中细粒岩屑砂岩夹变质中细粒岩屑杂砂岩、板岩等	岩石具褐铁矿化、铁锰矿化，内见两个钼矿化点

5.2.1.1 古生界

古生界地层主要分布于万合永中西部，空间上呈近北东—南西向展布。岩石主体为一套海陆交互相沉积，岩石为灰绿、灰色、灰黑色变质砂岩、砂砾岩、变质粉砂岩和粉砂质板岩组合。

二叠系中统于家北沟组（P_2y）介绍如下。

A 基本特征

于家北沟组（P_2y）主要分布于张家营子—大托河、西沟—柳条子沟、坏都坤一带，整体呈北东向分布，倾角 30°~75°。与上覆上侏罗统满克头鄂博组为角度不整合接触，按岩性分为三段。

一段（P_2y^1）主要分布在张家营子—大托河一带，北东向展布，倾角 30°~46°，厚度大于 908m。

二段（P_2y^2）主要分布在西沟—柳条子沟一带，北东向展布，倾角 50°~75°，厚度大于 3202m。

三段（P_2y^3）主要分布于乌拉苏及怀都坤一带，北东向展布，倾角 60°~80°，厚度大于 574m。

B 地球化学特征及含矿性分析

一段土壤样品中 Sb、W、Pb、Bi、As、Au 元素富集特征明显，其富集系数均大于 1.2；其中 W、Bi、Au 元素变异系数大于 1.0，具强分异特征，成矿的可能性最大，Zn、Mo、Ag、Sb、Pb、As元素变异系数介于0.5~1.0，分异特征明显，表明这几种元素也有一定集散，也具有成矿的可能。

二段土壤样品中富集Zn、Mo、Ag、Sb、Pb、Bi、As、Au元素，其余元素含量接近全区均值。Cu、Zn、Mo、Ag、Sb、Pb、Bi、As、Au元素的变异系数均大于1.0，具强分异特征，表明Zn、Mo、Ag、Sb、Pb、Bi、As、Au元素测区内富集成矿的可能性大。

三段土壤样品中富集Ag、Sb、W、Pb、Bi、As元素，贫Mo元素，其余元素含量接近全区均值或背景值；Mo、Ag、Sb、W、Pb、Bi、As、Au元素的变异系数大于1.0，具强分异特征，Cu、Zn元素变异系数介于0.5~1.0，分异特征明显，其余元素具弱分异特征。Ag、Sb、W、Pb、Bi、As在测区内集散程度高，有富集成矿的可能。

5.2.1.2 中生界

中生界地层分布较广，主要分布于万合永西北部，出露面积约351.67km^2，占全区面积的26.39%，呈近北东—南西向展布。中侏罗世以一套灰色、灰紫色砂砾岩、含砾粗粒岩屑砂岩、钙质中细粒长石岩屑砂岩和钙质粉砂岩组合，分布范围较小；晚侏罗世以一套中酸性火山碎屑岩、火山熔岩、火山碎屑沉积岩为特征，喷发强度大，分布范围较广。下部以角度不整合于家北沟组之上，上部被新生界汉诺坝组玄武岩角度不整合覆盖。

A 中侏罗统万宝组（$J_2\omega b$）

a 基本特征

万宝组（$J_2\omega b$）主要分布于邱家营子一带。岩层总体呈北西向连续展布，倾角变化较大，为18°~50°。万宝组分布于山麓边缘。该组上与满克头鄂博组下段不整合接触，未见底。万宝组为内陆河流相—湖沼相的碎屑岩夹火山岩沉积。

b 地球化学特征及含矿性分析

地层中富集Sb、As元素，贫Bi、Au元素，其余元素含量接近全区均值；Mo、As元素的变异系数均大于1.0，具强分异特征，表明Mo、As元素在测区有一定集散，具成矿的可能。

B 中侏罗统土城子组（J_2t）

a 基本特征

土城子组（J_2t）主要分布于偏坡营子及河南营子一带，整体呈近北东向分布。控制厚度为434m。与下伏中二叠统于家北沟组呈角度不整合接触，与上覆上侏罗统满克头鄂博组呈角度不整合接触。

b 地球化学特征及含矿性分析

土壤样品中富集 Sb、As 元素，贫 Bi、Au 元素，其余元素含量接近全区均值；Mo、HS 元素的变异系数均大于 1.0，具强分异特征，表明 Mo、As 元素在测区有一定集散，具成矿的可能，其余元素分异特征不明显或具弱分异特征。

C 上侏罗统满克头鄂博组（J_3mk）

a 基本特征

满克头鄂博组（J_3mk）主要于测区南、东部大面积出露，控制厚度为 989m。与下伏中二叠统于家北沟组呈角度不整合接触，上覆与中新统汉诺坝组呈角度不整合接触。

b 地球化学特征及含矿性分析

土壤样品中富集 W、Pb 元素，贫 Cu 元素，其余元素含量接近全区均值或者背景值，Zn、Mo、Ag、Pb、Bi、As 元素的变异系数均大于 1.0，具强分异特征，Cu、Sb、W、Hg、Au 元素变异系数介于 0.5~1.0，具明显分异特征。Pb、W 元素在测区内集散程度较高，易富集成矿。

D 上侏罗统玛尼吐组（J_3mn）

a 基本特征

玛尼吐组（J_3mn）主要分布于测区西北部，倾角在 25°~40°，控制厚度为 1873m。其下与满克头鄂博组以安山岩大量出现为界，其上以酸性火山岩大量出现与白音高老组分界。

b 地球化学及含矿性分析

土壤样品中富集 Mo、W、Bi 元素，贫 Cu 元素，其余元素含量接近全区均值或背景值。其中 Mo、Sb、W、Pb、Bi、As 元素的变异系数均大于 1.0，具强分异特征，表明上述元素在测区具成矿的可能。其余元素变异系数介于 0.5~1.0，具明显分异特征。

E 上侏罗统白音高老组（J_3b）

a 基本特征

白音高老组（J_3b）主要分布于永远明及好来沟一带。倾角一般在 20°~30°，控制厚度为 350m。其下与玛尼吐组中性火山岩整合接触。出露较少，岩性也比较单一。

b 地球化学及含矿性分析

土壤样品中富集 Sn、W 元素，贫 Cu、Mo、Ag、Sb、Bi、Au 元素，其余元素含量接近全区均值。Cu、Mo、W、Bi、As 元素变异系数大于 1.0，具强分异特征，其他元素的变异系数小于 0.5，均匀分布。W 元素在该地层内易富集成矿。

5.2.1.3 新生界

新生界地层分布范围最广，约占全区面积的 63.58%。新近系地层主要分布于测区的中、西部。其中百岔河玄武岩多出露于沟两壁；汉诺坝组多被亚砂土覆盖，仅出露于沟壁或沟底；第四系占测区面积的 12.01%，沿沟谷北东向展布。以角度不整合覆盖于中生界地层之上。

A 新近系中新统汉诺坝组（N_1h）

a 基本特征

汉诺坝组（N_1h）是测区分布面积最广的地层单位，主要分布于测区中、西部，多被亚砂土覆盖，露头较少。该地层分布面积约 648.65km²，产状近水平，控制厚度为 210.8m。下伏不整合于晚侏罗世地层，上覆被第四系沉积物覆盖。

b 地球化学及含矿性分析

该地层内 Cu 元素土壤样品和岩石样品中集散程度均较高，变异系数大的特征，表明 Cu 元素在测区内属高背景区，易富集。

B 新近系上新统百岔河玄武岩（$N_2b\beta$）

a 基本特征

百岔河玄武岩（$N_2b\beta$）主要分布于高家营子及百岔河沟两壁，小面积出露，呈沟谷阶地地貌，低于汉诺坝组玄武岩一个台阶，产状近乎水平，厚 30~70m。其下界喷发不整合于中新统汉诺坝组之上，上界被第四系黄土覆盖。

b 地球化学特征及含矿性分析

土壤样品中富集 Cu 元素，贫 Mo、Sb、W、Pb、Bi、As 元素，其余元素含量接近全区均值或背景值。Mo、Sb、W、Pb、Bi、As 元素的变异系数均大于 1.0，具强分异特征。Au 元素具弱分异特征。

5.2.2 侵入岩

区内侵入岩分布较广泛，空间上总体呈北东带状展布，形成时间上呈跳跃式延续，从古生代到中生代均有不同程度的出露，呈现出多阶段、多期次侵入的特点。侵入岩的产出均受区域构造控制，其成因具有一定的相似性。侵入岩主要集中分布于西部孟家营子—石匠沟一带及东部铁营子一带，侵入岩时代为晚二叠世、晚侏罗世，其中晚侏罗世侵入岩最为发育，共划分为 9 个单位，具体岩性、产状及其侵入关系见表 5-2。

表 5-2 测区侵入岩划分方案及特征一览表

时代	岩性	代号	侵入体个数	地质产状	面积/km²	与主要围岩接触关系	相关矿产（化）	同位素年龄/Ma
晚侏罗世	花岗斑岩	$J_3\gamma\pi$	7	小岩株	10.20	侵入 P_2y、J_3mk、J_3mn、$J_3\eta\gamma\beta$ 及 $J_3\gamma\beta$，被 N_1h 覆盖	—	—
	石英斜长斑岩	$J_3\nu\sigma\pi$	1	小岩株	5.42	侵入 J_3mn	金、铜	—
	粗中粒正长花岗岩	$J_3\xi\gamma^{cz}$	7	岩株	58.94	侵入 P_2y、J_3mk、J_3mn、$J_3\eta\gamma\beta$，被 N_1h 覆盖	—	156.0
	中细粒正长花岗岩	$J_3\xi\gamma^{zx}$	7	岩株	37.82	侵入 P_2y、J_3mk，被 N_1h 覆盖	—	141.4 ±1.6
	微细粒斑状黑云母花岗岩	$J_3\gamma\beta$	3	小岩株	3.02	侵入 P_2y、J_3mn 及 $J_3\xi\gamma^{cz}$	—	—
	中细粒黑云母二长花岗岩	$J_3\eta\gamma\beta$	4	岩株	34.45	侵入 P_2y、J_3mk 及 J_3mn	—	149.0 ±2.3
	细粒闪长岩	$J_3\delta$	7	小岩株	5.58	侵入 P_2y、J_3mk 及 J_3mn，被 N_1h 覆盖	铜、铅、锌	—
晚二叠世	中细粒石英闪长岩	$P_3\delta o$	1	小岩株	2.01	侵入 P_2y	萤石	—
	安山岩	$P_3\alpha$	3	岩株	7.05	侵入 P_2y，被 $J_3\xi\gamma^{cz}$ 侵入	—	—

5.2.2.1 脉岩发育情况

区内脉岩发育较一般，且分布极不均匀，呈北东向、北北东向及北西向，集中出露于测区西北部中二叠统于家北沟组（P_2y）及晚侏罗世侵入岩体中，多分布于岩体的外接触带或构造裂隙。中性、酸性脉岩均有出露，均为区域性脉岩，其侵入时代均为燕山期。主要脉岩有闪长岩脉（δ）、闪长玢岩脉（$\delta\mu$）、花岗斑岩脉（$\gamma\pi$）、石英二长岩脉（ηo）、流纹斑岩脉（$\lambda\pi$）及石英脉（q）等。

区内脉岩成矿地质条件差，与矿化有关的脉岩仅有部分花岗斑岩脉，例如区内永兴铜矿的矿体就赋存于变质粉砂岩与花岗斑岩脉外接触带，地表围岩可见褐铁矿化、绿帘石化和孔雀石化。

5.2.2.2 侵入岩与成矿作用的关系

本区侵入岩共分两个期次，由晚二叠世和晚侏罗世侵入岩组成，不同期次的侵入岩与成矿作用的关系明显不同。现将侵入岩与成矿作用的关系分述如下。

A 晚二叠世侵入岩

岩性以中偏酸性岩石为主，表现为蚀变安山岩和中细粒石英闪长岩，岩石绿泥石化较发育，中细粒石英闪长岩体蚀变尤为明显，但多为岩石中所含暗色矿物蚀变引起；另在中细粒石英闪长岩体中，见有小规模的萤石矿脉。晚二叠世侵入岩体周边围岩也未见其他有意义的矿化蚀变，说明该期侵入岩既不是成矿物质的来源，也不是成矿作用的热源，与金属矿成矿作用无关。

B 晚侏罗世侵入岩

该期侵入岩分布广泛，但出露规模不一，与成矿作用密切相关的岩体为闪长岩、正长花岗岩、石英斜长斑岩、花岗斑岩。

随着岩浆侵入活动，伴有金、银、铜、铅、锌、钼等元素在接触带围岩时，形成矿化和矿床。如正长花岗岩与凝灰质砂岩接触时，形成接触交代型铁矿床（大黑山铁矿）；花岗斑岩脉中的含矿热液在外接触带构造裂隙发育时，沿构造裂隙充填形成脉状铜矿体（永兴铜矿）；石英斜长斑岩岩体分布受北东向断裂构造控制，后期含金热液沿裂隙充填，形成矿化蚀变并在有利地段富集成矿。

5.2.3 火山岩

测区火山活动强烈，经历了晚侏罗世、中新世及上新世的火山作用。晚侏罗世以中酸性火山熔岩、火山碎屑岩及次火山岩为特征，满克头鄂博组、玛尼吐组及白音高老组；中新世以基性火山岩喷溢为特征，即汉诺坝组玄武岩；上新世同样以基性火山岩喷溢为特征，称百岔河玄武岩。

5.2.3.1 晚侏罗世火山岩

根据其分布和岩石学特征、岩石组合及接触关系等特点，可分为满克头鄂博期、玛尼吐期和白音高老期。其演化特征由满克头鄂博期流纹质火山碎屑岩及流纹岩→玛尼吐期安山岩、英安岩及英安质火山碎屑岩→白音高老期流纹岩，清楚展示了火山岩浆由酸性→中（中酸）性→酸性的特点，分布较广。

晚侏罗世火山岩岩浆可能来源于下地壳的部分熔融，在上升过程中经过分异演化作用并同化了上地壳物质。结合区域构造背景，中生代测区处于靠近大陆边缘的大兴安岭陆内活动带中，晚侏罗世地壳处于 NW—SE 伸展拉张环境，断裂构造活动强烈，为岩浆富集运移提供了通道，导致岩浆侵入—喷发活动。说明晚侏罗世火山岩为活动板块边缘张性环境的产物。

5.2.3.2 新近纪火山岩

据火山喷溢的先后顺序，新近纪火山岩分为中新世汉诺坝期及上新世百岔河期，均为喷溢相，岩性单一，均为碱性橄榄玄武岩。前者在整个测区分布极广，形成熔岩高台地，后者集中分布于百岔河两岸，形成河谷熔岩阶地，后者喷发不整合于前者之上。

从汉诺坝期到百岔河期，新近纪火山岩 Ba 丰度降低，Rb、Be 丰度升高，Cr、Ni、Sr 丰度变化较大，其余元素丰度相近。与幔岩层平均丰度值比较，Cr、Ni 含量较低，Rb、Ba、Li、Zr、Hf 含量偏高。与中国玄武岩相比，P 含量相对贫化，反映岩浆起源于亏损地幔或地壳岩石；与幔岩层平均值相比，Zr 含量富集明显，指示原始岩浆混染入了地壳物质；以上特征表明岩浆可能来源于上地幔，在上升过程中同化了壳源物质。结合测区所处大地构造背景，可以认为新近纪火山岩属大陆板块内裂谷碱性玄武岩。

5.2.3.3 火山岩成矿地质条件分析

火山作用与深成岩浆活动有一定的相似性，均能提供成矿物质、运移载体以及能溶析或置换围岩中有用元素的热源。区内火山岩成矿地质条件较好的有上侏罗统满克头鄂博组及玛尼吐组的爆发相（空落相及火山碎屑流相）岩类，如英安质晶屑凝灰岩、流纹质含角砾晶屑玻屑熔结凝灰岩等。其受燕山晚期的岩浆侵入的影响，顺节理面充填各种成矿热液，富集有益元素，以铅、锌为主。故在上侏罗世统火山岩地层中普遍发育铁锰矿化、铅锌矿化。

5.2.4 变质岩

变质岩不发育，变质程度低，变质岩石类型以区域变质岩为主，次为动力变质岩及接触变质岩。

5.2.4.1 区域变质岩

区域变质岩主要由中二叠统于家北沟组（P_2y）组成，该岩系被侏罗系地层不整合覆盖，主要岩石类型为变质粉砂岩、变质细粒长石岩屑砂岩、变质中粗粒长石岩屑砂岩、变质砂质砾岩、粉砂质板岩等。其变质程度较低，原岩组构较清晰。

5.2.4.2 动力变质岩

动力变质岩沿断裂构造分布，测区内动力变质岩主要为构造角砾岩。沿断裂带分布，为透镜状角砾岩、砾岩，角砾成分复杂，主要为断层两盘的岩石类型，大小不等，一般为 30~150mm，表面有时见有擦痕，填隙物主要为泥质、铁质、硅质，胶结紧密。

5.2.4.3　接触变质岩

测区内接触变质岩较单一，黑云母二长花岗岩、正长花岗岩、石英斜长斑岩接触带上见角岩化、硅化英安质晶屑凝灰岩。

在西大营子一带，沿斜长板岩呈北东向，延长500m左右，宽约50m。岩石具英安质晶屑凝灰结构，块状构造。晶屑主要为长石，含极少量石英，长石呈宽板状，晶形较好，晶屑的质量分数在10%左右；其他成分主要由小于2mm的火山灰组成，被火山尘及水化学分解物质胶结，岩石抗风化能力较弱。

5.2.5　构造

测区内断裂构造发育，主要为北东向区域性断裂。断层走向30°~50°，均为逆断层。区内的成矿作用和矿产分布，明显受北东向断裂构造控制，是区内主要的控矿构造，北西向断裂规模较小，部分为容矿构造。区内已发现的小型矿床、矿点、矿化点63处，矿种类型有贵金属类金、银等，有色金属类有铜、铅、锌、铁、钨、钼。从各类矿点、矿化点、综合异常的空间展布特征以及与区域构造的关系上，发现测区矿产在空间上具有成群成带集中分布的特征，显示出明显的构造控矿特点。多旋回的构造运动和断裂活动，为含矿热液创造了运移和富集的良好空间。

东大营子—头道沟门北东向断裂构造带：该构造带控制了西大营子—鸡冠子山金、钼多金属成矿远景区的分布，前人在该构造带发现许多矿产地，其产出特征均与北东向构造破碎带或北西向蚀变带有关。成因类型为热液型。

万合永—吕家沟门北东向断裂构造带：该构造带控制二道沟—柳条沟铜、铅、锌多金属成矿远景区和头道沟门—天顺成铜、铅、锌多金属成矿远景区的分布，前人在北东向和北向断裂交会处与北东或北西向断裂带发现了许多矿产地，成因类型包括热液型、接触交代型。

炒米房—新开地北东向构造带：该构造带控制了炒米房—双庙铁多金属矿成矿远景区和怀都坤兑铅、锌多金属成矿远景区的分布，断裂构造带为继承性断裂，多形成于晚二叠世或晚侏罗世，该带形成的所有的矿点、矿化点基本形成于该时代，与北东向和北西向断裂构造带关系密切，成因类型包括热液型、接触交代型。

5.3　地球物理、地球化学及遥感特征

5.3.1　地球物理特征

5.3.1.1　区域重力异常特征

区域上该区重力场特征基本上是从西向东，方向由NE向逐渐过渡为NNE

向，布格重力异常值从西向东逐渐递增，从-120 毫伽逐渐递增为-10 毫伽。从图 5-1 可以看出，异常轴线也是从西向东，方向有 NEE—NE—NNE 的变化趋势。

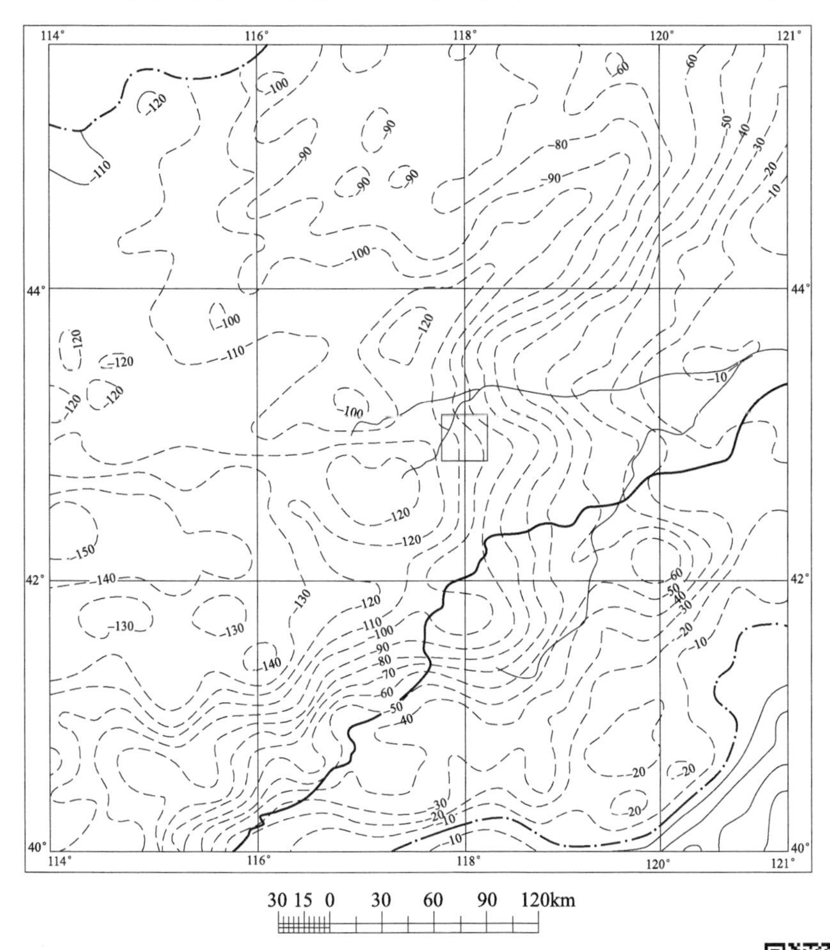

图 5-1 布格重力异常图

扫一扫
查看彩图

在西拉木伦河以南地区，重力场从北向南，显示了异常轴从北东过渡到东西向这一特点。测区西南部发育有规模不等的重力低圈闭。根据与地质体的对应关系分析，区内重力低圈闭，地表对应晚侏罗世和中新世火山岩，推测为中—新生代沉积凹陷或潜火山机构的反映；测区处于重力异常梯变带、转弯处。

布格重力场主要呈近北西向带状分布的负异常，由南西向北东逐渐增高。区内有数条北东向、北西向的重力异常带或重力高与重力低相间出现的重力异常带组成。布格重力异常比较客观地反映了工作区内主体构造线呈北北东向，断裂构造以发育北北东—北西向断裂为特征，褶皱构造枢纽与区域构造线方向基本一致，走向一般为北东向。其处于重力异常梯变带、转换带及重磁异常套合较好地段，亦是多金属矿成矿的有利部位。

5.3.1.2 区域航磁异常特征

测区内共圈出 44 处异常。测区东部的 1∶50000 航磁工作 1982 年完成，对下一步找矿有指示意义的共 5 处（已设置矿权不考虑）。

A 鸡冠子 C-2011-562 航磁异常

异常位于测区中西部，万合永幅（K50E006016）的西南角。磁异常似椭圆形呈北东东向展布，长为 3.6km，宽为 1~1.5km，强度为 220~330nT，其等值线密集。异常位于上侏罗统玛尼吐组（J_3mn）凝灰岩中，南东侧出露晚侏罗世黑云母二长花岗岩（$J_3\beta\eta\gamma$），岩体与地层接触带上有硅化蚀变现象及角岩化现象，异常附近发现一个钼矿化和铅锌矿化，推断该磁异常由含磁性物质引起。

B 前营子 C-2011-598 航磁异常

该航磁异常位于测区中西部，吕家沟门幅的中北部。磁异常似椭圆形呈北东向展布，长为 3.7km，宽为 1.2km，强度为 90~240nT，异常等值线相对稀疏。异常南西段位于晚侏罗世黑云母二长花岗岩（$J_3\beta\eta\gamma$）岩体中。北东段出露上侏罗统满克头鄂博组（J_3mk）酸性熔岩中。异常附近已发现铅锌矿化点和镜铁矿化。推断异常为含磁性物质引起。

C 河落沟 C-1982-1 航磁异常

该航磁异常位于测区中北部，万合永幅东南。磁异常呈椭圆状，范围为 $1.5\times1.1km^2$，中心强度为 480nT，其等值线北西密南东疏，为低缓背景场与波动负磁场交界处升高的宽缓正磁异常。异常区出露中二叠统于家北沟组（P_2y^2），岩性为粉砂质板岩、细砂岩、凝灰砂砾岩；西部为小面积出露的晚二叠世侵入岩，浅灰—灰绿色蚀变安山岩（$P_3\alpha$）；北部为大面积出露的晚侏罗世正长花岗岩（$J_3\xi\gamma$）；地层中发育花岗斑岩脉。浅灰-灰绿色蚀变安山岩与晚侏罗世正长花岗岩接触带见明显的角岩化和硅化蚀变现象，推断异常为隐伏中酸性岩体引起。

D 籍家营子 C-2011-595 航磁异常

该航磁异常位于测区中西部，吕家沟门幅的中北部。正负交替背景场中升高的小峰状异常，磁异常呈蚕豆状，走向近东西，长为 1.4km，宽为 800m，中心强度为 440nT，其等值线北密南疏。异常位于上侏罗统玛尼吐组（J_3mn）凝灰岩、碎屑凝灰岩中。西侧出露于家北沟组（P_2y^1）粉砂质板岩、细砂岩，二者为不整合接触。异常附近发现多个铅锌矿化点，推断该磁异常由含磁性物质引起。

E 陶高林场 C-2011-566 异常

异常位于万合永幅西北部。该磁异常为叠加于负磁异常场的局部椭圆状正磁异常，北侧磁场低，南侧磁场较同，走向近东西向，长为 1.2km，宽为 600~900m，中心强度为 290nT；剖面平面图异常曲线宽缓，具深源场的特点。异常区内出露地层主要为中二叠统于家北沟组下段的一套变质粉砂岩、变质中细粒砂岩及变质粗粒砂岩组合，岩石表面普遍发育褐铁矿化，并多见细小石英脉无规则状穿插。侵入岩为晚侏罗世细粒闪长岩，与异常范围相吻合，推断异常为闪长岩体引起。

5.3.2 地球化学特征

通过化探扫面工作，发现地球化学异常，进行区域元素地球化学分布、分配和富集特征规律的研究，对具有较大资源潜力的异常进行查证。结合区内综合矿产信息，分析测区成矿地质条件，研究地层、火山岩、侵入岩、构造等与成矿作用的关系，总结找矿规律和圈定成矿远景区。

5.3.2.1 全区地球化学特征

计算了测区土壤和岩石的元素相对富集系数［$C3$=测区土壤（岩石）元素平均含量（未剔除）/大兴安岭中南段水系沉积物（岩石）元素平均含量］。$C3\geqslant 1.2$ 为相对富集；$C3<0.8$ 为相对贫化；$0.8\leqslant C3\leqslant 1.2$ 为无明显的贫化与富集。研究测区元素分异性时，用分异系数 Cv 表示［Cv=土壤(岩石)各元素含量的均方差(So)/元素含量的平均值(X)］。当 $Cv\geqslant 1.0$ 时认为元素分布极不均匀，属强分异型；$0.5\leqslant Cv<1.0$ 表示元素分布不均匀，属明显分异型；当 $Cv<0.5$ 时，为均匀分布。

A 岩石、土壤元素富集特征

从表 5-3、表 5-4 及图 5-2 可以看出，岩石中呈富集状态的元素有 Mo、Cu、W、Sb、Bi、Au，其三级浓集克拉克值（$C3$）均大于 1.2，呈相对富集特征；Pb、Sn、As、Pb 元素三级浓集克拉克值（$C3$）为 1.2~0.8，与大兴安岭中南段元素背景值相当，富集与贫化特征不明显。土壤中呈富集状态的元素为 Cu、Au、Zn、Ag、Sb、Bi，其三级浓集克拉克值（$C3$）大于 1.2，呈相对富集特征。W、Pb、Sn、As 元素三级浓集克拉克值（$C3$）小于 0.8，呈贫化状态。

表 5-3 主要地质单元水系沉积物（土壤）元素地化特征值统计表

主要地质单元	地层代码	样品总数	Cu				Zn				Mo				Ag			
			X	*So*	*Cv*	*C4*	*X*	*So*	*Cv*	*C4*	*X*	*So*	*Cv*	*C4*	*X*	*So*	*Cv*	*C4*
第四系	Qh	556	32.91	27.76	0.84	0.98	101.5	142.02	1.4	0.99	1.69	2.83	1.68	0.89	0.16	0.85	5.15	1.19
乌尔吉组	$Qp_3^2\omega$	331	29.4	17.16	0.58	0.87	94.26	46.75	0.5	0.92	1.94	3.08	1.59	1.02	0.13	0.08	0.62	0.97
百岔河玄武岩	$N_2b\beta$	84	46.41	18.33	0.39	1.38	106.23	27.14	0.26	1.04	1.59	0.81	0.51	0.84	0.13	0.04	0.34	0.93
汉诺坝组	N_1h	2645	47.95	21.38	0.45	1.42	106.97	38.91	0.36	1.04	1.46	1.59	1.09	0.77	0.11	0.05	0.47	0.82
白音高老组	J_3b	84	17.81	16.72	0.94	0.53	88.11	25.69	0.29	0.86	1.13	0.78	0.69	0.6	0.11	0.03	0.31	0.79
玛尼吐组	J_3mn	508	26.93	17.72	0.66	0.8	101.76	63.16	0.62	0.99	4.04	32.21	7.97	2.14	0.14	0.12	0.83	1.04
满克头鄂博组	J_3mk	1505	23.92	19.24	0.8	0.71	115.53	195.99	1.7	1.13	2.12	6.2	2.93	1.12	0.16	0.23	1.42	1.17
土城子组	J_2t	19	27.83	13.3	0.48	0.82	87.62	23.1	0.26	0.86	1.65	2.08	1.26	0.88	0.12	0.03	0.28	0.86
于家北沟组三段	$P_2\gamma^3$	159	38.66	21.82	0.56	1.15	111.85	98.73	0.88	1.09	1.44	4.59	3.18	0.76	0.17	0.45	2.61	1.26
于家北沟组二段	$P_2\gamma^2$	513	35.23	49.83	1.41	1.04	131.54	219.55	1.67	1.28	2.39	15.92	6.66	1.26	0.23	0.91	3.93	1.67
于家北沟组一段	$P_2\gamma^1$	246	30.85	11.53	0.37	0.91	115.36	78.18	0.68	1.13	1.98	1.84	0.93	1.05	0.14	0.1	0.71	0.99
花岗斑岩	$J_3\gamma\pi$	50	32.74	22.09	0.67	0.97	115.26	84.69	0.73	1.13	1.77	0.83	0.47	0.94	0.15	0.08	0.51	1.08
石英斜长斑岩	$J_3\nu\sigma\pi$	31	20.14	10.41	0.52	0.6	83.95	67.66	0.81	0.82	1.29	1.02	0.79	0.68	0.2	0.3	1.55	1.42
粗中粒正长花岗岩	$J_3\xi\gamma^{cz}$	425	9.97	14.11	1.42	0.3	31.45	37.66	1.2	0.31	0.94	1.14	1.21	0.5	0.07	0.05	0.77	0.5
黑云母二长花岗岩	$J_3\eta\gamma\beta$	164	9.71	11.86	1.22	0.29	38.78	41.99	1.08	0.38	3.06	22.18	7.24	1.62	0.08	0.06	0.67	0.6
中细粒正长花岗岩	$J_3\xi\gamma^{zx}$	249	21.42	24.6	1.15	0.63	71.06	68.14	0.96	0.69	1.65	2.45	1.48	0.88	0.14	0.21	1.54	0.98
闪长岩	$J_3\delta$	66	35.82	29.16	0.81	1.06	125.27	70.72	0.56	1.22	1.36	0.88	0.64	0.72	0.15	0.11	0.74	1.1
蚀变安山岩	$P_3\alpha$	26	29.78	11.37	0.38	0.88	115.31	67.18	0.58	1.13	1.02	0.77	0.76	0.54	0.17	0.24	1.44	1.22
流纹斑岩	$\lambda\pi J_3$	38	27.53	17.1	0.62	0.82	94.65	44.44	0.47	0.92	2.73	3.73	1.37	1.44	0.13	0.09	0.7	0.94
算术平均全区		7708	33.74	26.4	0.78	1	102.43	119.78	1.17	1	1.89	10.31	5.45	1	0.14	0.36	2.58	1
大兴安岭中南段水系沉积物平均值			14.4				66.9				1.04				0.095			
C3			2.34				1.53				1.82				1.474			

续表 5-3

主要地质单元	地层代码	样品总数	Sn				Sb				W				Pb			
			X	So	Cv	$C4$	X	So	Cv	$C4$	X	So	Cv	$C4$	X	So	Cv	$C4$
第四系	Qh	556	2.52	1.08	0.43	1.02	1.24	2.8	2.25	1.2	1.82	2.28	1.26	1.12	27.98	130.43	4.66	1.13
乌尔吉组	$Qp_3^2\omega$	331	2.17	1.05	0.48	0.88	1.34	1.44	1.08	1.29	1.63	1.27	0.78	1	24.26	23.02	0.95	0.98
百岔河玄武岩	$N_2b\beta$	84	2.36	0.45	0.19	0.95	1.02	1.24	1.22	0.98	1.55	3.75	2.42	0.95	16.69	10.08	0.6	0.67
汉诺坝组	N_1h	2645	2.41	0.61	0.25	0.97	0.51	0.56	1.08	0.5	0.99	1.06	1.07	0.6	14.78	19.39	1.31	0.6
白音高老组	J_3b	84	3.49	1.5	0.43	1.41	0.78	0.36	0.46	0.75	2.35	1.54	0.66	1.44	23.65	8.18	0.35	0.95
玛尼吐组	J_3mn	508	2.39	1.41	0.59	0.96	1.12	1.11	1	1.08	2.1	3.57	1.7	1.29	29.03	42.57	1.47	1.17
满克头鄂博组	J_3mk	1505	2.93	1.16	0.4	1.18	1.17	1.09	0.94	1.13	2.1	1.38	0.66	1.29	37.55	70.2	1.87	1.51
土城子组	J_2t	19	2.74	0.84	0.31	1.1	1.5	1.2	0.8	1.44	1.64	0.6	0.37	1	23.05	7.46	0.32	0.93
于家北沟组三段	$P_2\gamma^3$	159	2.63	0.89	0.34	1.06	1.63	1.69	1.03	1.57	2.06	2.12	1.03	1.26	33.48	117.46	3.51	1.35
于家北沟组二段	$P_2\gamma^2$	513	2.53	0.85	0.33	1.02	2.23	2.81	1.26	2.15	1.71	1.07	0.63	1.05	34.96	76.23	2.18	1.41
于家北沟组一段	$P_2\gamma^1$	246	2.69	1.2	0.44	1.08	2.74	1.57	0.57	2.64	2.81	6.14	2.19	1.72	31.05	25.26	0.81	1.25
花岗斑岩	$J_3\gamma\pi$	50	2.44	0.81	0.33	0.98	1.23	1.17	0.95	1.18	2.88	5.73	1.99	1.76	29.47	25.28	0.86	1.19
石英斜长斑岩	$J_3\nu\sigma\pi$	31	1.3	0.24	0.18	0.52	1.45	1.16	0.8	1.4	1.02	0.23	0.23	0.63	25.61	28.03	1.09	1.03
粗中粒正长花岗岩	$J_3\xi\gamma^{cz}$	425	1.7	0.67	0.39	0.68	0.57	0.52	0.92	0.54	1.53	3.68	2.41	0.94	15.54	20.2	1.3	0.63
黑云母二长花岗岩	$J_3\eta\gamma\beta$	164	1.84	0.92	0.5	0.74	0.49	0.52	1.06	0.47	1.33	1.36	1.02	0.82	15.44	11.5	0.74	0.62
中细粒正长花岗岩	$J_3\xi\gamma^{zx}$	249	2.22	0.96	0.43	0.89	0.88	0.82	0.93	0.85	2.36	2.99	1.27	1.44	25.88	41.6	1.61	1.04
闪长岩	$J_3\delta$	66	2.61	1.25	0.48	1.05	2.49	1.54	0.62	2.4	2.09	2.21	1.06	1.28	32.9	35.06	1.07	1.33
蚀变安山岩	$P_3\alpha$	26	2.23	0.55	0.25	0.9	2.17	1.48	0.68	2.09	1.37	0.48	0.35	0.84	49.61	68.53	1.38	2
流纹斑岩	$\lambda\pi J_3$	38	2.79	1.68	0.6	1.12	1.32	0.75	0.57	1.27	1.96	1.5	0.76	1.2	24.23	18.13	0.75	0.98
算术平均全区		7708	2.48	1	0.4	1	1.04	1.48	1.42	1	1.63	2.31	1.41	1	24.8	57.9	2.33	1
大兴安岭中南段水系沉积物平均值			2.83				0.73				1.68				23			
$C3$			0.88				1.42				0.97				1.08			

续表 5-3

主要地质单元	地层代码	样品总数	Bi				As				Hg				Au			
			X	*So*	*Cv*	*C4*	*X*	*So*	*Cv*	*C4*	*X*	*So*	*Cv*	*C4*	*X*	*So*	*Cv*	*C4*
第四系	Qh	556	0.45	1.47	3.26	1.07	17.93	44.7	2.49	1.33	11.11	5.93	0.53	0.92	1.03	2.83	2.75	1.1
乌尔吉组	$Qp_3^2\omega$	331	0.23	0.32	1.37	0.55	18.17	22.43	1.23	1.35	15.71	11.41	0.73	1.3	1	0.92	0.92	1.07
百岔河玄武岩	$N_2b\beta$	84	1	4.99	5	2.37	31.34	70.22	2.24	2.33	14.52	7.88	0.54	1.2	1.24	2.18	1.76	1.32
汉诺坝组	N_1h	2645	0.17	0.94	5.72	0.39	6.33	8.16	1.29	0.47	12.48	5.54	0.44	1.03	0.95	0.55	0.58	1.01
白音高老组	J_3b	84	0.25	0.13	0.5	0.59	11.63	8.43	0.72	0.87	11.86	4.73	0.4	0.98	0.71	0.29	0.41	0.75
玛尼吐组	J_3mn	508	0.57	2.87	5	1.36	14.56	34.55	2.37	1.08	12.84	7.42	0.58	1.06	0.83	0.49	0.59	0.89
满克头鄂博组	J_3mk	1505	0.37	1	2.72	0.87	11.27	29.72	2.64	0.84	11.4	6.68	0.59	0.94	0.88	0.74	0.84	0.94
土城子组	J_2t	19	0.31	0.13	0.4	0.74	30.08	36.3	1.21	2.24	11.85	5.8	0.49	0.98	0.75	0.3	0.4	0.8
于家北沟组三段	$P_2\gamma^3$	159	0.51	1.47	2.86	1.22	18.36	36.65	2	1.37	13.73	5.93	0.43	1.14	1.04	1.13	1.08	1.11
于家北沟组二段	$P_2\gamma^2$	513	0.69	4.9	7.07	1.64	27.5	40.41	1.47	2.05	12.66	7.32	0.58	1.05	1.14	1.25	1.09	1.22
于家北沟组一段	$P_2\gamma^1$	246	1	2.45	2.46	2.37	60.71	53.75	0.89	4.52	13.26	4.54	0.34	1.1	1.28	1.39	1.08	1.37
花岗斑岩	$J_3\gamma\pi$	50	1.16	2.28	1.96	2.75	13.92	28.63	2.06	1.04	11.98	7.46	0.62	0.99	0.9	0.7	0.78	0.96
石英斜长斑岩	$J_3\nu\sigma\pi$	31	0.13	0.06	0.46	0.32	14.82	19.09	1.29	1.1	18.8	16.7	0.89	1.55	1.67	2.84	1.7	1.78
粗中粒正长花岗岩	$J_3\xi\gamma^{cz}$	425	0.67	3.99	5.98	1.58	5.16	12.72	2.47	0.38	9.38	2.23	0.24	0.78	0.64	0.43	0.68	0.68
黑云母二长花岗岩	$J_3\eta\gamma\beta$	164	0.27	0.38	1.43	0.63	6.44	13.83	2.15	0.48	9.64	4.66	0.48	0.8	0.69	0.25	0.36	0.74
中细粒正长花岗岩	$J_3\xi\gamma^{zx}$	249	1.34	13.08	9.77	3.18	6.59	13.4	2.04	0.49	9.68	4.9	0.51	0.8	0.77	0.36	0.47	0.82
闪长岩	$J_3\delta$	66	0.83	2.55	3.06	1.97	24.3	29.01	1.19	1.81	11.1	2.99	0.27	0.92	1.15	1.1	0.96	1.22
蚀变安山岩	$P_3\alpha$	26	0.51	0.53	1.03	1.22	54.5	100.64	1.85	4.05	11.53	2.69	0.23	0.95	1.05	0.86	0.82	1.12
流纹斑岩	$\lambda\pi J_3$	38	0.53	1.05	2	1.25	29.19	30.73	1.05	2.17	11.77	3.25	0.28	0.97	1.01	0.5	0.5	1.08
算术平均全区		7708	0.42	3.15	7.48	1	13.44	30.31	2.25	1	12.09	6.47	0.54	1	0.94	1.08	1.15	1
大兴安岭中南段水系沉积物平均值			0.35				14.3				9.4				0.79			
C3			1.20				0.94				1.29				1.19			

表 5-4 主要地质单元岩石元素地化特征值统计表

主要地质单元	地层代码	样品总数	Cu				Zn				Mo				Ag			
			X	*So*	*Cv*	*C4*	*X*	*So*	*Cv*	*C4*	*X*	*So*	*Cv*	*C4*	*X*	*So*	*Cv*	*C4*
汉诺坝组	N_1h	92	53.12	26.04	0.49	1.59	110.59	37.42	0.34	1.19	3.04	12.57	4.13	1.26	0.1	0.05	0.51	0.9
玛尼吐组	J_3mn	18	25.61	20.71	0.81	0.77	104.29	71.78	0.69	1.12	1.53	1.45	0.94	0.64	0.12	0.12	0.96	1.11
满克头鄂博组	J_3mk	62	16.87	19.88	1.18	0.5	79.68	42.04	0.53	0.86	1.46	1.34	0.91	0.61	0.13	0.11	0.85	1.19
于家北沟组二段	P_2y^2	12	32.43	22.32	0.69	0.97	95.19	52.06	0.55	1.03	2.48	3.34	1.34	1.03	0.11	0.07	0.6	1.04
于家北沟组一段	P_2y^1	9	25.74	22.38	0.87	0.77	92.49	34.3	0.37	1	1.99	2.55	1.28	0.83	0.13	0.09	0.72	1.16
粗中粒正长花岗岩	$J_3\xi\gamma^{cz}$	12	7.75	4.63	0.6	0.23	34.58	21.71	0.63	0.37	0.95	0.45	0.48	0.39	0.07	0.05	0.69	0.67
中细粒正长花岗岩	$J_3\xi\gamma^{zx}$	9	38.29	33.95	0.89	1.14	73.09	40.05	0.55	0.79	10.01	24.94	2.49	4.15	0.09	0.05	0.51	0.81
算术平均全区		227	33.45	28.32	0.85	1	92.82	50.08	0.54	1	2.41	9.13	3.78	1	0.11	0.08	0.73	1
大兴安岭中南段岩石平均值			13.60				67.50				1.00				0.09			
C3			2.46				1.38				2.41				1.18			

主要地质单元	地层代码	样品总数	Sn				Sb				W				Pb			
			X	*So*	*Cv*	*C4*	*X*	*So*	*Cv*	*C4*	*X*	*So*	*Cv*	*C4*	*X*	*So*	*Cv*	*C4*
汉诺坝组	N_1h	92	2.28	1.03	0.45	0.94	0.51	0.8	1.58	0.55	1.04	1.38	1.32	0.36	10.88	11.72	1.08	0.6
玛尼吐组	J_3mn	18	2.18	1.42	0.65	0.9	1.29	1.21	0.94	1.4	1.53	1.38	0.9	0.53	26.39	32.16	1.22	1.46
满克头鄂博组	J_3mk	62	2.78	1.58	0.57	1.15	0.94	0.81	0.86	1.02	1.79	1.21	0.68	0.62	25.54	28.32	1.11	1.42
于家北沟组二段	P_2y^2	12	2.8	2.38	0.85	1.16	1.5	1.29	0.86	1.63	1.85	2.81	1.52	0.65	18.99	11.41	0.6	1.05
于家北沟组一段	P_2y^1	9	1.94	0.81	0.42	0.8	4.98	7.45	1.5	5.41	1.49	0.75	0.51	0.52	28.42	19.71	0.69	1.58
粗中粒正长花岗岩	$J_3\xi\gamma^{cz}$	12	2.49	0.56	0.22	1.03	0.67	0.72	1.08	0.73	1.46	0.65	0.44	0.51	15.22	4.26	0.28	0.84

续表 5-4

主要地质单元	地层代码	样品总数	Sn				Sb				W				Pb			
			X	*So*	*Cv*	*C4*	*X*	*So*	*Cv*	*C4*	*X*	*So*	*Cv*	*C4*	*X*	*So*	*Cv*	*C4*
中细粒正长花岗岩	$J_3\xi\gamma^{zx}$	9	2.4	0.71	0.29	0.99	0.55	0.5	0.9	0.6	40.12	115.46	2.88	13.99	12.18	5.18	0.43	0.68
算术平均全区		227	2.42	1.31	0.54	1	0.92	1.78	1.94	1	2.87	22.15	7.72	1	18.03	20.29	1.13	1
大兴安岭中南段岩石平均值			2.70				0.53				1.42				21.90			
C3			0.90				1.74				2.02				0.82			

主要地质单元	地层代码	样品总数	Bi				As				Hg				Au			
			X	*So*	*Cv*	*C4*	*X*	*So*	*Cv*	*C4*	*X*	*So*	*Cv*	*C4*	*X*	*So*	*Cv*	*C4*
汉诺坝组	N_1h	92	0.3	0.08	0.25	0.9	3.75	12.73	3.4	0.47	9.29	1.28	0.14	0.81	2.29	1.9	0.83	0.74
玛尼吐组	J_3mn	18	0.52	1.01	1.96	1.53	15.66	36.99	2.36	1.98	13.08	15.01	1.15	1.14	3.64	2.74	0.75	1.18
满克头鄂博组	J_3mk	62	0.35	0.38	1.1	1.04	5.85	8.51	1.45	0.74	10.45	2.9	0.28	0.91	4.11	2.23	0.54	1.34
于家北沟组二段	P_2y^2	12	0.37	0.2	0.54	1.08	9.98	11.67	1.17	1.26	12.13	5.31	0.44	1.06	3.37	2.74	0.81	1.1
于家北沟组一段	P_2y^1	9	0.31	0.06	0.19	0.93	52.54	70.95	1.35	6.64	24.42	41.49	1.7	2.13	3.87	1.62	0.42	1.26
粗中粒正长花岗岩	$J_3\xi\gamma^{cz}$	12	0.3	0.06	0.19	0.88	2.9	2.92	1.01	0.37	8.65	0.97	0.11	0.76	2.44	1.51	0.62	0.79
中细粒正长花岗岩	$J_3\xi\gamma^{zx}$	9	0.28	0.02	0.06	0.82	2.27	1.99	0.88	0.29	9.46	0.96	0.1	0.83	2.74	2.65	0.97	0.89
算术平均全区		227	0.34	0.34	1.02	1	7.91	21.43	2.71	1	11.44	15.67	1.37	1	3.08	2.28	0.74	1
大兴安岭中南段岩石平均值			0.23				8.20				10.10				0.77			
C3			1.48				0.96				1.13				4.00			

注：1. *X*—算术平均值，*So*—标准离差，*Cv*—变化系数，*C3*—三级浓集克拉克值，*C4*—四级浓集克拉克值；

2. 质量分数，Au、Hg 为 ng/g，其他元素为 μg/g；

3. 大兴安岭中南段：8000km^2 区划成果统计资料。

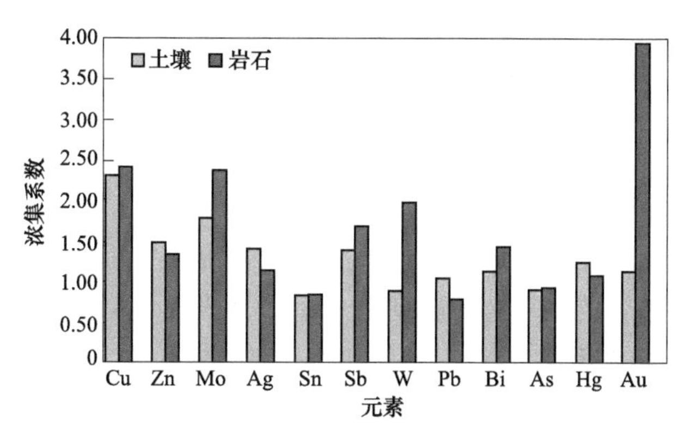

扫一扫
查看彩图

图 5-2 测区各元素浓集系数（C3）柱状图

B 岩石、水系沉积物（土壤）元素分异特征

从表 5-3、表 5-4、图 5-3 可以看出，岩石中 W、Mo、As、Sb、Hg、Pb 元素分异系数（*Cv*）大于 1.0，分布极不均匀，属强分异型的；Ag、Au、Bi、Cu 分异系数（*Cv*）为 1.0~0.5，分布不均匀，属明显分异型。Zn、Sn 元素分异系数（*Cv*）小于 0.5，分布相对均匀。

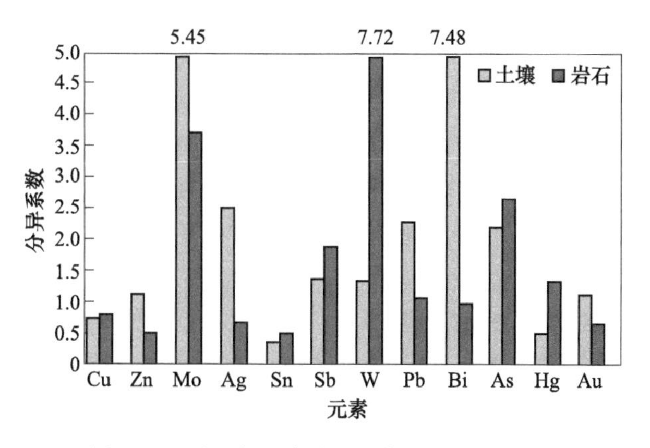

扫一扫
查看彩图

图 5-3 测区各元素分异系数（*Cv*）柱状图

土壤中 Bi、Mo、Ag、As、Au、Pb、Sb、W、Zn 元素分异系数（*Cv*）大于 1.0，分布极不均匀，属强分异型的；Cu、Hg 分异系数（*Cv*）为 1.0~0.5，分布不均匀，属明显分异型。Sn 元素分异系数（*Cv*）小于 0.5，分布相对均匀。

测区内 Cu、Zn、Ag、Mo、Sb、Hg 元素含量明显偏高，均高于大兴安岭中南段水系沉积物平均值，其浓度克拉克值（C3）大于 1.2；元素 Pb、W、Au、Bi 等区域背景平均值接近大兴安岭中南段水系沉积物平均值，其 K 浓度克拉克值（C3）变化为 0.8~1.2。从分异系数（*Cv*）来看，Mo、W 、Ag、Zn、Pb、Sb

等元素分异系数（Cv）均大于1.0，集散程度高，是测区主要的成矿元素。其他元素区域背景平均值低于大兴安岭中南段水系沉积物平均值，其浓度克拉克值（$C3$）均小于0.8，并且分异系数（Cv）值也不高。

5.3.2.2　主要地质单元元素地球化学特征

为了便于了解主要地质单元元素的集散特征，计算了各地质单元土壤和岩石的元素相对富集系数［$C4$=各地质单元土壤（岩石）元素平均含量（未剔除）/全测区土壤(岩石)元素平均含量］。$C4 \geqslant 1.2$ 为相对富集；$C4<0.8$ 为相对贫化；$0.8 \leqslant C4 \leqslant 1.2$ 为无明显的贫化与富集。研究各地质单元元素分异性时，用变化系数 Cv 表示［Cv=地质单元土壤（岩石）各元素含量的均方差（So）/元素含量的平均值（X）］。来表示各元素在不同地质单元分布的均匀程度。当 $Cv \geqslant 1.0$ 时认为元素分布极不均匀，属强分异型；$0.5 \leqslant Cv<1.0$ 表示元素分布不均匀，属明显分异型；当 $Cv<0.5$ 时，为均匀分布。

A　地层

a　二叠系中统于家北沟组下段（P_2y^1）

岩石样品中富 Sb、Pb、As、Hg、Au 元素，贫 Cu、W 元素，其余元素含量接近全区均值或背景值；Mo、Sb、As、Hg 元素具强分异特征；Cu、Ag、W、Pb 元素具明显分异特征。

土壤样品中 Sb、W、Pb、Bi、As、Au 元素富集特征明显，其富集系数均大于1.2；其中 W、Bi、Au 元素变异系数大于1.0，具强分异特征，成矿的可能性最大，Zn、Mo、Ag、Sb、Pb、As 元素变异系数为0.5~1.0，分异特征明显，表明这几种元素在测区也有一定集散，也具有成矿的可能。

b　二叠系中统于家北沟组中段（P_2y^2）

岩石样品中相对富集的元素有 Sb、As 元素，富集系数大于1.2，贫 W 元素，其余元素含量接近全区均值。其中 Mo、As 元素具强分异特征，变异系数均大于1.0，表明这三种元素在测区有一定集散，有成矿的可能。W、Cu、Zn、Ag、Sn、Sb、Pb、Bi、Au 元素变异系数为0.5~1.0，分异特征明显。

土壤样品中富集 Zn、Mo、Ag、Sb、Pb、Bi、As、Au 元素，其余元素含量接近全区均值。Cu、Zn、Mo、Ag、Sb、Pb、Bi、As、Au 元素的变异系数均大于1.0，具强分异特征，表明 Zn、Mo、Ag、Sb、Pb、Bi、As、Au 元素在测区内富集成矿的可能性大。

c　二叠系中统于家北沟组上段（P_2y^3）

土壤样品中富集 Ag、Sb、W、Pb、Bi、As 元素，贫 Mo 元素，其余元素含量接近全区均值或背景值；Mo、Ag、Sb、W、Pb、Bi、As、Au 元素的变异系数大于1.0，具强分异特征，Cu、Zn 元素变异系数为0.5~1.0，分异特征明显，其余元素具弱分异特征。Ag、Sb、W、Pb、Bi、As 在测区内集散程度高，有富集成矿的可能。

d 侏罗系中统土城子组（J_2t）

土壤样品中富集 Sb、As 元素，贫 Bi、Au 元素，其余元素含量接近全区均值；Mo、HS 元素的变异系数均大于 1.0，具强分异特征，表明 Mo、As 元素在测区有一定集散，具成矿的可能，其余元素分异特征不明显或具弱分异特征。

e 侏罗系上统满克头鄂博组（J_3mk）

岩石样品中相对富集的元素有 Pb、Au，富集系数大于 1.2，相对贫化的元素有 Cu、Mo、W、HS，其余元素含量接近全区均值或背景值。Cu、Pb、Bi、As 元素具强分异特征，变异系数均大于 1.0，Zn、Mo、Ag、Sn、Sb、W、Au 元素变异系数为 0.5~1.0，分异特征明显。

土壤样品中富集 W、Pb 元素，贫 Cu 元素，其余元素含量接近全区均值或者背景值，Zn、Mo、Ag、Pb、Bi、As 元素的变异系数均大于 1.0，具强分异特征，Cu、Sb、W、Hg、Au 元素变异系数为 0.5~1.0，具明显分异特征。Pb、W 元素在测区内集散程度较高，易富集成矿。

f 侏罗系上统玛尼吐组（J_3mn）

岩石样品中相对富集的元素有 Sb、Pb、Bi、As 元素，富集系数大于 1.2，贫 Cu、Mo、W 元素，其余元素含量接近全区均值或者背景值。Pb、Bi、As、Hg 元素具强分异特征，Cu、Zn、Mo、Ag、Sn、Sb、W、Au 元素变异系数为 0.5~1.0，分异特征明显。

土壤样品中富集 Mo、W、Bi 元素，贫 Cu 元素，其余元素含量接近全区均值或背景值。其中 Mo、Sb、W、Pb、Bi、As 元素的变异系数均大于 1.0，具强分异特征，表明上述元素在测区具成矿的可能。其余元素变异系数为 0.5~1.0，具明显分异特征。

g 侏罗系上统白音高老组（J_3b）

土壤样品中富集 Sn、W 元素，贫 Cu、Mo、Ag、Sb、Bi、Au 元素，其余元素含量接近全区均值。Cu、Mo、W、Bi、As 元素变异系数大于 1.0，具强分异特征，其他元素的变异系数小于 0.5，均匀分布。W 元素在该地层内易富集成矿。

h 中新统汉诺坝组（N_1h）

岩石样品中相对富集的元素有 Cu、Mo，贫 Sb、W、Pb、As、Au 元素，其余元素含量接近全区均值或背景值。Mo、Sb、W、Pb、As 元素变异系数大于 1.0，具强分异特征。Ag、Au 元素变异系数为 0.5~1.0，分异特征明显，其他元素具弱分异特征。

土壤样品中富集 Cu 元素，贫 Mo、Sb、W、Pb、Bi、As 元素，其余元素含量接近全区均值或背景值。Mo、Sb、W、Pb、Bi、As 元素的变异系数均大于 1.0，具强分异特征。Au 元素具弱分异特征。

i 上新统百岔河玄武岩（$N_2b\beta$）

土壤样品中富集Cu、Bi、As、Hg、Au元素，贫Pb元素，其余元素含量接近全区均值或背景值。Sb、W、Bi、As、Au元素的变异系数均大于1.0，具强分异特征。Mo、Pb、Hg元素具弱分异特征，其他元素具明显分异特征。

本玄武岩地层内Au、As、Bi元素集散程度较高，在局部地段易形成面积较大的高背景或高值区。

j 上更新统乌尔吉组（$Qp_3^2\omega$）

土壤样品中富集Sb、As、Hg元素，贫Bi元素，其余元素含量接近全区均值或背景值。Mo、Sb、Bi、As元素的变异系数均大于1.0，具强分异特征，其他元素分异特征不明显。

k 第四系全新统（Qh^{pl}）

土壤样品中富集As元素，其余元素含量均接近全区均值或背景值。Zn、Mo、Ag、Sb、W、Pb、Bi、As、Au元素的变异系数均大于1.0，具强分异特征，分布极不均匀。

B 侵入岩

a 晚二叠世蚀变安山岩（$P_3\alpha$）

土壤样品中Ag、Sb、Pb、Bi、As元素呈相对富集特征，贫Mo元素；Ag、Pb、Bi、As元素变异系数大于1.0，均具强分异特征，Zn、Mo、Sb、Au元素具明显分异特征，表明该火山岩成矿作用不大。

b 晚侏罗世花岗斑岩（$J_3\gamma\pi$）

土壤样品中W、Bi元素呈相对富集特征，其他元素含量接近全区平均值。W、Bi、As元素变化系数均大于1.0，具强分异特征，其他元素具明显分异特征。W、Bi元素在测区内集散程度高，易于成矿，表明高温元素成矿与该侵入岩关系密切。

c 晚侏罗世石英斜长斑岩（$J_3\nu\sigma\pi$）

土壤样品中富集Ag、Sb、Hg、Au元素，贫Cu、Mo、Sn、W、Bi元素，其余元素均为背景含量或贫化。Ag、Pb、As、Au元素变化系数大于1.0，具强分异特征，Cu、Zn、Mo、Sb、Hg元素具弱分异特征，其余元素分布均匀。该侵入体内Ag、Au元素集散程度高，有成矿的可能。

d 晚侏罗世粗中粒正长花岗岩（$J_3\xi\gamma^{cz}$）

岩石样品中富集Cu、Zn、Mo、Ag、Sb、W、As、Hg、Au元素，其余元素含量接近全区均值或背景值。Cu、As元素变异系数大于1.0，具强分异特征，Zn、Mo、Sb、W元素变异系数为0.5~1.0，具有明显分异特征，其余元素具弱分异特征分布均匀。

土壤样品中除Bi元素富集外，其他元素含量均接近背景值。Cu、Zn、Mo、W、Pb、Bi、As元素具强分异特征，表明这几种元素在测区内有一定的集散，局部地段具成矿的可能。

e 晚侏罗世中细粒黑云二长母花岗岩（$J_3\eta\gamma\beta$）

土壤样品中富 Mo 元素，略显贫化的元素有 Cu、Zn、Ag、Sn、Sb、Pb、Bi、As、Hg、Au 元素；Cu、Zn、Mo、Sb、W、Bi、As 元素变异系数大于 1.0，具强分异特征，表明 Mo 元素在该侵入体内集散程度较高，易富集成矿。其余元素变异系数小于 1.0，具明显分异特征或弱分异特征，成矿可能性较小。

C 火山岩

白音高老次火山岩流纹斑岩（$\lambda\pi J_3$）。

土壤样品中 Mo、Sb、Bi、As 元素呈相对富集特征，其他元素含量接近全区均值或背景值；Mo、Bi、As 元素变异系数大于 1.0，具强分异特征，表明 Mo 元素在该火山岩区有一定集散，有成矿的可能。Cu、Ag、Sn、Sb、W、Pb 具明显分异特征。

5.3.2.3 元素的相关性分析

为了解在不同地质背景中的元素组合关系及其地质、地球化学意义。利用全区样品含量进行了 R 型聚类分析。

A 元素的共生组合特征

从 R 型聚类分析图（见图 5-4）中可以看出，元素的共生关系有如下特征：在 0.325 相似水平上 12 种元素可分为三组，第一组为 Ag、Pb、Zn 元素，其中

R型聚类分析图(全区)
相关对连结表

Ag—Pb 0.724	Zn—Ag 0.670	Sb—As 0.583	Zn—Au 0.536
Zn—Sb 0.531	Sn—W 0.325	Zn—Hg 0.253	Zn—Bi 0.250
Zn—Sn 0.248	Zn—Mo 0.214	Cn—Zn 0.181	

谱系图

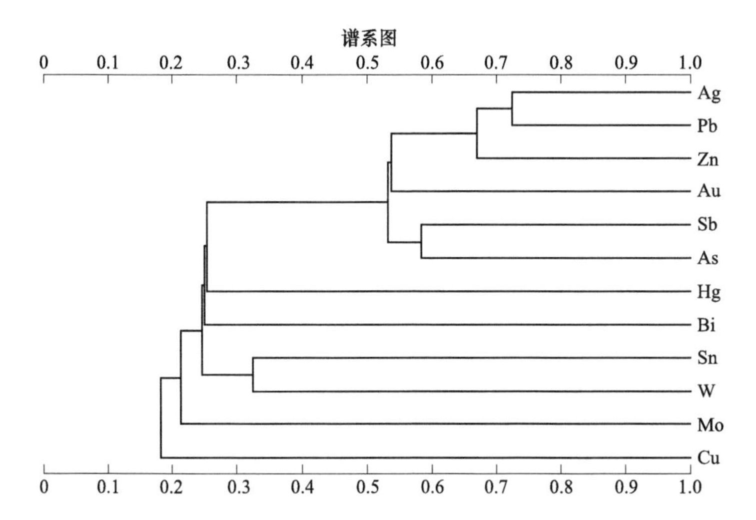

图 5-4 R 型聚类分析谱系图

Ag、Pb 元素相关系数为 0.724，高度相关，为中温元素组合。第二组为 Au、As、Sb 元素，其中 Sb、As 元素相关系数为 0.583，高度相关，为低温元素组合。第三组为 W、Sn 元素，相关系数为 0.325，为高温元素组合。根据各元素聚类分析结果，认为测区具有多种类型与成因的矿床组合。主要有两种类型：W、Sn 相关性好，指示测区存在斑岩型钨钼矿类型，Ag、Pb(Zn) 和 Sb、As(Au) 相关性好，指示区内中低温热液型银铅锌矿类型。

B 元素的分类特征

根据上述 R 型聚类分析结果，结合地质矿产图并参考各元素在测区的区域分布特征，测区十二种元素分为以下三类元素组合。

(1) 高温元素组合：W、Sn、Mo、Bi。

(2) 中温元素组合：Ag、Pb、Zn、Cu。

(3) 低温元素组合：Au、As、Sb、Hg。

5.3.2.4 元素地球化学场分布特征

测区内各元素地球化学场变化趋势总体受北东向区域主构造、北西向次极构造和岩性的控制，多呈带状或环状展布。大多数元素的异常区及高背景区分布在二叠系中统于家北沟组、上侏罗统满克头鄂博组及玛尼吐组地层及晚侏罗世中酸性侵入岩接触带附近；低背景区及低值区主要分布在新近系中新统汉诺坝组、上新统百岔河玄武岩及各类偏酸性的侵入岩体中和第四系分布区。

(1) Ag 元素：高值区主要分布在吕家沟门幅北部苇莲沟门一带及炒米房幅岳家营子一带，总体呈面状展布，对应地层为满克头鄂博组，其他地区呈零星分布，高值分布区与 Pb、Zn 元素吻合性较好；低值区主要分布在万合永幅中部，与晚侏罗世粗中粒正长花岗岩有关，大面积玄武岩覆盖区呈背景分布。

(2) Pb 元素：高值区主要分布在吕家沟门幅北部苇莲沟门一带及炒米房幅岳家营子一带，总体呈面状展布，对应地层为满克头鄂博组，其他地区呈零星分布，高值分布区与 Ag、Zn 元素吻合性较好；低背景沿百岔河玄武岩分布，与 Cu、Zn 元素呈反向分布。其他地区均呈背景场分布。

(3) Zn 元素：高值区主要分布在吕家沟门幅北部苇莲沟门一带及炒米房幅岳家营子一带，对应地层为满克头鄂博组，其他地区呈零星分布，高值分布区与 Ag、Pb 元素吻合性较好；低值区主要分布在万合永幅中部，与 Ag 低值区吻合，与晚侏罗世粗中粒正长花岗岩有关；延百岔河玄武岩覆盖区，形成一条带状的高背景带，与 Cu 元素高值区分布相吻合。其他地区均呈背景场分布。

(4) Cu 元素：高值区主要沿百岔河玄武岩分布，形成一条带状的高值异常带，与 Pb、Ag 元素反相关、与 Zn 高背景区分布相吻合；低值区主要分布在万合永幅中部，与 Ag、Zn 元素低值区相吻合，其他地区均呈背景场分布。

(5) Au 元素：分布规律较紊乱，连续性较差，高背景区主要分布在二叠系中统地层和汉诺坝组玄武岩区，异常多呈星散或串珠状分布在岩体接触带部位；低背景场及低值区主要分布在各期次侵入岩体以及上侏罗统地层内；背景场主要分布在第四系及百岔河玄武覆盖区。

（6）Hg 元素：高值区主要分布万合永幅西大营子一带及万合永一带，地层为二叠系中统于家北沟组，异常多呈星散或串珠状分布；新开地幅东南玄武岩覆盖区内异常呈背景或高背景分布，其他地区均呈低背景场分布。

（7）As 元素：高值区主要分布在万合永幅西北于营子—陶高林场一带，总体呈北东向条带状展布，对应地层为中二叠统于家北沟组，与 Sb 元素高值区相对应，其他地区呈零星分布；低值区主要分布在百岔河玄武岩覆盖区，与 Pb、Sb 元素相吻合，与 Cu、Zn 元素反相关，在晚侏罗世粗中粒正长花岗岩体内也呈低背景场分布，与 Ag、Zn、Cu、Sb 元素低背景相吻合；其他地区均呈背景场分布。

（8）Sb 元素：高值区主要分布在万合永幅西北于营子—陶高林场一带，总体呈北东向条带状展布，对应地层为中二叠统于家北沟组，与 As 元素高值区相对应，其他地区呈零星分布；低值区主要分布在百岔河玄武岩覆盖区及晚侏罗世粗中粒正长花岗岩体内，与 As 元素吻合性好；其他地区均呈背景场分布。

（9）Mo 元素：高值区主要分布在万合永幅于营子附近、柳条子沟门一带，为晚侏罗世一套二长花岗岩体，在岳家营子以北中细粒正长花岗岩体内也有高值区分布，其他地段零星分布；低值区主要分布在万合永幅中部，主要为晚侏罗世粗中粒正长花岗岩体，与 Ag、Zn 元素低值区相吻合，其他地区均呈背景场分布。

（10）Sn 元素：高值区主要分布在万合永幅于营子附近、柳条子沟门一带，为晚侏罗世一套二长花岗岩体，在岳家营子以北中细粒正长花岗岩体内也有高值区分布，与 Mo 元素高值区分布吻合性好，其他地段零星分布；低值区主要分布在万合永幅中部，主要为晚侏罗世粗中粒正长花岗岩体，与 Ag、Zn 元素低值区相吻合，在万合永幅西北部西大营子一带也呈低值区分布，其他地区均呈背景场分布。

（11）Bi、W 元素：高值区主要分布万合永幅中部，延晚侏罗世粗中粒正长花岗岩外接触带呈环状分布；低值区沿百岔河玄武岩分布，与 Pb、Sb 元素相吻合，其他地区呈背景场特征，但两种元素在局部地段也存在差异，如在裕顺广一带于家北沟组地层内，W 呈高值、高背景分布，而 Bi 呈背景分布，在喇嘛地沟附近满克头鄂博组地层内 Bi 呈高值区分布，而 W 呈背景分布。

5.3.2.5 地球化学异常特征

由于该地区地球化学景观条件较为复杂，新近系的百岔河、汉诺坝组玄武岩在工作区分布面积较大，Cu、Zn 等基性岩特征元素在该区内背景含量较高，在特征统计时会提高整个工作区的背景含量。为了更好地了解各地质体中元素的分布、分配、富集、贫化特征，首先进行了玄武岩区和其他地质子区的划分，按不同的区域对岩石样分析数据进行排序，剔除极高值和极低值，将大于平均值+3倍标准离差的数值或小于平均值-3倍标准离差的数值去掉，反复剔除，直至数据全部合理，然后计算出平均值和标准离差，用平均值加1.65倍标准离差，计算各元素异常下限的理论值，然后根据各元素地球化学图等值线值的分布情况，结合综合异常图的圈定效果，最终确定各元素在玄武岩区和其他地质子区内的异常下限实用值。元素异常下限值一览表见表5-5。

表5-5 元素异常下限值一览表

分区统计	元素名称	样品数（N）	平均值（X）	中位数（M）	标准离差（s）	变化系数（Cv）	最大值	最小值	X+1.65s	实用值
玄武岩区以外数据剔除高低值	Cu	5226	25.89	21.5	18.80	0.73	81.80	2.20	56.91	40
	Zn	5050	85.80	84.35	41.59	0.49	210.00	6.90	154.42	150
	Mo	4780	1.13	1.04	0.54	0.48	2.75	0.21	2.03	3
	Ag	4839	0.11	0.1	0.04	0.41	0.24	0.04	0.18	0.2
	Sn	5000	2.33	2.26	0.80	0.34	4.73	0.46	3.66	4
	Sb	4792	0.97	0.8	0.68	0.70	3.02	0.04	2.10	3
	W	4930	1.56	1.41	0.83	0.53	4.05	0.21	2.93	4
	Pb	4732	18.95	18	7.85	0.42	42.40	4.10	31.91	40
	Bi	4611	0.21	0.19	0.12	0.56	0.56	0.02	0.40	0.8
	As	4161	6.36	4.8	4.89	0.77	21.00	0.50	14.42	40
	Hg	4845	10.37	9.9	2.47	0.24	17.70	5.00	14.44	25
	Au	4871	0.77	0.72	0.25	0.32	1.50	0.31	1.17	2
玄武岩区内数据剔除高低值	Cu	2472	48.64	57.4	21.19	0.44	96.60	3.50	83.60	80
	Zn	2466	106.93	119	36.48	0.34	209.00	25.50	167.11	180
	Mo	2399	1.32	1.38	0.47	0.36	2.73	0.44	2.10	3
	Ag	2425	0.11	0.1	0.04	0.33	0.21	0.03	0.17	0.2
	Sn	2397	2.36	2.35	0.37	0.16	3.47	1.30	2.97	4
	Sb	2398	0.43	0.3	0.32	0.74	1.37	0.03	0.95	3
	W	2399	0.87	0.67	0.48	0.56	2.30	0.20	1.66	4
	Pb	2414	12.93	10.6	6.46	0.50	32.20	4.20	23.59	40
	Bi	2439	0.12	0.07	0.09	0.77	0.39	0.02	0.27	0.8
	As	2362	5.04	4	3.74	0.74	16.20	0.50	11.21	40
	Hg	2392	12.14	10.7	4.26	0.35	24.90	6.10	19.17	25
	Au	2373	0.90	0.81	0.34	0.37	1.90	0.30	1.46	2

注：Au、Hg元素质量分数为10^{-9}，其他元素质量分数为10^{-6}。

用异常下限直接圈定异常，共圈定单元素异常969处（Ag 120处、As 61处、Au 89处、Bi 78处、Cu 83处、Hg 85处、Mo 75处、Pb 77处、Sb 64处、Sn 77处、W 70处、Zn 80处），通过筛选后，共圈定综合异常39处（HS-1～HS-39）。根据《DZ/T 0167～1995区域地球化学勘查规范》要求，将圈定出的39处异常分为4大类，其中HS-7、HS-11为甲$_1$类异常（据以发现或扩大已知矿床规模者），HS-19、HS-9、HS-15为甲$_2$异常类（仅反映已知矿床者）。

（1）HS-7甲$_1$异常。HS-7甲$_1$异常异常位于万合永幅东部砬根—广德永一带，面积约15.8km^2。异常区出露地层主要有二叠系中统于家北沟组二段（P_2y^2）变质粉砂岩、粉砂质板岩，上更新统乌尔吉组（$Qp_3^2\omega$）和第四系全新统（Qh^{pl}）零星覆盖；侵入岩为晚二叠世蚀变安山岩和晚侏罗世粗中粒正长花岗岩；发育两条北东向逆断层，成矿地质条件有利。

异常组合元素齐全，以Pb、Ag、As、Bi、Sb、Zn、Cu、Au、W等元素为主，具多期热液活动的特点，异常面积大，强度较高，元素大多具4级或者3级浓度分带，各元素峰值：$w(Pb)>3000\times10^{-6}$，$w(Ag)=20\times10^{-6}$，$w(As)=500\times10^{-6}$，$w(Bi)=46\times10^{-6}$，$w(Zn)=3000\times10^{-6}$，$w(Cu)=481\times10^{-6}$（异常特征见图5-5）。各元素浓集中心明显，吻合好，规模大，受构造或岩性控制作用明显，地球化学成矿条件有利。异常区均已设置矿权，有小型铅锌矿床1处（二道沟铅锌矿），正处于开采阶段，主要成矿元素为Pb、Zn，伴生元素为Ag、Au。综合分析认为属矿致异常。

（2）HS-11甲$_1$异常。HS-11甲$_1$异常位于炒火房幅水泉梁—下营子一带，面积约13.1km^2。异常区内主要出露的地层为中二叠统于家北沟组二段（P_2y^2）变质粉砂岩、粉砂质板岩，南部小面积出露上侏罗统满克头鄂博组（J_3mk）流纹质晶屑凝灰岩、流纹质凝灰岩，被新近系中新统汉诺坝组（N_1h）玄武岩覆盖；侵入岩为晚侏罗世闪长岩（$J_3\delta$），侵入至于家北沟组和满克头鄂博组中；发育北西向断层一条。

异常元素组合以Bi、Ag、Cu、Pb、Zn、As、Au、Sb为主，伴有弱小的Mo、Hg、Sn等异常，具多期热液活动的特点，异常面积较大，强度高，大多数元素具4级浓度分带，各元素峰值：$w(Bi)=88.7\times10^{-6}$、$w(Ag)=12.6\times10^{-6}$、$w(Zn)>3000\times10^{-6}$、$w(Pb)=813\times10^{-6}$、$w(Cu)=920\times10^{-6}$、$w(Au)=8.86\times10^{-9}$（异常特征见图5-6）。异常规模大，各元素套合较好，具明显的浓集中心，分布在断裂附近，受断裂构造控制作用明显。异常区内均已设矿权，异常外围有小型铜铅锌矿床1处（柳条沟子铜铅锌矿），目前正在开采，主要成矿元素为Pb、Zn，伴生元素为Cu、Ag。综合推断该异常区找矿潜力较大，是寻找接触交代型和热液有关的铅锌多金属矿床的有利靶区。

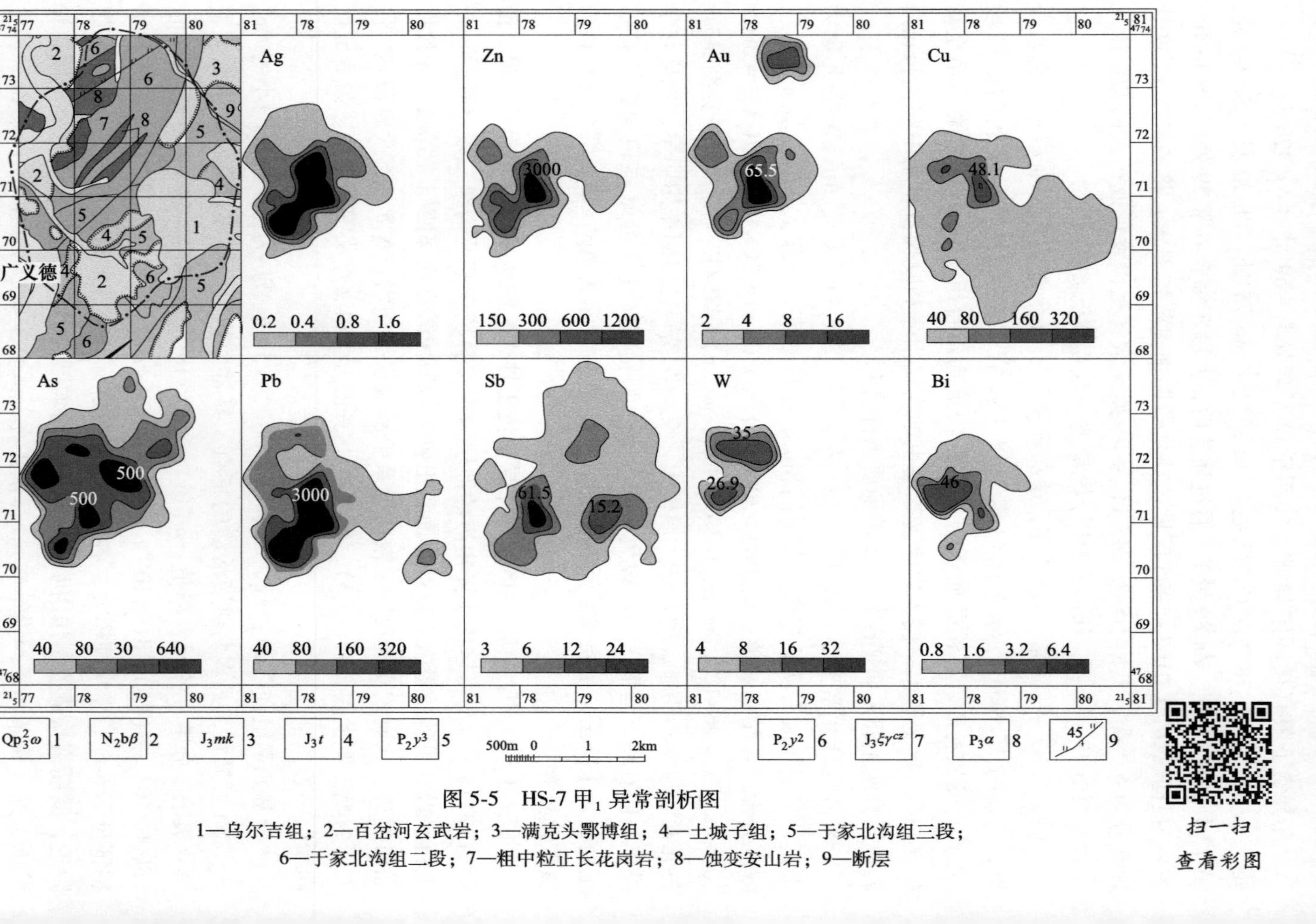

图 5-5 HS-7 甲$_1$ 异常剖析图

1—乌尔吉组；2—百岔河玄武岩；3—满克头鄂博组；4—土城子组；5—于家北沟组三段；6—于家北沟组二段；7—粗中粒正长花岗岩；8—蚀变安山岩；9—断层

HS-11 甲$_1$ 异常异常剖析图如图 5-6 所示。

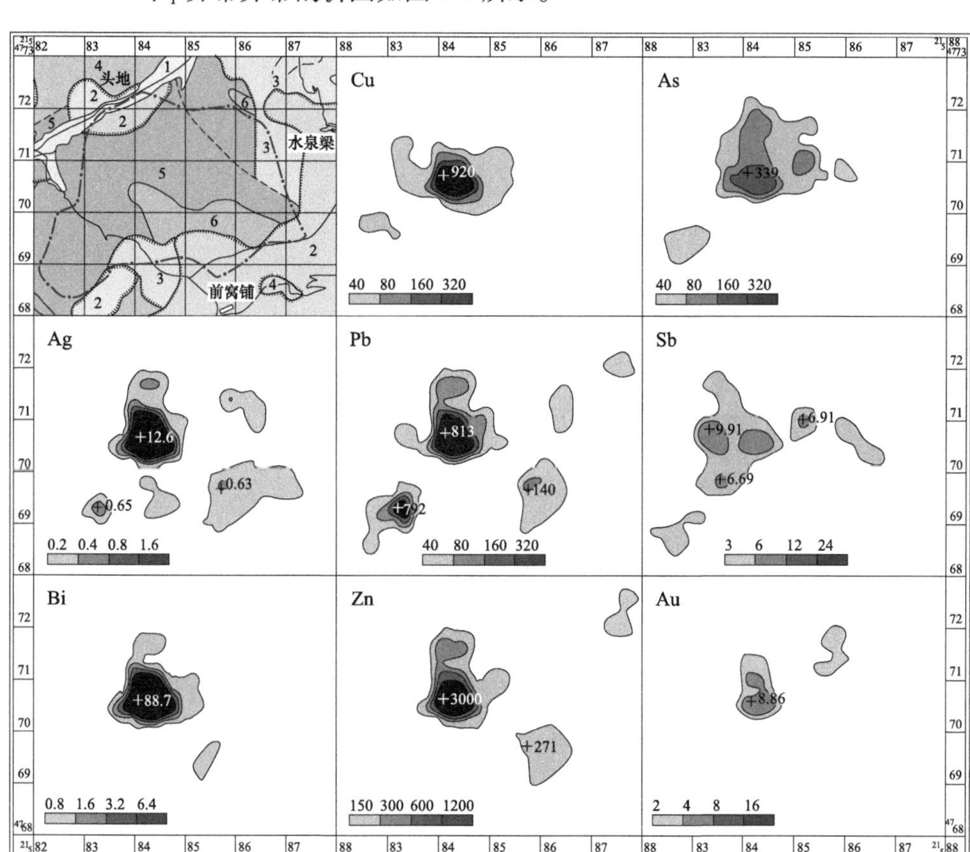

图 5-6 HS-11 甲$_1$ 异常异常剖析图

1—第四系；2—汉诺坝组玄武岩；3—满克头鄂博组；
4—于家北沟组二段；5—于家北沟组三段；6—闪长岩；7—断层

扫一扫
查看彩图

（3）HS-9 甲$_2$ 异常。HS-9 甲$_2$ 异常位于万合永幅东部上马架子一带，面积约 5.1km^2。异常区出露地层主要有二叠系中统于家北沟组二段（P_2y^2）变质粉砂岩、粉砂质板岩和上侏罗统满克头鄂博组（J_3mk）流纹质凝灰岩，北部被更新统乌尔吉组（$Qp_3^2\omega$）和第四系全新统（Qh^{pl}）零星覆盖，异常东部发育一条北东向构造，成矿地质条件较为有利。

异常组合元素较全，以 Mo、W、Hg、Sn、Sb、Pb、Ag 等元素为主，具多期热液活动的特点，异常面积较大，强度一般，元素大多具 4 级或者 3 级浓度分带，各元素峰值：$w(\mathrm{Mo})>58.3\times10^{-6}$，$w(\mathrm{W})=21.9\times10^{-6}$，$w(\mathrm{Hg})=92.4\times10^{-6}$，$w(\mathrm{Pb})=70.5\times10^{-6}$，$w(\mathrm{Ag})=0.37\times10^{-6}$，$w(\mathrm{Sb})=6.35\times10^{-6}$（异常特征见图 5-7）。异常

规模中等，各元素浓集中心明显，吻合好，空间上沿构造带方向展布，受构造或岩性控制作用明显，地球化学成矿条件较为有利。异常区内大部分已设矿权，有小型矿床一处（榆木头沟铜矿），主要成矿元素为 Cu，伴生元素为 Pb、Zn、Ag、Mo。综合分析认为属矿致异常，深部还有寻找钼钨等多金属矿床的可能。

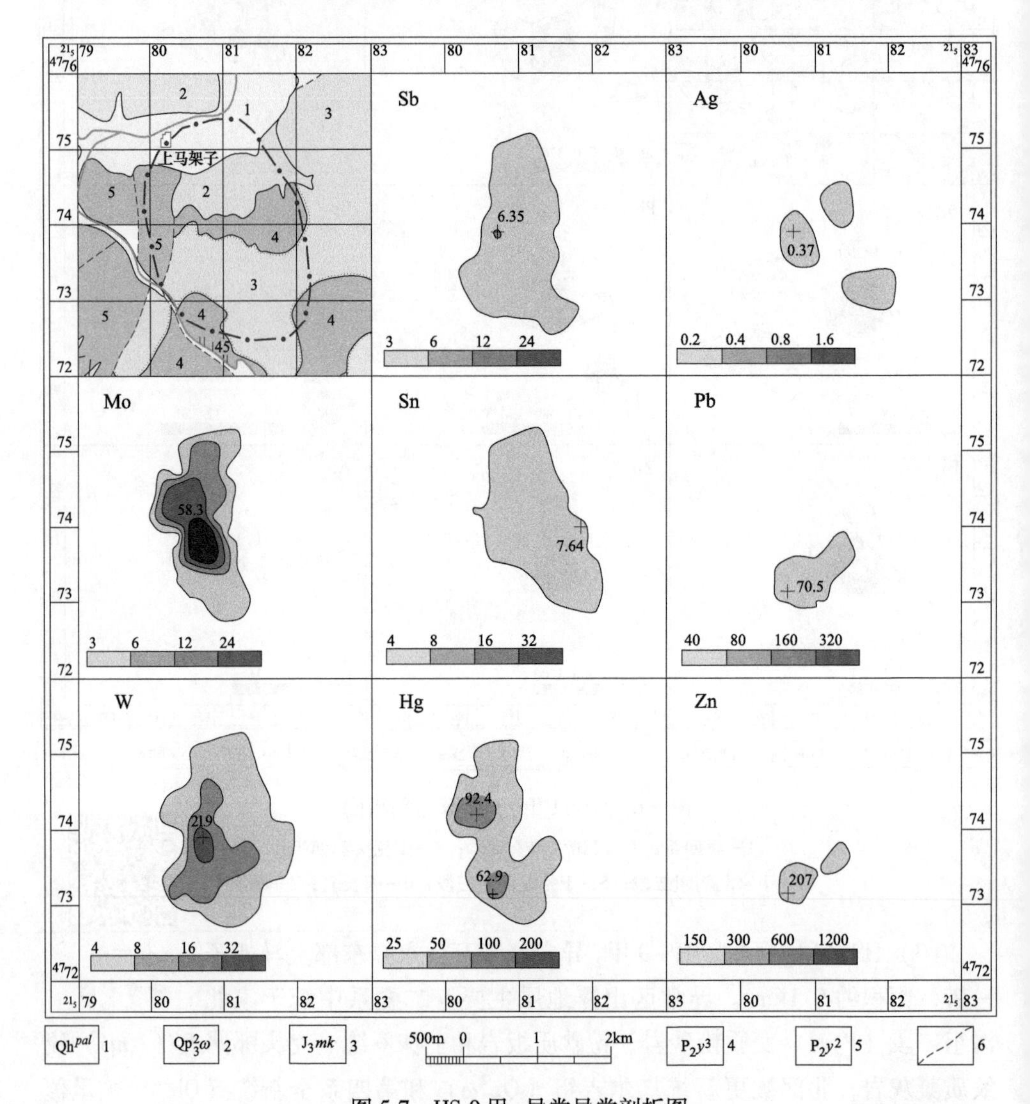

图 5-7 HS-9 甲$_2$ 异常异常剖析图

1—第四系；2—乌尔吉组；3—满克头鄂博组；4—于家北沟组三段；5—于家北沟组二段；6—断层

（4）HS-15 甲$_2$ 异常。HS-15 甲$_2$ 异常位于万合永幅西南与吕家沟门幅东北接图位置鸡冠子山以南一带，面积约 11.8km^2。异常区

内主要出露上侏罗统玛尼吐组（J_3mn）英安质凝灰岩，零星出露于家北沟组三段（P_2y^2）变质粉砂岩、粉砂质板岩，侵入岩主要为晚侏罗世黑云母二长花岗岩（$J_3\eta\gamma\beta$），北部有闪长玢岩（$J_3\delta\mu$）侵入，成矿地质条件有利。

异常元素较为齐全，主要以 Mo、Bi、As、W、Zn、Ag 为主，为一套中高温元素组合。异常强度高，规模大，各异常元素峰值：$w(Mo)=500\times10^{-6}$、$w(Bi)=14.2\times10^{-6}$、$w(As)=407\times10^{-6}$、$w(W)=16.4\times10^{-6}$、$w(Zn)=661\times10^{-6}$、$w(Ag)=0.43\times10^{-6}$(异常特征见图 5-8)。异常套合后，具明显的浓集中心，总体呈不规则状延二长花岗岩体外接触带展布，其中 Mo 元素极大值大于工业品位，表明异常区内是寻找以钼为主的多金属矿的有利靶区。异常区内已设矿权，有小型钼矿床 1 处（柳条沟 56 号钼矿）。

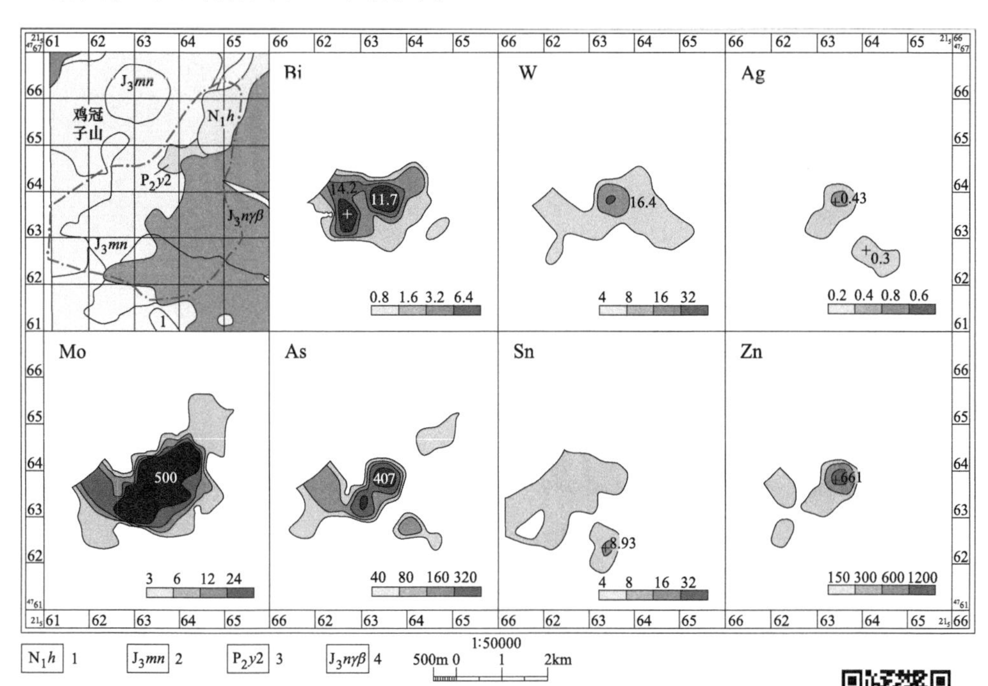

图 5-8 HS-15 甲$_2$ 异常异常剖析图

1—汉诺坝组；2—玛尼吐组；3—于家北沟组二段；4—二长花岗岩

扫一扫
查看彩图

（5）HS-19 甲$_2$ 异常。HS-19 甲$_2$ 异常位于吕家沟门幅凤凰山东南一带，面积约 11.3km^2。区内南部主要出露上侏罗统满克头鄂博组（J_3mk）流纹质凝灰岩，北部主要出露于家北沟组三段（P_2y^2）变质粉砂岩、粉砂质板岩，侵入岩主要为晚侏罗世花岗斑岩（$J_3\gamma\pi$）区内脉岩发育，在于家北沟组地层内发育一条北西向断层，成矿地质条件有利。

异常组合元素较齐全，主要以 Mo、Pb、Zn、Ag、Bi、As、Sn、Au 等元素为主，具多期热液活动的特点，异常规模大，异常强度较高，各元素峰值：$w(\mathrm{Mo})$ 345×10^{-6}、$w(\mathrm{Pb})=1354\times10^{-6}$、$w(\mathrm{Ag})=6.9\times10^{-6}$、$w(\mathrm{Zn})=3256\times10^{-6}$、$w(\mathrm{As})=587\times10^{-6}$、$w(\mathrm{Bi})=9.99\times10^{-6}$、$w(\mathrm{Au})=21.3\times10^{-9}$（异常特征见图 5-9）。异常元素套合后，具两处明显的浓集中心，总体呈北西向条带状展布，空间上延断层展布，认为该异常成因与构造有关，是寻找与热液活动有关的钼、铅多金属可以重要靶区。异常区内大部分已设矿权，有铜铅锌矿点 1 处，铁矿化点 1 处。综合分析认为属矿致异常。

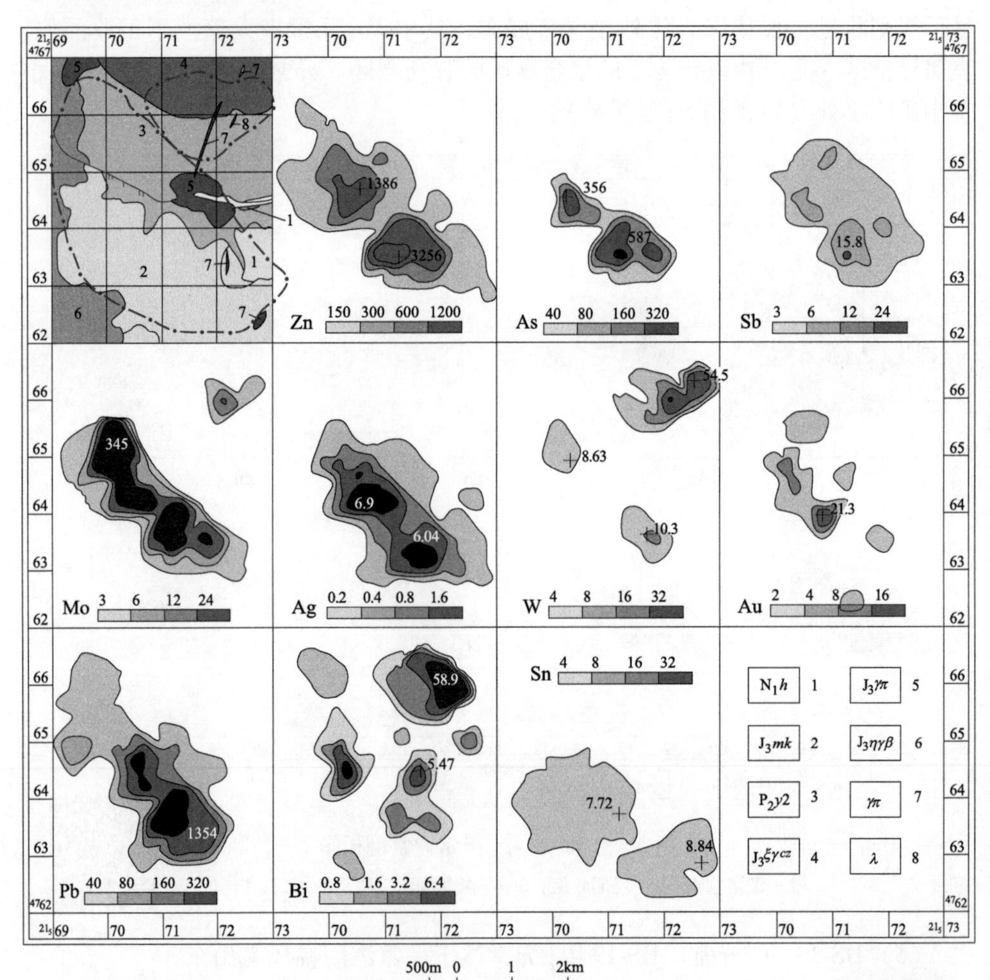

图 5-9　HS-19 甲$_2$ 异常异常剖析图

1—汉诺坝组；2—满克头鄂博组；3—于家北沟组二段；
4—粗中粒正长花岗岩；5—花岗斑岩；6—二长花岗岩；
7—花岗岩脉；8—流纹岩脉

扫一扫
查看彩图

5.3.2.6 地化特征与找矿标志分析

A 地化特征

地球化学勘查查明，测区内水系沉积物（土壤）中 Cu、Zn、Ag、Mo、Sb、Hg 元素含量明显偏高，均高于大兴安岭中南段水系沉积物平均值，其浓度克拉克值（$C3$）大于 1.2；元素 Pb、W、Au、Bi 等区域背景平均值接近大兴安岭中南段水系沉积物平均值，其 K 浓度克拉克值（$C3$）变化为 0.8~1.2。从变异系数（Cv）来看，Mo、W 、Ag、Zn、Pb 等元素变异系数（Cv）均大于 1.0，集散程度高，是测区主要的成矿元素。其他元素区域背景平均值低于大兴安岭中南段水系沉积物平均值，其浓度克拉克值（$C3$）均小于 0.8，并且变异系数（Cv）值也不高。

B 成矿地质条件

通过特征统计成果及化探异常空间分布特征可知，中二叠统于家北沟组、上侏罗统满克头鄂博组和玛尼吐组是测区内各具特征的元素富集层，与成矿关系最为密切。

中二叠统于家北沟组是测区最古老地层，主要分布于万合永和炒米房图幅内，岩石主体为一套海陆交互相沉积，岩石为灰绿、灰色、灰黑色变质凝灰质砂岩、砂砾岩、变质粉砂岩和粉砂质板岩组合，后期遭受低绿片岩相的区域变形变质作用的改造。区内于家北沟组分为三段，在于家北沟组二段和三段地层中，Ag、Pb、Zn、Cu、Mo、Bi 及 Sb、As、Au 等元素呈突出的富集分布，且变异常系数大，集散程度高，易富集成矿。区内热液型、接触交代型铅锌矿床分布较广，如二道沟铅锌矿、柳条沟铜铅锌矿、永兴铜矿、大黑山铁矿等。

满克头鄂博组主要分布在炒米房和吕家沟门幅内，岩性主要以紫灰色流纹岩、灰色流纹质凝灰岩、流纹质晶屑熔结凝灰岩、灰色流纹质含角砾玻屑凝灰岩。在满克头鄂博组中，Pb、W、Zn、Mo、Ag 等元素呈相对富集分布，变化系数均较大，其中 Pb、W 元素浓集系数高，总体呈高异常或高背景分布，同时也控制了区内部分热液型铅锌矿点的分布，如煤窑沟铅锌矿点、岗子铅锌矿点、天顺承矿点等。

玛尼吐组主要分布在万合永幅和吕家沟门幅内，岩性主要以灰绿色、灰色、灰紫色、深灰色，块状（杏仁状）安山岩，夹凝灰质砂砾岩和凝灰质粗中粒杂砂岩、英安岩、英安质晶屑熔结凝灰岩为主。该地层中富集 Mo、W、Bi 元素，且变异系数大，易富集成矿，同时控制了区内热液型或斑岩型钼、铜、铅、锌矿点的分布，如柳条沟 56 号钼矿床、籍家营子铜铅锌矿点的分布。

区内侵入岩种类繁多，以中酸性岩为主，空间上总体呈带状展布，时间上呈跳跃式延续，主要为晚二叠世和晚侏罗世侵入岩，呈现出多阶段、多期次侵入的特点，晚侏罗世闪长岩、花岗斑岩和石英斜长斑岩与成矿关系较为密切，岩体内部未见明显的矿化现象，但岩体与围岩接触带蚀变较明显。因此岩体内部的次级构造裂隙、岩体与围岩接触带、岩体与岩体接触带等都是构造薄弱地带是找矿的有利部位。

闪长岩主要分布在于营子、柳条沟一带，呈岩株状产出，主要侵入于家北沟组、满克头鄂博组和玛尼吐组地层中。闪长岩中富集 Zn、Sb、W、Pb、Bi、As、Au 等元素，变异系数大，且异常大多分布于接触带附近，与之相关的矿床为柳条沟铜铅锌小型矿床。

花岗斑岩在区内分布面积较小，呈岩株状和脉状产出，主要侵入于家北沟组地层中。该侵入体中富集 W、Bi、Pb 等元素，与之相关的矿床为永兴铜矿小型矿床、凤凰山银铅锌矿点。

石英斜长斑岩仅分布在西大营子一带，呈岩株状产出，主要侵入玛尼吐组地层中。该侵入体中富集 Ag、Sb、Hg、Au 元素，与之相关的矿点为西大营子金矿点。

C　找矿标志分析

(1) 以 Cu、Pb、Zn、Ag、Au 元素为主的异常：区内与铜铅锌成矿作用最为密切的地层为中二叠统于家北沟组及上侏罗统满克头鄂博组，特别是于家北沟组变质砂砾岩、变质砂岩为铅锌矿床的含矿围岩，晚侏罗世侵入岩不仅为铅锌矿床和矿化的形成提供了充足的热源，也为矿质的活化、萃取提供了热液，含矿物质分布在其外接触带上，多呈条带状或长轴状高值异常带分布，与矿点吻合程度较高。

(2) 以 Mo、W 元素为主的异常：与钼钨成矿作用最为密切的地层是上侏罗统玛尼吐组，被晚侏罗世侵入岩侵入，其中晚侏罗世花岗斑岩和石英斜长斑岩与成矿关系较为密切。Mo、W、Bi 元素富集，异常规模较大、强度高，控制了区内钼矿点分布，如柳条沟 56 号钼矿床。

5.3.3 遥感异常特征

5.3.3.1 遥感蚀变信息提取

通过多 ETM 多光谱数据进行主成分分析、比值分析等方法对矿化蚀变信息进行提取，由于该区提取出的蚀变异常较多，对遥感找矿靶区的预测有一定的参考价值。

第四系及植被半覆盖区，提取的矿化蚀变信息较多，以铁染蚀变较多（显示地表的褐铁矿化、赤铁矿化、黄钾铁矾等），羟基蚀变异常略少（显示地表的高岭土化、绿泥石化、绿帘石化、碳酸盐化等）。羟基蚀变异常主要分布在河谷和低洼处，分布在浙西部。铁染蚀变异常一般分布在各类地层和岩体中，没反映出规律性，其发育在环形构造和网格状构造中的铁染蚀变异常有意义。

5.3.3.2 遥感找矿预测靶区的选择

根据遥感异常靶区的选择条件，结合地质条件，在万合永进行遥感异常靶区的圈定，共圈定遥感异常靶区 12 处，大部分位于 F7 大断裂的两侧，其中有的受火山机构控制，有的位于二叠系地层与晚侏罗世粗中粒正长花岗岩的接触部位。

A 一号遥感异常靶区（B1）

该靶区位于 F2 大断裂的边部，位于二叠系于家北沟组砂岩、粉砂岩、板岩夹灰岩地层中。共解译出 3 个环网状构造，2 个环形构造，在环网状构造中提取出零星的铁染蚀变异常，判断在砂岩和板岩、灰岩底部有隐伏岩体多个。

B 二号遥感异常靶区（B2）

该靶区位于火山穹窿构造 H3 的边部，分布地层为二叠系于家北沟组一段，解译出一个环网状构造，三个相交的半环形构造环网状构造中的网格状构造规则，判断在于家北沟组地层的下部有火山期后的小侵入体侵入，该靶区遥感影像异常种类多，成矿的影像条件和地质条件较为有利。

C 三号遥感异常靶区（B3）

该靶区位于一网格状构造中，网格状构造规则，网格状构造总体分布呈北东向，面积为 15km^2 左右，有零星的铁染蚀变异常分布于网格状构造中，该靶区具有的较好的遥感影像条件。

D 五号遥感异常靶区（B5）

该靶区位于网格状构造中，网格状构造规则，网格状构造总体分布呈北北东向，面积为 15km^2 左右，该靶区位于于家北沟组地层与晚侏罗世粗中粒正长花岗岩的接触部位，该靶区具有的较好的遥感影像条件。

E 十一号遥感异常靶区（B11）

该靶区位于火山穹窿构造 H2 中的一个小环网构造，环网状构造规模较小，有铁染蚀变异常分布小环网状构造中，判断该影像是火山活动有关的富含硫化物的小地质体，应进行野外检查工作。

F 十二号遥感异常靶区（B12）

该靶区位于火山塌陷构造 H1 边部，解译出一个环网状构造和两个小环形构造，环网状构造中有大面积的铁染蚀变异常分布，其铁染蚀变异常明显受断裂构造控制，该靶区地质条件有利，铁染蚀变异常面积较大。

5.3.3.3 遥感地质解译效果评价

万合永等四幅遥感数据及影像图齐全，总体解译效果较好，图中色调、影纹等标志明显。工作中，采用了解译—验证—解译的方法，建立了第四系、岩石地层单元、侵入岩、断裂等遥感解译标志。第四系解译效果好，与基岩存在明显的地势差别，地势较平缓，影纹较光滑、均匀，水系不太发育。线性构造解译程度较好。遥感信息提取得到铁染、泥化等蚀变信息，经野外异常查证，在于家北沟组、满克头鄂博组、玛尼吐组地层中吻合较好；汉诺坝组地层多被第四系覆盖，吻合较差。

5.4 区域矿产状况

5.4.1 矿产概况

成矿带位于锡—铅锌—铁—铜钼大兴安岭主峰成矿带，按区域成矿时代来看，测区主要为铜钼多金属矿和铅锌多金属矿，成矿时间为燕山晚期，多形成于受北东向构造控制的晚侏罗世侵入岩内或其内外接触带附近。

测区矿产资源丰富，截至目前共发现 9 个矿种，计 42 处矿点、矿化点。其中，金矿（化）点 2 个，银铅锌矿（化）点 6 个，铜矿（化）点 7 个，铅锌矿点 8 个，铜铅锌矿（化）点 6 个，钼矿（化）点 2 个，铁矿（化）点 5 个，煤矿（化）点 5 个，水晶石矿（化）点 1 个，见表 5-6。

5.4.2 金属矿产地质特征

金属矿产主要有铁、铜、钼、铅锌等多金属矿产，主要分布于柳条沟、永兴村、二道沟及大黑山等地。现以柳条沟小型钼矿床、永兴小型铜矿床、二道沟小型铅锌矿床及大黑山小型铁矿床为例介绍成矿地质背景、矿体特征以及成矿类型。

5.4.2.1 柳条沟小型钼矿床

该矿区于 2010 年由核工业 243 大队完成普查工作，后由内蒙古天信地质勘查开发有限责任公司完成详查工作。

A 矿区地质特征

a 地层

出露地层简单，主要为上侏罗统玛尼吐组中酸性火山碎屑岩及熔岩，占 80% 以上，少量出露中新统汉诺坝组玄武岩。

b 岩浆岩

矿区东南部为晚侏罗世黑云母二长花岗岩，侵入玛尼吐组英安质凝灰岩，接触带仅见少量硅化、角岩化，未见其他矿化蚀变。流纹斑岩出露在矿区的中部和西部，为侵出相，沿火山塌陷盆地的侧火山管道侵出，它控制了钼矿化的分布，岩体内外接触带间有强烈的角闪石化、黄铁矿化、硅化、萤石化等蚀变。岩石呈浅灰色、灰色和深灰色，在与玛尼吐组的接触带中见有深灰色或黑色交代，蚀变作用强烈。

c 构造

矿区褶皱构造不发育，以断裂构造为主，可分为两种类型。一种为线形断裂，受区域构造影响，有近东西，北东，北西，南北等四组；另一种为火山塌陷形成的弧形断裂和放射状断裂，如矿区北部的控盆构造，火山塌陷时归并和利用了基底线形断裂而形成的弧形断裂，在矿区呈东西走向，南倾，倾角 45°~60°，规模较大，破碎带宽 10~30m，具多期活动性质，对矿体起破坏作用。围绕侧火山口外围块状凝灰岩及层状凝灰岩中的层间断裂呈规模较大的构造破碎蚀变带，是矿区主要熔矿构造。

矿区内出露的隐爆角砾岩（凝灰角砾熔岩）总体呈环形分布，其形成时代晚于流纹斑岩，具有明显的隐爆特征。火山机构控制各钼矿脉（点）和蚀变带的展布，组成火山机构的弧形，放射状构造为有利的含矿构造，以火山塌陷时形成的层间构造为最佳。

B 化探异常特征

该小型矿床位于HS-15甲$_2$化探异常内，与化探异常吻合较好。

C 矿床地质特征

a 矿体特征

该矿区的钼矿矿体呈层状，赋存于玛尼吐组块状凝灰岩和蚀变层状凝灰岩中，火山期后的热液蚀变作用强烈，主要蚀变有硅化、黄铁矿化、萤石矿化。流纹斑岩沿火山塌陷盆地的侧火山管道侵入，控制了钼矿体的展布。

该矿区控制程度较高的矿体为56号矿脉，矿体呈似层状，受层间构造蚀变带控制，沿走向控制长度为170m，沿倾向控制290m左右，矿体厚4~14m不等，平均厚9.04m。矿体在平面上呈弧形展布，地表从东到西走向呈NNE—NE—NEE的弧形，总体倾向SE，倾角45°；一中段（一坑）呈NE—NEE—EW的弧形，总体倾向SE，倾角45°。从浅部到深部矿体有从NE向NEE侧转之势。地表矿体品位为0.062%~0.139%，平均为0.104%，矿体厚4.00~11.00m，平均7.71m；一中段矿体品位为0.086%~0.490%，平均为0.337%，厚4.00~14.00m，平均10.37m。

钼矿体及外围的各钼矿点、矿脉及相关的围岩蚀变均与流纹斑岩及角砾熔岩密切相关，矿区内的各矿点（体）围绕流纹斑岩体呈环状展布。

b 矿石特征

矿区氧化带不发育，地表以下10m有微弱氧化，一中段（一坑）揭露的矿石全为原生矿石。根据物相分析资料，矿石氧化均小于10%，个别大于10%，但均不到20%。

矿石工业类型有单钼型和钼—萤石型两种。单钼型矿石中的主要矿物为辉钼矿，以超显微粒状分布于矿石之中，集合体呈片状或脉状、侵染状分布于块状凝灰岩中，与磁铁矿、黄铁矿及其他多金属硫化矿物组成脉体。伴生的金属矿物主要有磁铁矿、赤铁矿、黄铜矿、方铅矿等金属矿物。钼—萤石型矿石，多以脉状或网脉状形式出现，或以侵染状出现，萤石很难见到结晶颗粒，与辉钼矿伴生或共生，该类型矿石多产于构造破碎带中。

D 评价

该矿床为一小型钼矿，属火山成因类型、火山活动晚期热液矿床。

矿石主要化学成分：

（1）有用组分 $w(Mo)=0.277\%\sim1.65\%$，平均 0.263%；

（2）有益组分 $w(Cu)=0.007\%$，$w(Pb)=0.015\%$，$w(Zn)=0.033\%$，$w(Ag)=1.2g/t$，$w(Fe)=8.87\%$，$w(Sn)=0.018\%$，$w(Bi)=0.067\%$，其含量甚微，无工业综合利用价值；

（3）有害组分 $w(As)=0.0068\%$，含量较低，基本符合工业指标要求。

目前已提交储量 1857.49t，已开采 215.39t，尚保有 1642.10t（钼平均品位为 0.29%）。

5.4.2.2 永兴小型铜矿床

该矿区由赤峰盛源地质勘查有限公司 2011 年完成详查工作，现断续开采中。

A 矿区地质特征

a 地层

矿区出露地层比较简单，仅有中二叠统于家北沟组二段和第四系全新统。于家北沟组二段在区内大面积分布，第四系全新统沿山沟呈带状分布，为残坡积与冲洪积物松散堆积而成，主要为黄土状黏土、亚黏土、砂或砾石夹亚砂土，厚 1~15m。

b 岩浆岩

（1）晚侏罗世粗中粒正长花岗岩。主要分布在矿区中部北侧边缘，呈岩株状侵入中二叠统于家北沟组，在岩体的外接触带发育有角岩化、绿泥石化。该岩体相对不明显，与围岩的接触面较陡立，形态起伏不平，残留顶盖较多。

（2）脉岩。矿区脉岩较为发育，主要有花岗斑岩脉、花岗细晶岩脉、石英斑岩脉。

c 构造

矿区内地层呈单斜层状产出，倾向 125°~130°，倾角 52°~65°，未见明显的褶皱构造和断裂构造。区内受区域构造以及燕山晚期岩浆侵入作用的影响，外接触带岩石中的裂隙等次级构造比较发育，展布方向与岩层走向一致，主要为北东向，多平行分布。燕山晚期岩浆侵位时，热液与富钙岩石发生交代作用，富集成矿，形成蚀变岩型铜矿体。

B 化探异常特征

该小型矿床位于 HS-21 乙$_2$ 化探异常内，与化探异常吻合较好。

C 矿床地质特征

a 矿体特征

矿体主要产于花岗斑岩脉与于家北沟组变质粉砂岩外接触带上，共圈出两条蚀变带，圈定 10 条矿体。矿体赋存于北东向分布的蚀变岩带及其裂隙中，呈脉状产出，赋矿岩石为绿帘石化蚀变岩，矿体围岩为于家北沟组粉砂岩，矿体厚度、品位沿走向、倾向均较连续。矿体走向为北东 30°，控制长度为 125~463m 不等，均厚为 1.73~6.37m 不等，延伸为 76~495m 不等，平均品位为 0.58%~1.44%不等。

b 矿石与矿物组合

该矿床的矿石为原生矿石，矿石的工业类型为绿泥石化蚀变岩型铜矿石（硫化矿石）。

矿石的金属原生矿物主要有黄铜矿、黄铁矿，局部富集呈块状集合体，紧密镶嵌而成，少量辉银矿、磁黄铁矿、磁铁矿等，呈自形与半自形粒状结构、不规则粒状、它形粒状结构，脉状、细脉状、侵染状嵌布在矿脉中；表生矿物主要为孔雀石、褐铁矿，孔雀石呈不规则细粒状集合体或放射状集合体，与褐铁矿细脉平行排列，或呈薄膜状分布在地表岩石表面；非金属矿物，绿帘石含量（质量分数）最高，可达 75%~80%，石英 6%~7%，绿泥石 3%~4%，其次为绢云母、方解石等。

c 围岩蚀变

矿体顶底板围岩均为中二叠统于家北沟组变质粉砂岩，岩石具有较强的蚀变，蚀变宽度不等，取决于构造裂隙发育程度，矿体与围岩界限清楚。近矿围岩蚀变强烈，可见绿泥石化、绢云母化、碳酸盐化及硅化。

d 找矿标志

（1）晚侏罗世粗中粒正长花岗岩与于家北沟组变质粉砂岩外接触带地段，构造裂隙和蚀变岩带为成矿有利部位。

（2）与铜矿化关系密切的次生蚀变为褐铁矿化、孔雀石化及高岭土化，是该矿区重要的直接找矿标志。

D 评价

该矿床成因类型为中低温热液交代充填型硫化铜矿床，矿石主要有益元素为铜，矿床 Cu 品位为 0.49%~1.59%，平均为 1.34%，品位变化系数为 47.52%~93.26%；伴生有用元素除 Ag（平均品位为 27.79g/t）达到伴生指标外，其他元素如 Pb、Zn、Mo、Fe、Bi、Au、Sn、Cd、S 等均含量较低，在目前技术经济条件下，无工业意义。矿石中有害元素 As 含量低，不超标。已探明资源储量：铜

79173.13t（平均品位为1.34%）；伴生银164.41t（平均品位为27.79g/t）。

5.4.2.3 二道沟小型铅锌矿床

A 矿区地质特征

a 地层

矿区地层主要为中二叠统于家北沟组二段、三段，上新世白岔河玄武岩及第四系洪积物，并有晚二叠世蚀变安山岩侵入于家北沟组变质砂岩。

b 岩浆岩

矿区近西北部有小面积晚侏罗世粗中粒正长花岗岩出露。

c 构造

矿区地层基本上为一单斜构造，总体构造线方向为NE—SW向，倾向SE，倾角60°~78°。由于岩浆活动及构造变动的影响，在其局部地段也分布有小型的褶皱。

矿区断裂构造发育，主要有NE向、NNE向和NW向三组。NE向断裂构造是区内规模较大的断层，为压扭性断裂构造，沿其断层有闪长玢岩脉和石英脉的贯入，是区内的主导构造；NEE向断裂构造为成矿后的断层，对矿体有一定的破坏作用，但断距不大；NW向断裂构造，为熔矿构造，多分布在NE向断层附近，矿区内目前共发现有8条，其中有5条已被铅锌矿脉所充填。

B 化探异常特征

该小型矿床位于HS-7甲$_1$化探异常内，与化探异常吻合较好。

C 矿床地质特征

a 矿体特征

目前在矿区内共发现8条铅锌矿脉，其中6条矿脉分布在矿区的中南部，2条则分布在矿区东北部。现以①、②、③号矿脉为代表详细叙述如下。

（1）①号矿脉。分布于矿区中部，地表控制长度为52m，控制延伸90m。矿体延续性好，厚度较稳定，走向由296°转向290°，形成向北东凸出的弧形，倾向南西，倾角65°~70°。地表由探槽控制厚度为1.30~1.32m，均厚为1.39m。PD1中的沿脉平硐（Ym1），标高为1069m，中段高度为50m，斜深为32~84m，控制矿体长138m，厚度为0.70~1.40m，均厚为0.98m，矿体厚度变化系数为18%。矿石品位w(Pb)为2.33%~31.62%，平均为19.15%，品位变化系数为38%，w(Zn)为0.45%~3.78%，平均为2.19%，品位变化系数为44%，矿体连续，以含铅、锌多金属硫化物蚀变带为主，其围岩为蚀变安山岩及变质粉砂岩。

(2) ②号矿脉。矿体地表无出露，为盲矿脉，在其南坡建竖井，向深部40m见矿体穿沿脉，矿体走向275°~315°，倾向SW，倾角75°~82°，控制矿体长105m，厚度为1.52~2.29m，均厚为1.58m，矿体厚度变化系数29%，厚度属稳定型。矿石品位 w(Pb) 为5.04%~17.38%，平均为8.00%，品位变化系数为44%，w(Zn) 为2.34%~6.12%，平均为3.82%，品位变化系数为33%，矿体连续，矿体为原生矿。

(3) ③号矿脉。分布于矿区中南部，①号矿脉和②号矿脉之间，矿脉走向322°，倾向SW，倾角70°，地表工程控制长度大于140m，矿体厚度为0.48~0.80m，均厚为0.68m。PD3标高为1107m，斜深为24~50m，控制矿体长为148m，厚度为0.50~1.60m，均厚为1.03m，矿体厚度变化系数24%，厚度属稳定型。矿石品位 w(Pb) 为0.40%~35.08%，平均为12.47%，品位变化系数为62%，w(Zn) 为0.76%~7.65%，平均为2.90%，品位变化系数为64%，矿体连续性好，总体呈脉状略有弯曲，产状与地表一致，倾角略陡，达72°。矿体以含铅锌金属硫化物蚀变带为主，矿体围岩主要为变质粉砂岩，其次为蚀变安山岩，未见成矿后断裂破坏矿体现象。

b 矿石特征

矿石成分比较简单，金属矿物有方铅矿、黄铁矿、闪锌矿、黄铜矿、毒砂及少量砷黝铜矿、白铅矿、菱锌矿、辉银矿、淡红银矿、钨矿物、自然金等。除铅、锌外，伴生有益元素为金、银，可供综合利用，铜、镉、砷、硫等元素，在目前经济技术条件下暂不能回收利用。

c 围岩蚀变

矿脉围岩均遭受不同程度蚀变，由于测区热液温度较低，因而变质强度不大，分带性不明显。围岩蚀变主要表现为黄铁矿化，碳酸盐化、硅化、绿泥石化、绢云母化及绿帘石化等，靠近构造破碎带中比较发育，黄铁矿化、硅化及绿泥石化的构造破碎带与含多金属硫化物石英脉叠加是矿脉主要赋存部位。

d 找矿标志

(1) 地表铁锰染是找矿的直接标志，铁帽中有氧化的铅锌矿物是找矿的最佳标志。

(2) 北西和北西西断裂构造形成的构造破碎蚀变带，尤其是硅化、绿泥石化、绢云母化蚀变带是成矿的有利部位。

(3) 强烈的硅化、黄铁矿化及黄铜矿化、绿泥石化、绢云母化充填断裂构造带是测区明显的找矿标志。

D 评价

该矿床为中温热液充填交代型脉状铅锌多金属矿床，矿体的矿化富集主要与构造裂隙的空间大小有关，矿脉厚度大时，品位也高，矿脉窄时品位相对较低。提交122b+333类金属量：保有铅348173t（平均品位为7.21%）、保有锌119892t（平均品位为2.78%）。另伴生银（保有）160.29t（平均品位为31.56g/t）、伴生金（保有）228t（平均品位为0.52g/t）。

5.4.2.4 大黑山小型铁矿床

该矿区于2007年由锡林郭勒盟灵通矿业发展有限责任公司完成详查报告。已设采矿权，矿区内建有平硐，目前已停止开采。

A 矿区地质特征

a 地层

矿区内出露的地层较为简单，主要为中二叠统于家北沟组及第四系。于家北沟组在测区大面积分布，为一套浅海相沉积，该套地层也是本矿区铁矿的赋矿层位，其岩性组合表现为粉砂岩、硅质砂岩、凝灰质砂岩。第四系主要分布在河谷、坡地，由残坡积、风成砂、冲洪积物等组成。

b 岩浆岩

矿区出露的岩浆岩较为简单，主要为晚侏罗世中细粒正长花岗岩。

正长花岗岩出露于矿区南部，向北侵入于家北沟组，岩体相带不甚明显，一般多为垂直分相，部分地段具边缘相，岩体流面产状与围岩片理、片麻理方向一致，推测岩体可能向北倾。矿区脉岩较不发育，主要有花岗细晶岩脉、石英脉、花岗微晶岩脉及闪长岩脉等。

c 构造

区内地层总体为一单斜构造，受区域构造的影响，地层走向NW—SE向，倾向NE，倾角多在70°~85°，由于经受多次构造运动的影响，岩层走向有所扭曲，局部地层倾向NW。

在矿区南部发育一逆断层，其位于于家北沟组与正长花岗岩的接触带上，长约600m，北东走向，倾向北西，向东有分支现象。在矿体赋存部位，局部地段见有轻微层间滑动现象，对矿体没有破坏作用。

B 化探异常特征

该小型矿床位于HS-13乙$_3$化探异常内，与化探异常吻合较好。

C 矿床地质特征

a 矿体特征

铁矿体主要赋存于中二叠统于家北沟组地层中，含矿岩石主要为凝灰岩、凝灰质砂岩，其次为硅质砂岩。已查明4条铁矿体，大致平行展布，走向300°~327°，北东倾向，倾角46°~64°。重点叙述1号矿体。

该矿体为矿区的主矿体，呈脉状，走向301°~327°，北东倾向，倾角46°~60°，沿走向向两百尖灭。地表工程控制长度为160m，最大控制深度为78m，埋深为0~118m，赋矿标高为1030~874m。地表由4个探槽控制真厚度为5.98~9.60m，均厚为7.25m；品位TFe为25.82%~30.56%，MFe为20.01%~24.08%，平均品位TFe为28.15%，MFe为22.05%。深部5个坑探工程控制矿体真厚度为5.61~10.26m，平均为8.17m；品位TFe为29.66%~42.67%，MFe为22.44%~37.82%，平均品位TFe为38.58%，MFe为32.22%。矿体由地表至深部，厚度略有增加，品位也相应增大。

1号矿体品位TFe为25.82%~44.10%，MFe为20.01%~37.82%，平均品位TFe为36.42%，MFe为330.10%。品位变化系数TFe为19.20%，MFe为23.65%，矿体真厚度为5.61~10.26m，平均厚度为7.76m，厚度变化系数为18.78%。因此，矿体沿走向及倾向厚度稳定，品位变化小，矿体顶底板为凝灰岩，无可剔除夹石。

b 矿物组合

矿石中的主要有用元素为铁，矿物相以磁铁矿为主，由于地表大部分地段为第四系残坡积物覆盖，矿体基本上未被氧化。

c 围岩蚀变

本矿区与铁矿化密切相关的蚀变主要表现为硅化、矽卡岩化、碳酸盐化及绿泥石化等。上述蚀变分带性不明显，在矿体的顶底板却表现得较为强烈。另外，在正长花岗岩体的内接触带本身也具不同程度的蚀变，主要是云英岩化、绿泥石化、碳酸盐化及硅化等。在岩体与地层的外接触带主要见有云英岩化、绿泥石化和多金属矿化蚀变。

d 找矿标志

根据矿体产出位置，主要找矿标志应为正长花岗岩与砂岩外接触带。

D 评价

该矿床成因类型属接触交代型铁矿床，晚侏罗世正长花岗岩的侵入活动与成矿较为密切，为成矿物质的主要来源。矿石的化学组分简单，稀有、分散、有色、稀土元素的含量甚微，无工业意义。已提交122b+333类矿石量：102.02万吨（全铁平均品位为34.30%）。

金属矿（化）点特征一览表见表5-6。

表 5-6 金属矿（化）点特征一览表

矿种	编号	位置	地质概况	矿化特征	成因类型	工业类型	工作程度	评价
金	2	西大营子北	附近出露有上侏罗统玛尼吐组安山岩、英安质晶屑凝灰岩；晚侏罗世石英斜长斑岩呈小岩株状产出；北东向构造发育	蚀变带走向50°，可见长150m，宽约12m；主要为褐铁矿化、钾化、硅化；探槽TC25控制，有两条矿体，近乎直立，宽度分别为1.3m、1m，金品位为1.3g/t、1.23g/t；熔矿岩石为石英斜长斑岩，围岩为石英斜长斑岩	热液型	矿点	重点检查	建议进一步工作
	4	西大营子西南	晚侏罗世石英斜长斑岩呈小岩株状产出	蚀变带走向20°～30°，可见长约330m，宽5～10m；主要矿化特征为褐铁矿化、钾化、硅化；探槽TC8控制，发育一条金矿体，宽2.4m，Au 3.98g/t；熔矿岩石和围岩石英斜长斑岩为含矿岩石	热液型	矿点	重点检查	1：50000区调矿点，建议下一步工作
银铅锌	8	于营子东南	中二叠统于家北沟组灰、灰黄色变质砂砾岩、变质含砾粗粒砂岩、变质中粒砂岩、变质细粒砂岩；流纹斑岩侵入其中	蚀变带走向近南北，断续长650m，宽1～2m；矿化蚀变主要为褐铁矿化、黄铁矿化、铁锰矿化、绢云母化及碳酸盐化；探槽TC3控制，Ag为52.4g/t，w(Pb+Zn)为0.82%，熔矿岩石为褐铁矿化变质细粒砂岩	热液型	矿化点	重点检查	建议下一步工作
	9	于营子东南	中二叠统于家北沟组灰、灰黄色变质砂砾岩、变质含砾粗粒砂岩、变质中粒砂岩、变质细粒砂岩；晚侏罗世花岗斑岩、粗中粒正长花岗岩侵入中于家北沟组地层中	蚀变带走向145°，北东倾断续长约100m，宽0.2m；接触带可见明显镜铁矿化，探槽TC32控制，宽0.9m，Ag为35.5g/t，w(Pb+Zn)为0.42%，熔矿岩石为褐铁矿化变质细粒砂岩，围岩为变质细粒砂岩	热液型	矿化点	重点检查	建议进一步检查
	13	凤凰山	中二叠统于家北沟组二段变质粉砂岩，粉砂质板岩；花岗斑岩脉变质砂岩中；发育北东向和近东西向断裂	矿体走向30°～45°，倾向南东，倾角20°～80°，脉状分布，断续长140m，宽0.2～4m；矿化蚀变为褐铁矿化、锰矿化，蜂窝状；探槽TC1、TC13控制，Ag为61.2～152g/t，w(Pb)为0.93%，w(Zn)为0.73%～1.09%；熔矿岩石为变质粉砂岩，围岩为变质粉砂岩	热液型	矿点	重点检查	建议进一步工作

续表 5-6

矿种	编号	位置	地质概况	矿化特征	成因类型	工业类型	工作程度	评价
银铅锌	14	凤凰山	中二叠统于家北沟组二段变质粉砂岩，粉砂质板岩；花岗斑岩脉变质砂岩中；发育北东向和近东西向断裂	矿体呈近东西向脉状分布，北东倾，倾角50°，可见长约8m，宽1m；矿化蚀变为褐铁矿化、硅化、铁锰矿化、高岭土化。探槽TC2控制，Ag为430g/t，w(Pb)为3.09%，w(Zn)为0.92%，w(Sb)为0.99%，熔矿岩石为变质粉砂岩，围岩为变质粉砂岩	热液型	矿点	重点检查	建议进一步工作
	28	煤窑沟敖包东北	上侏罗统满克头鄂博组流纹质晶屑凝灰岩，流纹质含角砾岩屑晶屑凝灰岩等；北部有晚侏罗世中细粒正长花岗岩侵入；北东向和北西向断裂构造发育	蚀变带走向140°，近直立，断续可见长约500m，宽约8m；具强烈褐铁矿化、锰矿化；探槽TC28控制，Ag为5.70~38.4g/t，w(Pb)为0.024%~0.22%，w(Zn)为0.21%~0.66%；熔矿岩石和围岩均为流纹质凝灰岩	热液型	矿化点	概略检查	建议进一步检查
	40	大北梁北	上侏罗统满克头鄂博组灰、灰紫色流纹质晶屑凝灰岩、流纹质凝灰岩	呈带状分布，走向北西向，可见长120m，宽约1m。地表拣块样分析结果：w(Pb)为0.19%~0.28%、w(Zn)为0.42%~0.52%、Ag为29.5~36.8g/t	热液型	矿点	普查	已设矿权
铜	10	喇嘛洞北	出露中二叠统于家北沟组变质细粒砂岩、变质粉砂岩；南部有晚侏罗世中细粒正长花岗岩和蚀变安山岩侵入	蚀变带走向近东西向，倾向北，倾角23°，可见长约5m，宽1m；主要矿化特征为孔雀石化、褐铁矿化、镜铁矿化和硅化。地表拣块样Cu为0.62%，熔矿岩石为变质细粒砂岩	热液型	矿化点	重点检查	建议进一步工作
	5	榆木头沟	上侏罗统满克头鄂博组凝灰岩不整合覆盖于于家北沟组砂岩	矿石为闪锌矿，黄铜矿。围岩为粉砂质板岩	热液型	小型	详查	已设矿权
	11	广义德东南	中二叠统于家北沟组灰、灰黑色变质凝灰质细粒砂岩、变质粉砂岩、粉砂质板岩。围岩为粉砂质板岩	矿化蚀变主要是褐铁矿化、孔雀石化。矿石为闪锌矿、黄铜矿。122b + 333类金属量：Cu为4561.50t（Cu平均品位为1.36%）、Zn为2402.74t（Zn平均品位为0.72%）	热液型	小型	详查	已设矿权

续表 5-6

矿种	编号	位置	地质概况	矿化特征	成因类型	工业类型	工作程度	评价
铜	12	永兴	花岗斑岩脉侵入中二叠统于家北沟组	矿体产于二者接触带，矿化蚀变为褐铁矿化、硅化、绿帘石化、孔雀石化。Cu 为 79173.13t（平均品位为 1.34%）；另伴生银金属 164.41t（平均品位为 27.79g/t）	热液型	小型	详查	已设矿权
铜	19	喇嘛地沟	于家北沟组二段变质凝灰质细粒砂岩、变质粉砂岩大面积出露	矿体走向 260°，可见长 30m，宽约 3m。围岩蚀变以孔雀石化为主	热液型	矿点	普查	已设矿权
铜	24	大黑山东南	晚侏罗世中细粒正长花岗岩	矿化蚀变带走向 330°，可见长 60m，宽约 1.5m。地表拣块样铜品位为 0.62×10^{-2}	热液型	矿化点	普查	已设矿权
铜	27	后窝铺北	晚侏罗世闪长岩小面积分布，侵入中二叠统于家北沟组	两条矿化体呈条带状，走向北西，长 150m、275m，均宽 6.3m、6.23m，Cu 品位为 0.08%～1.26%、0.07%～1.31%。平均品位分别为 0.94%、0.96%	热液型	矿点	普查	已设矿权
铅锌	29	煤窑沟敖包北	上侏罗统满克头鄂博组流纹质晶屑凝灰岩，流纹质含角砾岩屑晶屑凝灰岩等；北部有晚侏罗世中细粒正长花岗岩侵入；北东向和北西向断裂构造发育	蚀变带走向 135°，倾向北东，倾角 45°～50°，断续可见长约 150m，宽约 12m；主要矿化特征褐铁矿化、锰矿化、钾化、硅化；探槽 TC10 控制，有两条矿体，宽度各 1m，w(Pb) 为 2.84%、1.87%，w(Zn) 为 0.85%、0.13%；熔矿岩石和围岩均为流纹质凝灰岩	热液型	矿点	概略检查	建议进一步工作
铅锌	30	煤窑沟敖包西北	上侏罗统满克头鄂博组流纹质晶屑凝灰岩，流纹质含角砾岩屑晶屑凝灰岩等；北部有晚侏罗世中细粒正长花岗岩侵入；北东向和北西向断裂构造发育	蚀变带走向 135°，断续可见长约 200m，宽约 3m；主要矿化特征为褐铁矿化和铅锌矿化；地表拣块样，w(Pb+Zn) 为 10%	热液型	矿点	概略检查	建议进一步工作
铅锌	37	籍家营子	上侏罗统玛尼吐组英安质含角砾晶屑凝灰岩、英安质岩屑晶屑凝灰岩、英安质晶屑凝灰岩、英安质凝灰岩	蚀变带近南北向，可见长 120m，宽约 2m；主要矿化特征为褐铁矿化、锰矿化和硅化；槽探 TC14 控制，Ag 为 1.69～11.7g/t、w(Pb) 为 0.033%～0.19%、w(Zn)为 0.24%～1.62%	热液型	矿点	重点检查	建议下一步工作

续表 5-6

矿种	编号	位置	地质概况	矿化特征	成因类型	工业类型	工作程度	评价
铅锌	1	西大营子北	晚侏罗世石英斜长斑岩侵入上侏罗统玛尼吐组英安质晶屑凝灰熔岩、英安岩、安山岩等	岩石发育褐铁矿化、铁锰矿化、强烈硅化。取样分析：w(Pb) 为1.6%~3.2%、w(Zn) 为0.8%~2.3%、Ag为86.53g/t	接触交代型	矿点	详查	已设矿权
	7	二道沟	中二叠统于家北沟组二段变质粉砂岩，侵入岩为晚二叠世蚀变安山岩	8条矿体呈脉状，北西走向，控制长度为105~148m，平均厚度为0.98~1.58m。矿石品位w(Pb) 为2.33%~31.62%，平均19.15%，w(Zn) 为0.45%~3.78%，平均2.19%	热液型	小型	详查	已设矿权
	32	磁南	上侏罗统满克头鄂博组(J_3mk) 灰、灰紫色流纹质晶屑凝灰岩、流纹质凝灰岩	带状分布，走向北西向，已查明矿脉9条，长一般几十至百余米，最长400m，宽为0.2~1.93m。矿石以铅锌为主，品位铅加锌为2%~3%，局部高达23%	热液型	矿点	普查	矿点
	35	老虎洞	侏罗系满克头鄂博组流纹岩、流纹质凝灰岩、流纹质火山角砾岩	呈带状展布，地表共圈定1条铅锌矿体：深部共发现8条矿化体，钻探控制，穿矿厚度一般为1~3m。基本为单工程见矿，品位一般在边界品位左右。个别样品w(Pb+Zn) 达2%以上	热液型	矿点	普查	已设矿权
	39	长义西南	上侏罗统玛尼吐组英安质含角砾晶屑凝灰岩、英安质岩屑晶屑凝灰岩、英安质晶屑凝灰岩、英安质凝灰岩	矿化蚀变以褐铁矿化，硅化为主。地表拣块样，铅锌品位大于3000×10^{-6}	热液型	矿点	普查	已设矿权
铜铅锌	3	西大营子西南	晚侏罗世石英斜长斑岩呈小岩株小面积分布	蚀变带走向40°，可见长约25m，宽约8m，两端被黄土覆盖；主要矿化特征为褐铁矿化、孔雀石化、硅化；探槽TC7控制，发育一条铜矿体，宽1m，w(Cu) 为0.6%；熔矿岩石和围岩均为石英斜长斑岩	热液型	矿点	重点检查	建议进一步检查

续表 5-6

矿种	编号	位置	地质概况	矿化特征	成因类型	工业类型	工作程度	评价
铜铅锌	36	头道沟门	上侏罗统玛尼吐组英安质岩屑晶屑凝灰岩、英安质晶屑凝灰岩	蚀变带近南北走向，近直立，脉状分布，断续可见长为约600m，宽约18m；主要矿化特征为褐铁矿化、镜铁矿化、孔雀石化和硅化；探槽TC17控制，发育一条矿体，宽度0.4m，Ag为339g/t、w(Pb)为8.06%、w(Zn)为0.94%、w(Cu)为0.2%；熔矿岩石为石英脉，围岩为英安质晶屑凝灰岩	热液型	矿点	概略检查	建议进行下一步工作
	17	北石门子西南	上侏罗统满克头鄂博组灰、灰紫色流纹质晶屑凝灰岩、流纹质凝灰岩	可见长约20m，宽约0.5m的一条矿化体。围岩蚀变为褐铁矿化，铁锰矿化，镜铁矿化。1：200000报告拣块样化学分析结果含Cu、Pb、Zn均不超过0.05%；本次概略检查中取旧探槽样，快速分析仪结杲，w(Pb+Zn)>0.5%	接触交代型	矿点	详查	已设矿权
	25	德兴永	二叠系中统于家北沟组二段变质粉砂岩	矿体走向近北东，产状260°∠80°，可见长大于200m，宽为1~5m。围岩蚀变为褐铁矿化、孔雀石化。品位w(Zn)为0.87%、w(Pb)为1.35%，Ag为87.32g/t	热液型	矿点	普查	已设矿权
	26	柳条子沟东	晚侏罗世闪长岩小面积分布，侵入中二叠统于家北沟组	带状分布，走向北西向。围岩蚀变以褐铁矿化为主。122b+333类金属量：Cu为9878t（平均品位为0.55%）、Pb为41018t（平均品位为2.30%）、Zn为55408t（平均品位为3.11%）	热液型	小型	普查	已设矿权
	34	大艾林沟西北	上侏罗统满克头鄂博组流纹质含角砾晶屑凝灰岩、流纹质岩屑晶屑凝灰岩、流纹质晶屑凝灰岩、流纹岩	矿体走向北东和北西向，已发现蚀变带10条，有价值能进一步工作的矿化体7条：①~⑦号，长50~400m不等，宽1~8m不等。地表探槽刻槽或拣块样：w(Cu)为0.54%~0.92%、w(Pb)为0.70%~0.78%、w(Zn)为0.49%~0.52%、Ag为9.9%~52.3g/t	热液型	矿点	普查	已设矿权

续表 5-6

矿种	编号	位置	地质概况	矿化特征	成因类型	工业类型	工作程度	评价
铁	16	北石门子西南	上侏罗统满克头鄂博组流纹岩，流纹质晶屑熔结凝灰岩	矿化蚀变带走向近南北，倾角35°，可见长约15m，宽约1m。地表拣块样：全铁（TFe）为33.51%，磁铁 w(MFe) 为19.75%，Ag为1.66g/t	热液型	矿化点	概略检查	规模小，不建议下一步工作
	33	大帐房东	晚侏罗世中细粒黑云母二长花岗岩	发现镜铁矿石英脉七条，近南北向，宽为0.4~2.8m；矿化体1条，北西向，控长150m，厚度为0.75~1.13m	热液型	矿化点	重点检查	意义不大
	20	喇嘛地沟南	中细粒正长花岗岩侵入上侏罗统满克头鄂博组	矿体呈带状分布，走向北西向，共圈定工业矿体2条，编号为1、2号矿体，控长429m、403m，均厚12.9m、13.4m	接触交代型	小型	详查	已设矿权
	21	大黑山北	中细粒正长花岗岩侵入中二叠统于家北沟组	矿体产于正长花岗岩与砂岩外接触带上，北西走向。共圈出铁矿体4条：1、2、3、4号，产于含磁铁硅质砂岩中，其中1、2号控长160m、100m，均厚7.76m、5.63m	接触交代型	小型	详查	已设矿权
	22	大黑山东	中细粒正长花岗岩侵入中二叠统于家北沟组	仅在外接触带上仅有磁铁矿砖石分布，未见露头	接触交代型	矿化点	普查	已设矿权
钼	15	柳条沟	上侏罗统玛尼吐组英安质火山角砾岩、英安质含角砾晶屑凝灰岩、英安质晶屑凝灰熔岩、英安质凝灰岩	主要受火山机构控制，找矿标志为火山机构附近的隐爆角砾岩。钼储量1857.49t（钼平均品位为0.29%）	热液型	小型	详查	已设矿权
	38	长义北	上侏罗统玛尼吐组英安质含角砾晶屑凝灰岩、英安质岩屑晶屑凝灰岩、英安质晶屑凝灰岩、英安质凝灰岩	矿化蚀变以褐铁矿化、硅化为主，部分可见绿帘石化，绿泥石化	热液型	矿点	详查	已设矿权

5.5 成矿规律与矿产预测

5.5.1 成矿规律

5.5.1.1 矿床（点）空间展布特征

矿产在空间上的分布规律主要受区域构造、岩浆活动、沉积建造、变质作用等因素控制。相同类型及成因的矿产在空间上分布具有相似的特征，尤以内生金属矿产的空间分布规律最为明显。

A 构造控矿规律

区域内断裂较为发育，构造线方向有北东向、北西向、近南北向和近东西向，其中以北东向断裂为主，为万合永控岩导矿构造，与区域主构造线方向基本一致。其次为北西向断裂，该方向断裂为万合永控矿和熔矿构造，特别是北西向和北东向断裂构造节点处，是成矿较为有利的位置。区内矿（化）点及蚀变带多受该组断裂控制，区内已知的柳条沟铅锌矿及二道沟铅锌矿也证实了这一点。

B 地层控矿规律

中二叠统于家北沟组是最古老地层，主要分布于万合永和炒米房图幅内，空间上呈近北东-南西向展布。区内于家北沟组分为三段，目前认为成矿主要与二段和三段关系密切，主要分布于万合永—凤凰山一带，二者皆处于 Ag、Cu、Pb、Zn 高背景区，控制了区内热液型、接触交代型铜铅锌矿床分布，如二道沟铅锌矿、柳条沟铜铅锌矿、永兴铜矿、大黑山铁矿等。

满克头鄂博组主要分布在炒米房和吕家沟门幅内，空间上呈北东向展布。满克头鄂博组处于 Pb、W 元素高背景区，控制了区内部分热液型铅锌矿点的分布，如煤窑沟铅锌矿点、岗子铅锌矿点、天顺承矿点等。

玛尼吐组主要分布在万合永幅和吕家沟门幅内，呈北东向展布。该地层中富集 Mo、W、Bi 元素，控制了区内热液型钼、铜、铅、锌矿点的分布，如柳条沟 56 号钼矿床、籍家营子铜铅锌矿点的分布。

C 岩浆岩控矿规律

区内侵入岩种类繁多，以中酸性岩为主，侵入岩分布较广泛。侵入岩空间上总体呈带状展布，时间上呈跳跃式延续，主要为晚二叠世和晚侏罗世侵入岩，呈现出多阶段、多期次侵入的特点。其中晚侏罗世闪长岩、花岗斑岩和石英斜长斑岩与成矿关系较为密切。

闪长岩主要分布在于营子、柳条沟一带，呈岩株状产出，主要侵入于家北沟组、满克头鄂博组和玛尼吐组地层中。闪长岩中富集 Zn、Sb、W、Pb、Bi、As、Au 等元素，与之相关的矿床为柳条沟铜铅锌小型矿床。

花岗斑岩在区内分布面积较小，主要侵入于家北沟组地层中。该侵入体中富集 Cu、Ag、Bi、As 元素，与之相关的矿床为永兴铜矿小型矿床、凤凰山银铅锌矿点。

石英斜长斑岩仅分布在西大营子一带，呈岩株状产出，主要侵入玛尼吐组地层中。该侵入体中富集 Ag、Sb、Hg、Au 元素，与之相关的矿点为西大营子金矿点。

5.5.1.2 成矿时间演化规律

矿产分布特征与成矿时间有着密切的关系，不同的成矿期具有不同的赋矿地层、岩浆热液活动、地质构造等。测区内生金属矿产成因类型主要为岩浆热液型、接触交代型等，从成矿物质、成矿热液来源和矿（化）点的空间分布特征来看，测区成矿期主要为燕山成矿期。

区内燕山期岩浆活动强烈，侵入岩以酸性岩类及规模不等的花岗斑岩脉为主，其中闪长岩、花岗斑岩、正长花岗岩和石英斜长斑岩与成矿关系比较密切，严格控制区内热液型和接触交代型矿床的分布。

5.5.1.3 成矿区带特征

A 成矿带划分

测区Ⅰ级成矿区（带）处于古亚洲成矿域和滨太平洋成矿域的交会部位，Ⅱ级成矿区（带）属内蒙古—大兴安岭成矿省。Ⅲ级成矿带属突泉—林西华力西燕山期铁（锡）、铜、铅、银、铌（钽）成矿带。Ⅳ级成矿带为硐子—汤家杖子钨、金、钼、铅、锌、铜成矿带。Ⅴ级成矿带为小东沟—柳条沟钼、铅、锌成矿带，如图 5-10 所示。

B 小东沟—柳条沟钼、铅、锌成矿带特征

该成矿远景区位于西拉木伦河断裂和华北板块北缘深断裂之间，前中生代基底由太古宙—元古宙片麻岩、片岩及早古生代洋壳残余和基性火山—沉积岩及晚古生代碎屑岩、碳酸盐岩组成。中生代滨西太平洋活动大陆边缘构造发育阶段，形成了近东西方向排列的断层和拗陷构造格局，发育了中酸性火山—深成岩。同时该区为区域地球化学场的 Cu、Pb、Zn、Mo、Ag 高背景区。地球物理资料表明，该区处于北东向重力梯级带向西弯曲的变异部位，是成矿的有利部位。

燕山期与成矿有关的岩浆岩为花岗岩类。燕山早期为石英闪长岩—花岗闪长

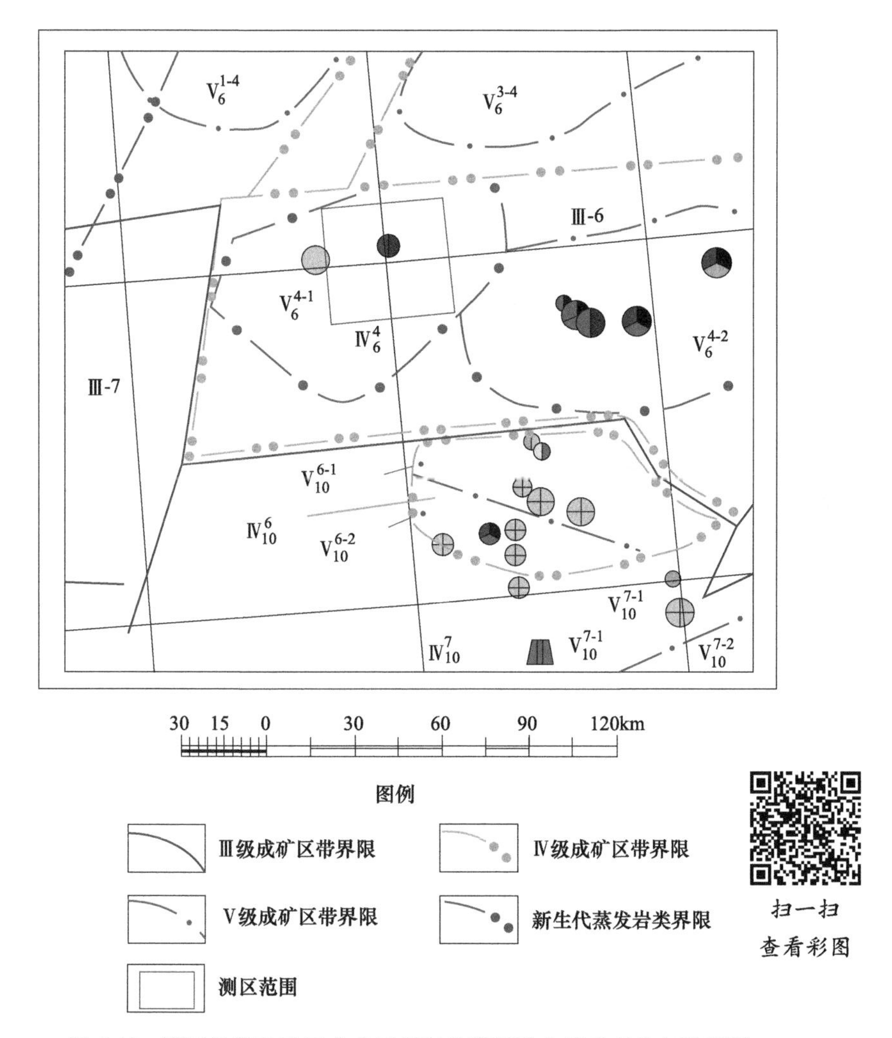

图 5-10 测区及周边地区成矿区带划分简图及金属矿产分布示意图

岩—花岗岩组合，时代为 170~153Ma。燕山晚期为钾长花岗岩—花岗斑岩组合。时代为 125Ma。它们主要沿近东西向—北北西向断裂与北北东向断裂的交汇部位产出，形成东西成矿带，北北东成矿分布的格局。钼、铅、锌矿床主要分布在中生代断隆区中燕山期花岗岩体的外接触带。控矿构造为北西—南东向的次级构造裂隙带。

该区已知矿床类型有接触交代型（二道沟、柳条沟铅锌矿），热液型（永兴铜矿）及斑岩型（小东沟）。接触交代型矿床分布在燕山期花岗岩类与碳酸盐岩接触处形成的矽卡岩带中。热液矿床位于燕山期侵入体外接触带和晚古生代和火山—沉积地层中，少数分布在燕山期侵入体和火山岩中，该区内自西向东，由铜钼矿床过渡为铅锌（银）矿床。

5.5.2 主要矿种的区域找矿模型

区内内生金属矿床（点）以银、铜、铅、锌为主，它们的控矿地质因素较多。通过分析各种矿产的控矿地质因素，总结各种地质因素的内在联系，确定找矿标志，建立找矿模型，对区域矿产总结具有重要的意义。

5.5.2.1 铜铅锌矿床控矿地质因素分析

A 地层因素

测区内与铜铅锌成矿作用最为密切的地层为中二叠统于家北沟组及上侏罗统满克头鄂博组。

中二叠统于家北沟组为一套路表浅海及其滨岸陆缘碎屑岩。该套地层遭受了不同程度的区域变质作用改造，使矿物发生重结晶，导致活动性质相同或相近的元素聚集，变质热液活动也有利于成矿元素的迁移和富集。特别是区域热动力变质作用，包含了机械破碎和矿物重结晶两个过程，其大大增加了元素富集的概率，使成矿成为可能。

上侏罗统满克头鄂博组为一套陆相流纹质熔岩及火山碎屑岩。岩石性脆，断裂通过处发生不同程度的动力变质作用，为含矿热液提供了有利的运移通道及赋存空间。

B 岩浆岩因素

岩浆活动是测区成矿必不可少的要素之一，区内的内生金属矿产形成均与岩浆侵入活动有关。与测区与铅锌成矿关系最为密切的侵入岩主要有晚侏罗世闪长岩、花岗岩、正长花岗岩、花岗斑岩。多期次的岩浆侵入活动不仅为铅锌矿床和矿化的形成提供了充足的热源，也为矿质的活化、萃取提供了热液。

C 构造因素

断裂构造是成矿物质活化迁移的主要驱动力，它不仅是含矿溶液活动的通道和聚积场所，也是矿质产生运移的主导因素之一。断裂构造是测区铅锌矿床的主要控矿、导矿、容矿构造，按其空间展布可划分为北西向、近南北向及北东向三组断裂系统，它们控制了测区矿产的形成和分布。断裂强烈活动使两侧岩石中节理裂隙十分发育，测区脉状、细脉状、网脉状石英脉就赋存在岩石的节理裂隙中，特别是与主构造线方向趋向一致的节理裂隙也是测区重要的含矿构造。

5.5.2.2 找矿标志

根据测区铅锌矿床特征，总结出测区铅锌矿较为显著的找矿标志有控矿和赋矿地层标志、侵入岩标志、构造标志、围岩蚀变标志、地球化学标志、地球物理标志等。

A 地层标志

于家北沟组、满克头鄂博组是测区寻找热液铜铅锌矿床的地层标志，特别是于家北沟组变质砂砾岩、变质砂岩为铅锌矿床的含矿围岩。

B 侵入岩标志

闪长岩、花岗斑岩、正长花岗岩与铜铅锌矿床较为密切，含矿物质分布在其外接触带上。

C 构造标志

北东向、北西向断裂和褶皱端附近是测区铜铅锌矿床的重要找矿标志。岩石节理裂隙及其压性、压扭性、张扭性构造裂隙是重要的赋矿构造。

D 围岩蚀变

围岩蚀变是寻找深部隐伏矿体的重要找矿线索。褐铁矿化、黄铁矿化、绿泥石化、绿帘石化、硅化、钾化是测区铅锌矿的重要矿化蚀变类型，它们互相叠加且蚀变强烈的地段，往往成为铅锌矿的重要找矿标志。

E 地球化学标志

地球化学异常是在测区寻找内生金属矿产的重要标志之一。现已发现的柳条沟小型铅锌矿、二道沟小型铅锌矿、岳家营子铅锌矿点等，均有 Pb、Zn、Ag 等相关元素异常显示，且异常与矿点吻合程度较高。

F 地球物理标志

激发极化法是测区寻找铅锌矿隐伏矿体的重要方法。极化率大于 8%的视激化率异常，为测区寻找铅锌矿隐伏矿体提供了较好的地球物理指标。

5.5.3 矿产预测

5.5.3.1 远景区

A 西大营子—鸡冠子山金、钼多金属成矿远景区

西大营子—鸡冠子山金、钼多金属成矿远景区位于测区西部，1∶50000 万合永幅西部、吕家沟门幅西北部。

远景区内出露地层主要为于家北沟组（一段）、玛尼吐组、白音高老组、汉

诺坝组，大体走向为北东向，被晚侏罗世侵入岩侵入，局部被新近系汉诺坝组玄武岩角度不整合覆盖。与成矿关系密切的地层为于家北沟组、玛尼吐组，为含矿母岩及围岩。侵入岩为晚侏罗世，呈岩株状产出，侵入体规模较大，长轴走向为北东向，侵入至于家北沟组和玛尼吐组地层中。

远景区受深大断裂的控制，其间主要发育近北西向、南北向断层。北东向以逆断层为主，其规模大，形成时间早，活动时间长，次级构造及构造破碎带发育，控岩控矿作用明显；北西向断层以正断层为主，规模小，形成时代晚，构造形迹不明显，但为区内重要的熔矿储矿构造。区内有北东向小型褶皱、架子山和鸡冠子山两个火山机构，鸡冠子山火山机构与钼成矿关系较为密切。

远景区内发育1处1∶200000综合异常；发育有7处1∶50000综合异常，主要异常元素为Au、Pb、Zn、Mo等；6处1∶50000航磁异常；遥感解译的矿化蚀变不强，仅北部西大营子一带发育铁染蚀变及羟基蚀变异常，铁染蚀变异常发育三级异常。

目前该远景区内，新发现矿（化）点5处，前人发现小型矿床、矿（化）点3处。金属矿产以钼、金、银、铅、锌为主，成矿类型为火山成因型和热液型矿床。

上述成矿地质背景反映，该预测远景区具备较好的成矿地质条件，主攻矿种为热液型金矿和钼矿。

B 万合永—籍家营子铜、铅、锌多金属成矿远景区

万合永—籍家营子铜、铅、锌多金属成矿远景区位于测区中部，1∶50000万合永幅东南部、炒米房幅中西部和吕家沟门幅北部。

远景区内出露地层主要为于家北沟组（二、三段）、满克头鄂博组、玛尼吐组和汉诺坝组，大体为北东向展布，于家北沟组和满克头鄂博组被晚侏罗世侵入岩侵入，大部分被汉诺坝组玄武岩覆盖。与成矿关系密切的地层为于家北沟组，其次为满克头鄂博组。侵入岩为晚侏罗世，呈岩株状产出，长轴方向北东向，侵入至于家北沟组和满克头鄂博组中。

远景区受深大断裂的控制。其间发育北东向、北西向、近东西向断裂构造和北东向褶皱，北东向断裂构造为远景区内控岩控矿构造，控制了铜、铅、锌矿床、矿（化）点的分布；由其产生的北西向断裂及次一级裂隙为重要的熔矿储矿构造。

远景区内发育5处1∶200000综合异常；14处1∶50000综合异常，主要异常元素为Au、Ag、Pb、Zn、Sb、Bi等，有较高的地球化学背景；10处1∶50000航磁异常；遥感解译的矿化蚀变强烈。铁染蚀变异常发育三级异常，分布范围较广，局部可见二级和一级铁染异常，呈星散状分布于各地层中；羟基

蚀变异常较弱，零星可见，且与铁染蚀变异常套合较差。

目前该远景区内，新发现矿（化）点 5 处，前人发现小型矿床、矿（化）点 16 处。

该区域成矿条件较好，岩浆活动频繁，多梯次叠加，导矿、控矿、熔矿构造发育，具有较好的找矿前景，主攻矿种为铜、银、铅、锌等多金属矿，主攻矿床类型为接触交代型和热液型。

C 炒米房—偏坡营子铁多金属成矿远景区

炒米房—偏坡营子铁多金属成矿远景区位于测区东部，1：50000 炒米房东部和新开地北部。

远景区内出露地层主要为于家北沟组、满克头鄂博组、玛尼吐组、汉诺坝组，与成矿关系密切的地层为满克头鄂博组。满克头鄂博组被晚侏罗世正长花岗岩侵入，大部分被汉诺坝组玄武岩覆盖。侵入岩为晚侏罗世正长花岗岩和花岗斑岩，呈岩株状侵入地层中，部分被汉诺坝组玄武岩覆盖。脉岩不发育。二者与成矿关系比较密切。

远景区受 F6 和 F7 断裂构造的控制，其间发育有北西向、近东西向断层。前者以逆断层为主，规模大，活动时间长，后者以正断层为主，规模小。北西向断裂与成矿关系较为密切，为远景区内主要的熔矿构造。

远景区内发育 3 处 1：200000 综合异常；发育 10 处 1：50000 综合异常，主要异常元素为 Pb、Zn、Mo、As 等有较高的地球化学背景；15 处 1：50000 航磁异常；遥感解译的矿化蚀变强烈。铁染蚀变异常发育三级异常，分布范围较广，呈星散状分布于各地层中，侵入岩中可见二级和一级铁染异常；羟基蚀变异常较弱，零星可见，且与铁染蚀变异常套合较差。

目前该远景区内，发现矿（化）点 3 处，前人发现小型矿床、矿（化）点 8 处。金属矿产以铁、铅、锌为主，成矿类型为接触交代型矿床和热液型矿床。

综上所述，远景区成矿地质条件、物化探、遥感及矿产显示较好，具有较好的找矿前景。

5.5.3.2 找矿靶区

A 西大营子金多金属找矿靶区

西大营子金多金属找矿靶区位于 1：50000 万合永幅西北部，属于西大营子—鸡冠子山金、钼多金属成矿远景区，呈北东向带状分布，面积为 10.60km^2。

靶区内出露地层为上侏罗统玛尼吐组，岩性主要为安山岩、英安质晶屑凝灰岩、英安质凝灰岩等。侵入岩为晚侏罗世石英斜长斑岩，分布于西大营子断裂（F1）两侧，第四系覆盖严重，基岩露头分布不连续，总体呈北东向展布，岩株状产出。石英斜长斑岩中，Ag、Sb、Hg、Au 元素明显富集，为成矿提供了矿质基础。区内 F1 断层严格控制侵入岩的分布，其次一级构造、构造破碎带及次生裂隙为含矿热液的运移、矿质的聚集和沉淀创造了构造条件。

靶区内发育一处 1∶50000 化探综合异常，异常元素组合以 Au、Ag、Pb、Hg、Zn 为主，为一组中低温元素组合，异常呈条带状展布，走向为北东向。异常强度较高，具三个浓集中心，异常元素套合较好，浓集中心明显。

1∶50000 高精度磁法测量结果显示：区内 ΔT 等值线呈北东向，异常平缓，与侵入岩和化探异常方向一致，磁异常值在-200nT 左右。可明显看出侵入岩与地层之间的界线。

靶区内遥感解译矿化蚀变强烈，主要为铁染三级异常，局部为二级异常，羟基异常较弱，与铁染异常套合一般。

地层与侵入岩接触带上具硅化、角岩化现象。区内矿化以孔雀石化、褐铁矿化、黄铁矿化、闪锌矿化为主；蚀变主要有硅化、钾化、绿泥石化、高岭土化。

前人已在区内发现，西大营子西南金矿点（4）和西大营子北铅锌矿点（1）；本次工作新发现西大营子北金矿点（2）、西大营子西铜铅锌矿点（3）。

综合上述地质、地球化学、地球物理、遥感异常特征及矿产特征，本找矿靶区是寻找热液型金多金属矿的有利地段，值得进一步工作。

B 于营子铅、锌找矿靶区

于营子铅、锌找矿靶区位于万合永幅西部，隶属于西大营子—鸡冠子山金、钼多金属成矿远景区，呈北宽南窄的梯形分布，向西延入邻区。

靶区内出露地层为中二叠统于家北沟组一段，岩石组合为灰黄色变质砂砾岩、变质含砾中粗粒砂岩、变质细粒砂岩等；上侏罗统玛尼吐组安山岩、英安质晶屑凝灰岩、英安质凝灰岩等；白音高老组沉凝灰岩、英安质晶屑凝灰岩、流纹岩等。侵入岩主要为晚侏罗世闪长岩、黑云母花岗岩、花岗斑岩等，呈岩株状侵入地层中；脉岩主要为花岗斑岩脉、流纹斑岩脉、石英脉。区内主构造线方向为北东向，发育有北东向断层和褶皱，其次一级构造、构造破碎带及次生裂隙为铅锌元素的富集提供构造条件。

靶区内发育 3 处 1∶50000 化探综合异常。主要元素为 Bi、As、W、Sb、Mo、Pb、Au、Zn、Ag，具多期热液活动的特点，异常规模大，元素多具 4 级或者 3 级浓度分带特征，Bi、As、W、Mo、Au 元素浓集中心吻合好，离差大，强度高。

1∶50000 高精度磁法测量结果显示：区内 ΔT 等值线大体呈北东向，异常平缓，地层中磁异常值一般为-200~100nT，对应地层为于家北沟组和玛尼吐组地层。发育磁异常一处，异常值 0~300nT，对应晚侏罗世闪长岩，在接触带附近发现磁铁矿。

靶区内遥感解译矿化蚀变较弱，仅有少量铁染羟基异常在地层中零星分布。

靶区内矿化以磁铁矿化、镜铁矿化、黄铁矿化、方铅矿化、闪锌矿化为主，蚀变现象主要有绿帘石化、褐铁矿化、硅化等。

本次工作在该区发现两处矿（化）点：于营子东南铅锌矿点（8、9）。

综上所述，该靶区为寻找热液型铅锌多金属矿床的有利地段，可进行下一步工作。

C 凤凰山银铅、锌找矿靶区

凤凰山银铅、锌找矿靶区位于万合永幅南部，隶属于万合永—籍家营子铜、铅、锌多金属成矿远景区，其构造位置位于兰家营子—头号断裂（F5）和万合永—水地断裂（F6）之间。

区内出露地层为中二叠统于家北沟组二段，岩性为变质中粒砂岩、变质粉砂岩、变质粉砂质泥岩等；上侏罗统满克头鄂博组流纹质晶屑凝灰岩、流纹质凝灰岩。侵入岩主要为晚侏罗世黑云母二长花岗岩、正长花岗岩、花岗斑岩，呈岩株状产出，与地层接触带上可见硅化、角岩化现象；脉岩为花岗斑岩脉，北东向展布，其中花岗斑岩脉与成矿关系较为密切。区内发育有北东向断裂和褶皱构造，其次一级断裂、构造破碎带及次一级裂隙，为含矿物质提供了运移通道和赋存空间。

靶区内发育三处 1∶50000 化探综合异常。异常组合元素较齐全，主要以 Mo、Pb、Zn、Ag、Bi、As、Sn、Au 等元素为主，具多期热液活动的特点，异常规模大，强度较高，元素套合好，具两处明显的浓集中心。

1∶50000 高精度磁法测量结果显示：靶区北东部为负磁异常区，对应地层为于家北沟组和满克头鄂博组，异常值-200～100nT；其间发育磁异常一处，附近发现多个热液型铜铅锌矿点，推测可能为磁性物质富集引起。

靶区内遥感解译矿化蚀变较弱，铁染蚀变异常和羟基蚀变异常零星可见。

靶区内矿化以褐铁矿化、黄铁矿化、镜铁矿化、孔雀石化、铁锰矿化为主；蚀变为硅化、绢云母化、绿帘石化等。

靶区内本次新发现矿（化）点 3 处：喇嘛洞北铜矿化点（10）、凤凰山银铅锌矿点（13、14）。

综上所述，该靶区成矿地质背景有利、化探异常显示较好，与地表矿化一致，具有较好的找矿前景。主攻矿种为银、铅、锌等，主攻矿床为接触交代型矿床和热液型矿床。

D 籍家营子铜、铅、锌找矿靶区

籍家营子铜、铅、锌找矿靶区位于吕家沟门幅北部，隶属于万合永—籍家营

子铜、铅、锌多金属成矿远景区，呈北西方向带状分布。

靶区内出露地层为上侏罗统满克头鄂博组、玛尼吐组。侵入岩主要为晚侏罗世黑云母二长花岗岩、正长花岗岩、流纹斑岩，与地层接触带上可见硅化、角岩化现象。区内断层以北东向为主，为控岩构造；北西向、近南北向断层及次一级构造裂隙为熔矿储矿构造。

靶区内发育一处 1∶50000 化探综合异常。异常组合元素较齐全，面积大，主要以 Mo、Pb、Ag、Bi、W、Zn 等为主，为一套中高温元素组合，异常规模大，异常强度较高，异常连续性好，Ag-Pb-Zn 异常具三处明显的浓集中心，W-Mo 异常总体呈面状展布，总体走向为北西向，空间上延断裂和接触带展布。

1∶50000 高精度磁法测量结果显示：区内负磁异常区，ΔT 等值线值-500~100，对应满克头鄂博组和玛尼吐组地层；正磁异常区 ΔT 等值线值 100~1000，对应汉诺坝组玄武岩区。区内发现有两处航磁异常。本次工作在 C-2011-595 附近发现多个热液型铅锌矿点，具有较好的找矿前景。

靶区内遥感解译矿化蚀变强烈。铁染蚀变异常分布范围较广，呈星散状分布于满克头鄂博组和玛尼吐组地层中，局部可达二级和一级铁染异常；羟基蚀变异常分布范围较小，零星可见。此外，遥感解译划分出多个网格状构造和环形构造，与籍家营子一带铅锌矿点相对应。

矿化主要为褐铁矿化、黄铁矿化、方铅矿化、孔雀石化、黄铜矿化、铁锰矿化；蚀变主要为硅化、绢云母化、高岭土化、绿泥石化、绿帘石化等。

靶区内本次新发现矿（化）点两处：头道沟门北铜铅锌矿点（36）、籍家营子铅锌矿点（37）。

综上所述，区内成矿地质背景有利，化探显示较好，具有较好的找矿前景，主攻矿种为铜、银、铅、锌，主攻矿床类型为热液型。

E 岳家营子铅、锌找矿靶区

岳家营子铅、锌找矿靶区位于炒米房幅东部，隶属于炒米房—偏坡营子铁、铅、锌多金属成矿远景区。

靶区内出露地层为中二叠统于家北沟组二段变质细粒砂岩、变质粉砂岩、变质粉砂质板岩；上侏罗统满克头鄂博组流纹岩、流纹质晶屑凝灰岩、流纹质凝灰岩等。侵入岩主要为晚侏罗世正长花岗岩、花岗斑岩，北东方向展布，呈岩株状产出，侵入于家北沟组和满克头鄂博组地层中。靶区内断层主要为北东向和北西向两组，其中北西向断层与成矿关系比较密切。

靶区内发育一处 1∶50000 化探综合异常。异常找矿意义明显，异常元素组合以 Pb、Ag、Zn、Mo、Bi、Sn 为主，为一套中高温元素组合，异常规模大，强度较高，各异常元素套合好，具明显的浓集中心，总体呈面状北东向展布。

1∶50000 高精度磁法测量结果显示：靶区内主要表现为正磁异常，ΔT 等值线值 0~300nT。C-1984-4 磁异常附近发现一处铁矿点和多处铅锌矿点。

靶区内遥感解译矿化蚀变强烈。铁染蚀变异常多为三级异常，局部可达二级和一级，多分布在侵入岩与地层接触带上；羟基蚀变异常分布范围较小，仅在地层中零星分布。此外，靶区内解译出多个环形构造和网格状构造，且与新发现的煤窑沟铅锌矿点比较吻合。

靶区内矿化以褐铁矿化、黄铁矿化、方铅矿化、闪锌矿化为主；蚀变为硅化、高岭土化、钾化为主、绿帘石化等。

靶区内本次新发现矿（化）点 3 处：煤窑沟敖包北铅锌矿化点（29）、煤窑沟敖包东北银铅锌矿化点（28）、煤窑沟敖包西北铅锌矿点（30）。

综上所述，靶区内成矿地质条件、物化探、遥感及矿产显示较好，是成矿的有利地段。主攻矿种铅、锌，主攻矿床接触交代型矿床和热液型矿床。

5.5.3.3 矿产资源远景评价

测区位于突泉—林西华力西燕山期铁（锡）、铜、铅、银、铌（钽）Ⅲ级成矿带，硐子—汤家杖子钨、金、钼、铅、锌、铜Ⅳ级成矿带。小东沟—柳条沟钼、铅、锌Ⅴ级成矿带。测区内金属矿产以铅、锌、铜、钼、铁矿为主，金、银矿次之；另有少量煤、水晶、建筑石料等。铅、锌、铜多为热液型和接触交代型，铁矿成因类型为接触交代型，其他矿产成因类型以热液型为主。成矿时期以燕山期为主。现将几种主要矿产资源远景评价如下。

A 铅锌铜矿资源远景评价

测区铅锌铜矿成矿类型以热液型为主。主要分布于中二叠统于家北沟组、上侏罗统满克头鄂博组中；大规模不同方向的构造运动为测区铅锌铜元素的活化运移提供了较好的通道及储存空间；不同时期、多期次的岩浆活动为测区铅锌铜矿的形成提供了丰富的热源和热液。

测区已发现铅锌小型矿床 1 处（二道沟），铜铅锌小型矿床 1 处（柳条沟），铜小型矿床 3 处（榆木头沟、永兴、广义德），矿（化）点多处，经本次工作认为有 3 处矿（化）点（籍家营子、凤凰山、煤窑沟）具有进一步工作的价值，矿产资源十分丰富，具有广阔的找矿前景。

从目前工作情况来看，测区下一步应该在籍家营子、凤凰山、煤窑沟三处进行重点勘查工作，这三处矿产地成矿地质条件良好，物化探异常面积大，峰值高，浓集中心明显，通过工作有望发现隐伏矿体和盲矿体。

B 钼矿资源远景评价

测区钼矿成矿类型主要为火山型，成矿时期燕山期。钼矿主要分布于中二叠统于家北沟组、上侏罗统满克头鄂博组、玛尼吐组地层中。发育于地层内的大量节理裂隙、构造裂隙为测区钼矿的形成提供了较好的构造条件，是测区钼矿的重要导矿、控矿及熔矿构造燕山期大规模的酸性岩浆活动为测区钨矿的形成提供了丰富的热源、热液及矿源。

测区已发现钼小型矿床1处，提交储量1857.49t，已消耗215.39t，尚保有1642.10t（钼平均品位为0.29%）。岗子钼矿点未做详细评价工作。此外陶高林场有两处钼矿化点，光谱分析结果大于100×10^{-6}。

测区钼等有色金属矿产资源十分丰富，具有广阔的找矿前景。从本次工作情况来看，下一步应该在矿区外围进行普查工作，有望扩大规模。

C 铁矿资源远景评价

测区铁矿成因类型主要为接触交代型。铁矿主要分布于满克头鄂博组和玛尼吐组地层中；晚侏罗世正长花岗岩为铁矿的形成提供了热源条件；大规模的断裂、北东、北西型小断裂及裂隙为含矿物质的运移提供了运移通道和赋存空间。

测区已发现小型铁矿两处（大黑山、喇嘛地沟），金属矿物为磁铁矿、赤铁矿，矿石量637.63万吨（全铁平均品位为34.12%，磁性铁平均品位为26.10%）。矿产资源丰富，具有进一步工作价值，找矿前景较好。

随着地质勘查工作的不断深入，测区金属矿产资源量、矿产规模和储量级别将会不断地扩大和提高。

5.6 讨　论

5.6.1 存在问题

（1）由于测区内水系发育，玄武岩大面积覆盖，沟谷切割剧烈，化探水系沉积物采样时，部分沟谷技术人员无法到达设计点位采样，造成个别化探采样点与设计不符。

（2）受当地民风、民俗或当地相关管理机构和人员的阻挠，测区部分较好矿化蚀变地段（如岳家营子）不能开展工作。

5.6.2 今后工作建议

（1）遵循旧矿新找的工作理念，建议对测区前人发现的矿（化）点群集区进行进一步探矿权划分，对目前开采矿区的深部及外围另辟探矿权勘查区进行找矿勘查。以先进的找矿理论为指导，以行之有效的找矿方法和技术为手段，进行大比例尺立体填图；对已知银、铜、铅锌矿体深部及物化探异常范围进一步投入钻探和硐探工程揭露，查清矿化集中区深部矿化产状、规模、分布规律等，对其资源储量及远景作出较为准确的评价。

（2）西大营子、凤凰山、籍家营子、岳家营子4处，成矿地质条件良好，物化探异常面积大，峰值高，浓集中心明显。应加快勘查速度，在查明矿（化）体产状的基础上，部署少量钻孔工程进行深部找矿，以尽快对这些成矿有利地段的成矿前景和资源储量作出较为准确的评价，并为更深一步找矿勘查提出建议。

6 内蒙古东部铟成矿规律及找矿方向研究

铟作为战略性新兴产业重要的原材料越来越受到世界主要经济体的关注，并被列为关键矿产资源。铟的应用领域涉及的方面很广。铟由于其较低的熔点和良好的超导性能（在3.4K温度下），在当前世界经济的发展中越来越扮演着重要的角色。如：由于铜合金中加入少量的铟即可大大增强铜合金在海水中的耐腐蚀性，因此被广泛地运用于船舶制造工业；由于它在高精尖端技术材料中的不可替代性，因而在半导体材料、太阳能电池和液晶显示器等制造业中，逐步显示出巨大的经济效益和社会效益。此外，作为可熔性合金和焊接材料，它在高速信号处理机、ITO（透明电极）以及齿科材料等方面也表现出潜在的应用前景。目前，金属铟广泛被应用于电子工业、航空航天、合金制造、太阳能电池新材料等高科技领域，是现代工业、国防和尖端科技领域不可缺少的支撑材料，对国民经济、国家安全和科技发展具有重要的战略意义，被国际上许多国家称之为21世纪重要的战略资源。因此，弄清其主要成矿类型和关键科学问题，扩大铟的资源量，是实现关键矿产资源铟安全稳定供给的主要途径之一。

6.1 成矿背景

6.1.1 区域地质背景

内蒙古自治区稀有、稀土矿床分布受构造控制作用非常明显，充分显示了该类矿床在形成过程中，成矿流体的运移以及成矿物质的沉淀、空间定位均与构造背景息息相关。

中亚造山带是全球显生宙地壳增生与改造最显著的地区，也是全球最大的增生造山带与大陆成矿域，是研究增生造山与改造过程中壳幔作用与金属矿产富集机制的理想场所。内蒙古大部分地区处于中亚造山带，为华北克拉通边缘与板块增生带会合部位，有多条北东、近东西向展布的断裂，区内岩浆岩体分布较广，地表出露面积越大。近些年来，在内蒙古地区相继发现了多个含铟矿化岩体。

内蒙古自治区稀散元素矿产有镓、锗、铟、镉、硒、碲、铼7种，69处矿产地，多为多种稀散元素与有色金属或煤相伴生，其中铟矿储量排全国第3，高达14.21%。区内含铟矿产地20处，其中锡林郭勒盟数量最多，如图6-1所示。内蒙古20处铟矿产地中，达超大型规模的有1处，达中型规模的有8处，小型铟矿有7处。

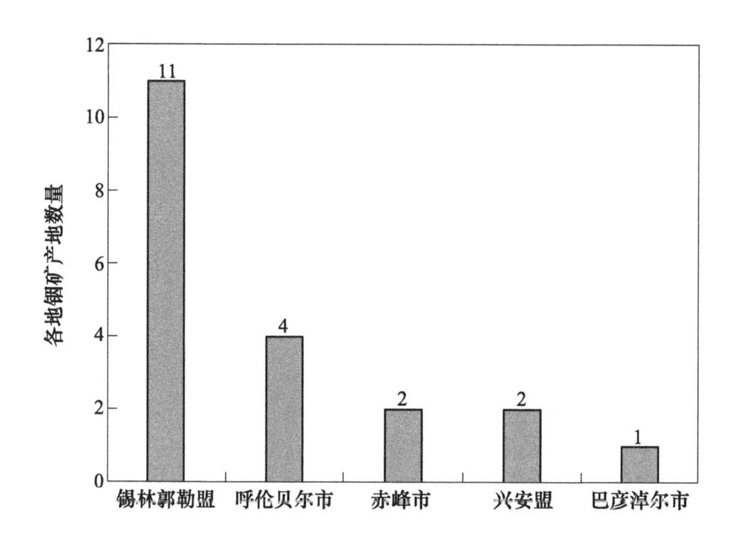

图 6-1 内蒙古铟矿产地数量分布统计图

内蒙古东部与俄罗斯、蒙古国接壤，北东端延入黑龙江省，西南延入蒙古国，东南界以伊列克得—鄂伦春断裂与东乌珠穆沁旗—嫩江 Cu—Mo—Pb—Zn—Au—W—Sn—Cr 成矿带为邻。区域属额尔古纳岛弧和海拉尔—呼玛弧后盆地两个三级大地构造单元，二者以得尔布干断裂带为界。额尔古纳岛弧发育岛弧环境碎屑岩—中基性火山岩组合、弧背盆地亚相碎屑岩—碳酸盐岩组合。寒武纪之后，由于海拉尔—呼玛弧后盆地的出现，其远离了东乌旗—多宝山岛弧。除中二叠世外，其古生代大地构造相主要以陆壳性质体现。在岛弧中出露前南华纪基底地块。海拉尔—呼玛弧后盆地位于额尔古纳岛弧与东乌旗—多宝山岛弧之间，北东向展布，其初始裂开于中元古代，南华—震旦纪时期，额尔古纳岛弧与东乌旗—多宝山岛弧还紧挨在一起，在新元古代晚期—寒武纪逐渐裂开，在吉峰林场、环宇、环二库、稀顶山北东向分布有蛇绿混杂岩。沉积为早—中奥陶世海相火山岩、复理石建造，泥盆纪为陆源碎屑沉积建造及海相中—酸性火山岩建造，早石炭世早期为海相基性火山—沉积建造，晚期为陆源碎屑岩、碳酸盐岩夹凝灰岩的沉积建造。中生代受鄂霍次克洋、古太平洋俯冲及其后的伸展作用影响，形成大面积分布的含煤碎屑岩建造、中酸性火山岩建造。

大兴安岭北部矿产资源丰富。伴随多期的构造—岩浆活动，尤其是中生代岩浆侵入和火山活动，形成了众多银、铅、锌、金、铜、钼、铟、镉矿等内生矿产。满洲里—新巴尔虎右旗地区矿产主要以银、铅锌、铜钼为主。已发现额仁陶勒盖大型浅成低温热液型银矿床、甲乌拉大型铅锌银矿床、查干布拉根大型铅锌银矿床。还有众多的中小型矿床及矿点，如哈拉胜中—低温热液脉型铅锌矿床、头道井斑岩型铜钼矿床、八大关斑岩型铜钼矿床、努其根乌拉中—低温热液脉型银铅锌矿点、额尔登乌拉浅成低温热液型银矿点、巴彦浩雷浅成低温热液型铜金银矿点。

6.1.2 铟矿形成条件

富铟的矿床主要分布在与岩浆活动有关的、具有明显地温梯度的活动洋壳、大陆边缘或者造山带中，形成时间与造山带的峰期、或与俯冲作用和碰撞有关的区域成矿作用的时限一致。

铟矿床分为 8 种类型：

（1）与脉状-网脉状锡矿、钨矿以及斑岩锡矿有关的；

（2）与火山岩中的块状硫化物（VMS）矿床有关的；

（3）与喷流沉积（SEDEX）矿床有关的；

（4）与多金属脉状矿床有关的；

（5）与浅成低温矿床有关的；

（6）与活动的岩浆系统有关的；

（7）与斑岩铜矿有关的；

（8）与矽卡岩矿床有关的。Ishihara 等把日本岛弧岩浆带铟矿床划分为两种类型：一种是与块状硫化物矿床有关；另一种是与浸染状、脉状和矽卡岩矿床有关。张乾等（2003）发现锡石硫化物矿床和富锡的铅锌矿床是比较富铟的。

根据产铟铅锌矿床的类型，把富铟矿床分为两种类型：

（1）以海底喷流沉积成矿作用为主的矿床；

（2）与岩浆作用有关的矿床。

从矿物方面看，除独立矿物外，多数分散元素的载体矿物具有专属性。含铟矿床中 80%上的铟都集中在闪锌矿中。铅—锌矿床中如果没有锡，铟的含量一般都很低，甚至不具有利用价值，只有那些锡—铅—锌组合的矿床，铟才有可能在矿石中富集。

矽卡岩对稀散元素有控制作用，侵入岩与砂岩、粉砂岩、板岩、大理岩系形成的矽卡岩直接控制了相关多金属矿体的分布和稀散元素的富集。海西期花岗岩、花岗斑岩与中上奥陶统裸河组大理岩系形成的矽卡岩控制了苏呼河三号沟铁铅锌矿体的分布和铟镉的富集。黑云母花岗岩侵入中泥盆统塔尔巴格特组碳酸盐和粉砂岩系形成的矽卡岩控制了朝不楞铁多金属矿体的分布和镓铟镉的富集，燕山期石英斑岩与下石炭统莫尔根河组火山碎屑岩—碳酸盐形成的矽卡岩控制了谢尔塔拉地区铁锌矿体的分布和铟、镉的富集。燕山期花岗岩、花岗斑岩与下二叠统大石寨组大理岩、板岩系，中二叠统哲斯组结晶灰岩形成的矽卡岩控制了大兴安岭地区燕山期矽卡岩型多金属矿体的分布和镉的富集。

陆相火山岩型铟镉矿床分布在大兴安岭地区德尔布干断裂两侧，与银、铜、铅锌多金属矿床相伴生。岩浆热液型镉（铟）矿床分布在大兴安岭中南段地区，与中新生代火山—岩浆活动关系密切，伴生于铅锌多金属矿床中。接触交代型镓、镉、铟矿床与铁、铅锌等多金属矿床相伴生，成矿作用也是与中新生代火山—岩浆活动有关。

本章选取具有代表性、工作程度相对较高，可作为成矿预测“参照物”的铟矿床作为典型矿床进行研究。

6.2　得尔布干成矿带西南段铟矿

工作区内已知有甲乌拉和查干布拉根两处大型银铅锌矿床，两矿床相距6km，位于同一矿田内，由北西西向甲—查含矿构造带相连结，成因上有着不可分割的联系，均为燕山晚期次火山热液脉状矿床，成矿元素、围岩蚀变等水平分带对称于同一主火山侵入活动中心——热源中心，故统称为甲—查银铅锌多金属矿床。

6.2.1　矿床地质特征

甲乌拉、查干布拉根银铅锌矿床位于工作区中部及西北部，北起双峰山，南至查干敖包，东起查干布拉根敖包，西至西山区29号矿体，沿北西方向长约10km，宽约4km，面积约40km^2。

6.2.1.1　地层

矿区范围内主要发育中侏罗统万宝组，岩石组合为复成分砾岩、砂岩、粉砂岩及炭质板岩、泥质板岩、硅质板岩等；塔木兰沟组，岩石组合为气孔状安山岩、气孔杏仁状玄武岩、气孔状玄武安山岩，局部玄武岩发生青盘岩化；上侏罗统满克头鄂博组，岩性以流纹质（含角砾）岩屑晶屑凝灰岩为主，岩石基本没有发生蚀变，但在断裂构造发育地段岩石具碎裂硅化现象；白音高老组，岩性为流纹岩、流纹质晶屑熔结凝灰岩、流纹质岩屑晶屑凝灰岩。上述各地层单位的岩石均可成为甲—查银铅锌多金属矿床的含矿围岩。如甲乌拉3号矿体产于万宝组砂岩之间的层间构造带中；4号矿体产于砂岩层的含矿石英脉中；29号矿体产于满克头鄂博组火山岩的硅化带中，同时发育石英脉。此外，具浸出相特点的流纹岩常与火山通道有一定联系。

从甲乌拉矿区成矿地质因素分析，成矿的主要控制因素是断裂及火山构造和与火山活动有关的次火山斑岩，地层的岩性仅起次要作用，矿体沿断裂构造带分布，对岩性无选择性，但一些层间构造与两侧岩层岩性差异较大时易于成矿。如安山岩与砂岩之间的层间构造、花岗岩与安山岩接触带就形成矿区主要矿体。

6.2.1.2 侵入岩

矿区主要发育中二叠世和早白垩世侵入岩及各类脉岩，它们呈浅成相或超浅成相产出，受区域构造或火山构造控制，与矿床成因关系密切，特别是早白垩世酸性斑岩类对形成甲—查银铅锌低温热液型矿床具有重要意义。

（1）中二叠世侵入岩：主要出露于甲—查矿区西南部，呈岩基状产出，侵入佳疙瘩组，被万宝组、塔木兰沟、满克头鄂博组、白音高老组角度不整合覆盖。由早至晚岩石类型分别为中细粒黑云母花岗闪长岩、中细粒黑云母二长花岗岩、似斑状黑云母二长花岗岩、钾长花岗斑岩。

（2）早白垩世侵入岩：分布于查干布拉根矿区西南部的查干敖包图一带，侵入塔木兰沟组及白音高老组。岩石类型为石英正长斑岩、花岗岩、斜长花岗斑岩。

（3）脉岩：矿区脉岩较发育，岩石类型有闪长岩、正长斑岩。岩脉走向为北西向和近东西向。

6.2.1.3 构造

矿区所在位置属中生代燕山期构造岩浆活化强烈地区，北侧的北西向木哈尔断裂带和矿区内近东西向吉布呼郎图断裂带控制着矿区的构造格局。矿区以断裂构造为主，褶皱构造不发育，同时还有受构造控制的火山与次火山活动中心以及放射状断裂系统。

A 断裂构造

据甲—查矿区的勘查资料，矿区内断裂构造非常发育，以北西西、北北西及北西向为主，控制了矿体在空间上的分布，规模较大的断裂有20余条，按规模、方向、性质、组合形态及控矿特点可分为以下几种。

甲—查剪切构造带：是查干布拉根矿区的控岩控矿构造，走向280°~290°，长大于22km，宽200~300m。倾向南西，倾角50°~80°，发育在塔木兰沟组中基性火山岩和万宝组陆源碎屑岩中，沿断裂带充填有早白垩世花岗岩、花岗斑岩等，查干布拉根矿体主要赋存在该构造破碎带中，控制含矿长度已达5300m（49~162线）。剪切构造带具多期活动特点，成矿前断裂活动表现为：早期张性活动阶段出现中基性火山喷发及早白垩世花岗岩浆侵入活动。此后，断裂活动以平移剪切性质为主，使中基性火山岩不同程度发生片理化，早白垩世花岗岩糜棱岩化，含碳泥质岩石中发育密集劈理，并发生强烈的片内紧闭褶曲，板理面光滑平整，板面上的立方体黄铁矿被挤压成薄膜状，这些特点反映出该断裂具韧脆性剪切的特征。成矿期断裂表现为张扭性构造破碎带，是热液成矿流体的主要活动场所及赋矿空间。成矿后断裂活动微弱，致使矿体局部出现破碎。

北北西、北西向张扭性断裂：走向320°~350°，属矿区内次级构造，是甲乌拉矿区的含矿构造，其中沿北北西向构造形成的矿体规模大、品位高。

北东向断裂：早期形成者规模较大，有的被岩墙所占据，晚期形成者对矿体有被破坏作用，具左旋特征，水平断距小于2m。

放射状断裂系统：甲乌拉矿区出现以石英二长斑岩体为收敛端而大致呈扇形排列的放射状断裂系统，该断裂控制多条矿体的分布，在放射状断裂交汇部位矿体膨大，并具有强烈蚀变。放射状断裂系统发育在万宝组碎屑岩和塔木兰沟组中基性火山岩中，断裂的倾向变化特征：由北东向南西断裂倾角由缓变陡，直至反向对倾。在露天开采的矿体（2号矿体）中见有安山玢岩岩墙沿断裂侵入，属塔木兰沟组中基性火山岩的同源次火山岩相，据此可以确定，该断裂系统形成于塔木兰沟旋回晚期。

甲—查矿区断裂构造格局，在成矿前中侏罗世塔木兰沟火山旋回晚期已具雏形，此后经历了多期活动。甲—查剪切带的平移剪切活动、白音高老旋回形成的中心式火山机构，都对成矿前断裂构造格局产生一定影响，使之多期复活改造。在成矿过程中，剪切构造带和放射状断裂系统成为热液对流活动的主要通道和矿体赋存的有利空间。成矿后断裂活动微弱，对矿体轻微破坏。

B 火山构造

矿区内火山活动频繁，与其有关的火山构造是矿床形成的重要控制因素。根据矿区以往的勘查资料和本次矿产调查，矿区主要火山机构及次火山构造如下。

甲乌拉破火山口：北部边缘与北西西向甲—查构造带相切，并与北东向石英二长斑岩墙相互沟通，为矿区内主火山活动与主含矿热液活动中心。

与次火山活动有关的构造：主要有甲乌拉石英二长斑岩体浅火山构造及周围的似放射状断裂体系，该岩体南段与甲乌拉火山机构相连，成为一种潜火山通道，也是矿液活动的主要通道之一。

6.2.1.4 围岩蚀变

一般局限于含矿构造带内及附近围岩，呈带状分布，蚀变类型有硅化、碳酸盐化、伊利石水白云母化、绿泥石化、高岭土化、绢云母化、萤石化等。与成矿有关的蚀变主要有硅化、碳酸盐化、绿泥石化。

（1）硅化：常与金属矿物共生构成脉体，或以细脉网脉状出现于酸性岩石中。

（2）碳酸盐化：查干区分布最为广泛，紫红色含铁锰方解石与金属矿物及石英共生组成矿体，围岩中方解石呈白色脉状穿插。

（3）伊利石水白云母化：查干东段含矿构造带及流纹斑岩中非常强烈，常形成破碎蚀变岩型银矿体。

（4）绿泥石化：矿体及围岩中广泛发育，是矿区最普遍的蚀变。

（5）高岭土化：仅在石英斑岩体及周边部见到，与铜锌矿化有关。

（6）绢云母化：英二长斑岩体中有零星分布。

（7）萤石化：出现于矿体及附近围岩中，呈紫色粒状集合体与黄铁矿、黄铜矿等共生。

6.2.2　矿体特征

6.2.2.1　甲乌拉矿区铅锌矿体特征

矿区 41 条矿体均处于断裂破碎带中，主要矿体与放射状断裂系统有关，矿体呈脉状，主要围岩是塔木兰沟组基性、中基性火山岩和满克头鄂博组、白音高老组酸性火山岩。在 1、2、3、4 号 4 条主矿体中，以 2 号矿体规模最大，矿体长 1700m，平均水平厚度为 5.18m，延伸大于 500m，走向 330°~350°，倾向南西，倾角 50°~70°。地表断续出露，深部连为一体，矿体沿走向、倾向有分支复合或膨缩现象。矿体品位及厚度变化较大。矿体受后期断裂影响，局部被轻微破坏。

6.2.2.2　甲乌拉矿区深部斑岩型钼矿化体特征

目前仅在矿区深部（1230~1530m）的石英二长斑岩中发育少量的斑岩型钼矿化体，质量分数均小于 0.1%，暂时未发现较大的矿体。

矿石成分：矿石矿物主要为黄铁矿、辉钼矿、黄铜矿以及闪锌矿等。脉石矿物主要有石英、方解石等。

矿石结构构造：矿石结构主要有交代结构等，矿石构造以块状构造、团块状构造、脉状、角砾状构造、浸染状构造、细脉状构造等为主。

围岩蚀变类型：硅化、绿帘石化、绿泥石化。

成矿过程和成矿阶段：依据矿脉穿切次序、矿物组合及矿物之间的共生关系等特征，将斑岩型钼矿床（化）的成矿过程总结为热液成矿期。

热液成矿期包括 4 个成矿阶段：

Ⅰ. 黄铁矿（粗粒）+石英阶段；

Ⅱ. 石英+辉钼矿矿物阶段；

Ⅲ. 石英+黄铜矿+闪锌矿阶段；

Ⅳ. 石英阶段。

6.2.2.3 查干布拉根矿区铅锌矿体特征

矿区内所有矿体均赋存在北西西向甲—查剪切断裂带中，现已控制矿化带长大于4000m，宽200~300m。共有10个矿体群，矿体呈复合脉状，具有分支复合、膨缩和尖灭再现等特征，主要围岩是塔木兰沟组基性、中基性火山岩和满克头鄂博组酸性火山岩，部分为万宝组沉积碎屑岩。矿体均呈脉状矿体群产于北西西向甲—查剪切构造带中，矿体规模为小—中等，控制矿体长度为600~700m，延伸200~400m，水平厚度为1.69~2.91m，真厚度为1.57~2.69m。矿体品位及厚度变化较大。含矿构造破碎带产状与矿脉基本一致，走向280°~290°，倾向南西，倾角50°~60°。由于后期断层破坏产状有变化。

6.2.3 地球物理特征

6.2.3.1 物性特征

A 电性特征

矿区采集的岩石和矿石标本测定了极化率、电阻率，其结果显示含矿蚀变安山岩的极化率比围岩高1~2个数量级次，有明显的极化率差异，其电阻率为350~1000Ω·m，小于其他岩石电阻率。

矿区内各种非碳质岩石极化率在0.5%~2%，没有明显的差异，矿石及矿化蚀变岩石标本极化率可达4%~40%，与围岩有明显差异，故用激电异常可以圈定矿化带的大致范围，异常值一般在3%~4%。但本区的碳质板岩极化率可达40%，是主要干扰因素，其异常特点是强度高、规模大，与非碳质岩石中的矿化异常有明显区别，可以利用这个特点圈定碳质岩层的分布范围，但碳质岩层中的矿化异常则难以识别。

B 磁性特征

矿区内中侏罗统塔木兰沟组安山岩、玄武安山岩、玄武岩有较强的磁性，长石斑岩也具有一定磁性，但是磁化率小于安山岩类、玄武岩类，其他各种岩石、矿石均表现为弱磁性或无磁性，本区银铅锌矿床与安山岩类有关。

6.2.3.2 激电异常特征

按异常强度，形态及出露部位可划分4个异常，极化率弱—中等强度(5%~7%)，异常呈长带状，北西走向，异常位于12号和4号矿体上盘，长300~400m，宽40m，幅频率分别大于5%和7%，是与矿化有关的异常。2号矿带中部的激电异常，位于断裂破碎带的交会处，长500m，宽100~200m，幅频率大于4%，此异常与矿化关系密切。综合上述，可以看出本区地表氧化带较深，激电异常往往表现为异常强度不大，且规模小，电阻率呈低阻，规模较大。

6.2.3.3 磁异常特征

矿区磁场明显具有分区特征，2号矿体以东为200~500伽马以上磁异常区，呈大面积分布，这类异常基本上由中侏罗统塔木兰沟组引起，2号矿体以西，为小于200伽马的低磁异常区，由下白垩统白音高老组引起。甲乌拉矿区2号矿体，就位于白音高老组与塔木兰沟组的层间破碎带上，而磁异常在层间破碎带附近呈明显低磁异常，可间接地反映富矿部位。

6.2.4 地球化学特征

矿区成矿元素地球化学异常具有明显的分带特征：土壤地球化学异常呈扇形北西向展布，大致可分为四个带状异常，向北西散开、向南东收敛。其元素组合以Pb、Zn、Ag为主的三级浓度分带异常，浓集中心明显，Pb、Zn、Ag内（中）带组合异常反映银铅锌矿体的存在，当矿区内出现Cu、Mo、Bi中（外）带组合异常时，预示有铜矿体的存在。

成矿成晕元素空间分布特征：甲乌拉银铅锌矿受构造破碎带控制，呈倾斜脉状多字形产出。成矿元素Ag、Pb、Cu具有三级浓度分带紧紧围绕着矿体分布，这些元素的内（中）异常范围为赋矿（化）部位。一般来说，受构造破碎带控制的矿体侧晕不发育，本矿床成矿元素外带晕宽度是矿体厚度的2~3倍，中、内带晕宽度是矿体厚度的1~2倍。亲硫元素As、Au、Sb、Bi、Cd、S、Hg为本矿区重要的成晕元素，与成矿关系密切。异常元素呈壳层状围绕矿体出现，具有三级浓度分带，外带晕宽度是矿体厚度的3~4倍，中、内带晕是矿体厚度的2~3倍，其中S、Cd晕最发育，晕的浓度高，晕宽度是矿体厚度的5~7倍，活动性大，易迁移，是重要的远程指示元素。

6.2.5 矿床成因

该矿床在成因上与陆相次火山岩有着密切关系，矿（化）体分布上受断裂构造控制，矿体形态呈脉状产出，围岩蚀变局限于矿体附近，且以褐铁矿化、硅化、碳酸盐化、绿泥石化等为主，属中低温热液蚀变。硫同位素组成接近陨石硫，铅同位素组成稳定均匀，变化幅值很小，说明成矿物质来自壳幔混源，以壳源为主。碳、氢、氧同位素组成反映成矿热液主要来源于大气降水和岩浆水。包体测温及包体成分分析资料反映成矿温度为115~440℃，热液中心在甲乌拉山体附近，与花岗斑岩体相一致。成矿同位素年龄值为134~138Ma，属燕山晚期。综上，该矿床属与陆相次火山岩有关的中低温热液充填型脉状银铅锌多金属矿床。

6.2.6 找矿方向

得尔布干成矿带的西南段位于内蒙古自治区的新巴尔虎右旗至满洲里一带是大兴安岭成矿省内极具找矿潜力的地区。得尔布干成矿带位于蒙古国—鄂霍次克断裂带与得尔布干断裂带之间，是中国东北部地区重要的 Pb—Zn—Ag、Cu、Mo、Au、In 成矿带其工作程度低，但找矿潜力大。其燕山期隆拗相间的构造格局和超浅成—浅成的中—酸性小岩体控制着矿床的产出和分布。矿产地集中于燕山期隆坳交接带及其两侧并形成以隆坳交接带为中心的、与成矿流体温度和盐度降低相伴的不对称分带。在该带已发现了甲乌拉—查干布拉根陆相火山岩型伴生铟镉矿床。

得尔布干成矿带西南段铟的找矿方向是在隆坳交接带及其两侧。

（1）已知矿区的深部及边部。得尔布干成矿带西南段已知矿区深部及边部的找矿潜力非常大，主要是因为区内已详查或勘探过的 4 个矿区（乌奴格吐山、甲乌拉、查干布拉根、额仁陶勒盖）的探矿深度大多只达地表以下 300~500m，在剖面上，绝大部分矿体的下部并未尖灭。而且在这 4 个矿区的内部及边部有许多含矿带在早先被认为价值不大而放弃工作，但最近在矿山生产探矿中却被查明为厚大的工业矿体（如甲乌拉矿区）。

（2）乌奴格吐山—哈拉胜隆坳交接带的东北侧，具有乌奴格吐山式、头道井式和鼎足式矿床的找矿前景。在该隆坳交接带的西南侧，甲乌拉式、查干布拉根式矿床的找矿潜力非常大。目前在这一带只发现了小型矿床一处（哈拉胜铅锌银矿）。

（3）甲乌拉—山登脑隆坳交接带的两侧找矿潜力也很大。在该带的火山盆地一侧已发现一批化探异常和矿化线索，其中大部分均未彻底查证；在该带的基底隆起一侧，勘查工作程度很低。此外，根据该区成矿分带模式，并结合矿区的具体情况可以推断，在甲乌拉矿区旁侧和深部有形成乌奴格吐山式斑岩型铜矿床的可能。

（4）该区的矿产地通常分布在隆坳交接带及其两侧，构成矿化集中区。目前，在该区东北部和中部的乌奴格吐山—哈拉胜和甲乌拉—山登脑两个隆坳交接带形成了该区已知的两个矿化集中区。而在该区西南部的另一个隆坳交接带不但发育 NW 向构造，而且也有不少化探异常和矿化线索，铟矿找矿潜力是很明显的。

得尔布干成矿带西南段区域地质略图如图 6-2 所示。

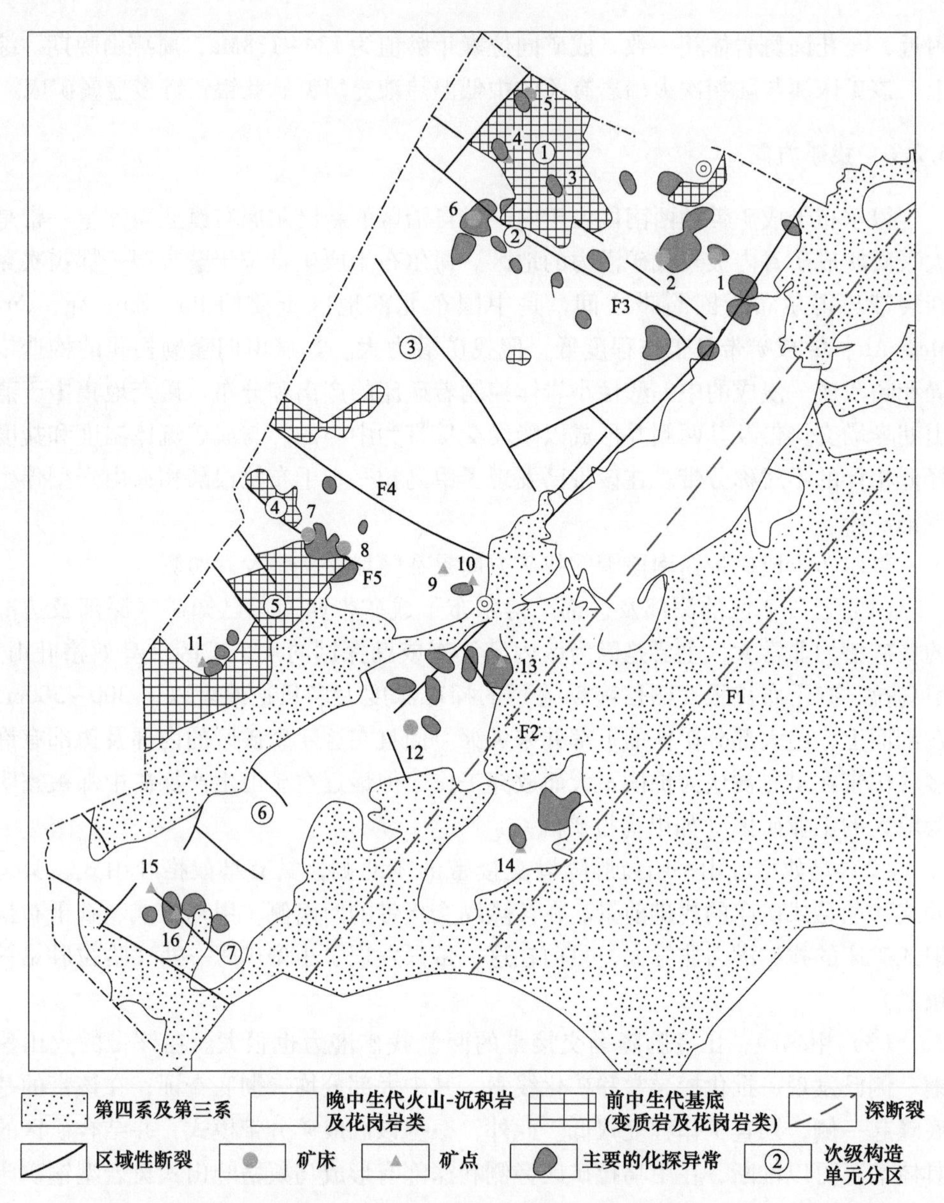

图 6-2 得尔布干成矿带西南段区域地质略图

矿产地：1—头道井；2—乌奴格吐山；3—长岭；4—龙岭；5—鼎足；6—哈拉胜；7—甲乌拉；8—查干布拉根；9—额尔登乌拉；10—巴彦浩雷；11—努其根乌拉；12—额仁陶勒盖；13—山登脑；14—特格乌拉；15—高吉高尔；16—海力敏

NE 向深断裂：F1—得尔布干深断裂；F2—呼伦湖—额尔古纳深断裂

NW 向断裂：F3—哈尼沟断裂；F4—木哈尔断裂；F5—甲乌拉—查干布拉根断裂

次级构造单元分区：①—新百路克—头道井断隆带；②—乌奴格吐山—哈拉胜隆坳交接带；③—黄花胜凹陷区；④—甲乌拉—山登脑隆坳交接带；⑤—甲乌拉—新巴尔虎右旗断隆带；⑥—克尔伦凹陷区；⑦—高吉高尔—海力敏隆坳交接带

扫一扫

查看彩图

6.3 查干敖包式矽卡岩型伴生铟矿

6.3.1 矿床地质特征

矿床大地构造单元属西伯利亚板块兴蒙古生代造山带查干散包—多宝山活动陆缘，其上叠加中生代大兴安岭岩浆岩带。

6.3.1.1 地层

本区地层区划属北疆—兴安地层大区，兴安地层区，东乌—呼玛地层分区。出露地层比较简单，除广覆的第四系外，主要出露下古生界中奥陶统浅海沉积和上古生界下二质统陆相沉积地层。中奥陶统地层是区内分布最广的地层，下二叠统地层分布于矿区的西、北及南部。

赋矿地层为中—下奥陶统多宝山组（O_2d），分布在查干敖包背斜之南翼，地层走向为北东走向，倾角50°左右。为一套浅海相碎屑岩，盐酸盐岩夹火山沉积岩，岩性主要为灰绿色绿帘石次生石英岩、灰黄色绿帘石透辉石矽卡岩夹铁锌矿层及锰矿化层，层厚871m。由于有燕山期黑云母花岗岩的侵入，在成矿有利地段形成了矽卡岩型铁锌矿。因此区内中—下奥陶统多宝山组地层和似斑状花岗岩的接触带，是找寻大型铁、锌矿的主要依据和线索。矽卡岩，尤其是含铁石榴石矽卡岩是重要的找矿标志。

6.3.1.2 侵入岩

区内侵入岩主要为燕山期侵入岩，岩体长轴多呈北东向展布，与区域构造线方向基本相同。岩性主要为灰红色或肉红色黑云母花岗岩、似斑状黑云母花岗岩，加长花岗斑岩、黑云母花岗岩、中细粒黑云花岗岩、闪长玢岩等。燕山期黑云母花岗岩体侵入奥陶系多宝山组地层形成的矽卡岩带是成矿的有利地段。

6.3.1.3 构造

区内断裂构造分为北东、北北东及北西向3组，以北东向最为发育。从发生的时代看，北东向断裂多发生在古生代地层中，和褶皱构造一同构成了预测区内的基本格局。北西及北北东向多发生在中生代地层中。从断层性质看，北东、北北东向的多为逆断层，规模大，北西向多为平推断层，正断层，前者平行于区域构造线方向，后者则垂直于构造线方向，并且成为岩浆热液后期运移、上升的通道。在遇到碳酸盐成分较高的岩层，极易发生热液蚀变，或者产生大量的矽卡岩，含矿熔液在矽卡岩中沉淀，形成具有一定规模的矿床，查干敖包铁、锌矿就属于这种热液交代矽卡岩矿床。

6.3.1.4 变质作用

区内的变质作用包括接触热变质作用及接触交代变质作用，接触热变质作用岩石为岩（出露于矿区北部、东南部）、角岩（出露于矿区北东部）；接触交代变质作用表现为侵入大理岩与碳酸盐岩接触带大的矽卡岩化。在矿区出露面积较大。

6.3.2 成矿模式

钙碱系列的花岗岩侵入碳酸盐岩后，富含挥发成分的气水溶液及成矿物质对围岩进行交代，在中深条件下，碳酸盐分解成 CaO 和 CO_2，形成石榴石、透辉石、绿帘石等矽卡矿物及矽卡岩，成岩过程中或成岩后，由于地质构造运动，含矿物质的气水溶液在构造裂隙中迁移，流动，在适当的物理化学条件下，在外接触带矽卡岩中的有利部位铁、锌等物质结晶析出，富集后形成铁、锌及铁锌矿体。查干敖包典型矿床如图 6-3 所示。

6.4 阿尔哈达式热液型伴生铟镓矿

6.4.1 矿床地质特征

6.4.1.1 矿区地质

矿床大地构造单元属于兴蒙古生代造山系查干敖包—多宝山活动陆缘东乌旗—多宝山岛弧，其上叠加中生代大兴安岭岩浆岩带。

A 地层

矿区出露地层为上泥盆统安格尔音乌拉组（D_3a）和上侏罗统布拉根哈达组（J_3b）。

安格尔音乌拉组（D_2a）；根据岩性划分 3 个岩性段。下部为岩屑砂岩段出露矿区南部，岩性为灰色岩属细砂岩、深灰色含碳质细砂岩并夹有泥质板岩；中部为泥质硅质板岩段，出露于矿区中南部，岩性以浅灰色泥硅质板岩为主，夹有粉砂硅质板岩、凝灰岩和基性火山岩；上部为凝灰岩段，分布于矿区中北部，零星分布，岩性主要为安山所晶状凝灰岩、安山质凝灰岩、流纹质凝灰岩，局部和泥岩、板岩互层。

白音高老组（Jb）；分布于矿区西北部，不整合于安格尔音乌拉组（Da）地层之上，岩性主要为复成分砾岩，含砾流纹质凝灰岩、流纹岩等。

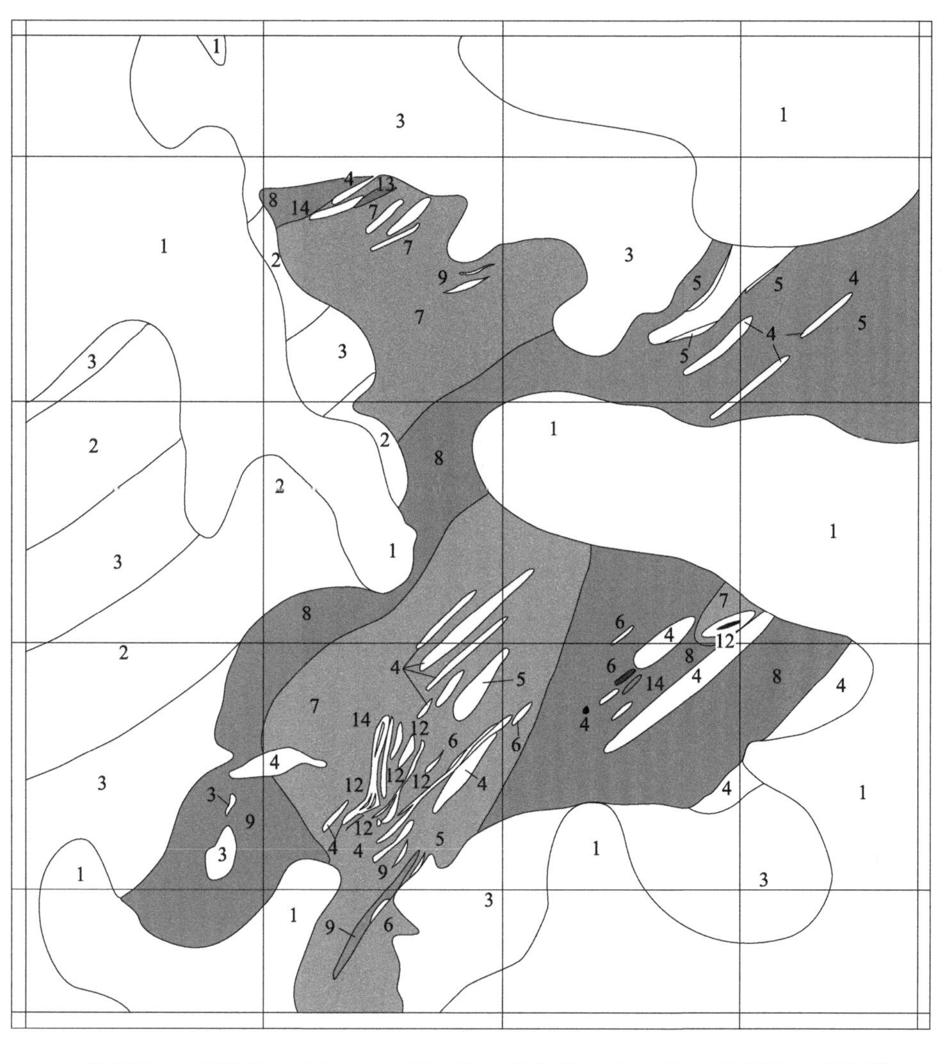

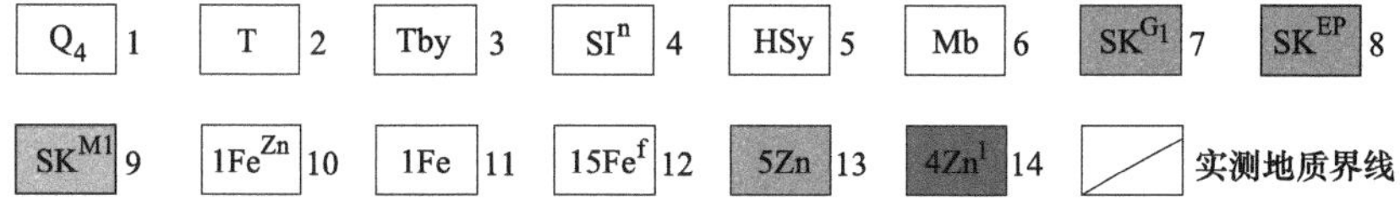

图 6-3 查干敖包典型矿床

1—第四系；2—凝灰岩；3—含砾岩屑凝灰岩；4—凝灰质板岩；5—黑云母角岩；
6—大理岩；7—石榴石矽卡岩；8—绿帘石矽卡岩；9—磁铁矿化矽卡岩；
10—铁、锌矿体位置及编号；11—工业铁矿体位置及编号；
12—非工业铁矿体位置及编号；13—工业锌矿体位置及编号；
14—非工业锌矿体位置及编号

扫一扫
查看彩图

B 侵入岩

矿区北东 2. 5km 处出露有印支期宾巴查勒干中细粒的斑状花岗岩岩体和 8km 处燕山早期安尔基乌拉粗粒花岗岩岩体（γJ_3），二者在阿尔哈达地区，在上泥盆统安格尔音乌拉组（D_2a）地层之下，形成复合岩体，阿尔哈达铅、锌矿床产于该岩体的西南侵入倾伏端。阿尔哈达铅—锌—银矿床和燕山期早期花岗岩在时间、空间上、成因上有相关联系。

C 构造

矿区内褶皱、断裂、节理、劈理等构造发育，后期构造对早期构造叠加改造非常强烈。北东间褶皱叠加在北北东向的褶皱之上，组成复式褶皱构造。在矿区北西断裂明显地控制旁成矿规模；多为刚性或平移断裂。这给成矿热液活动，提供了空间，使含矿熔液沿通道上升到地表，形成矿脉。

D 脉岩

矿区脉岩不发育，主要见有石英脉。走向多为北东，部分为北西。

6. 4. 1. 2 矿石特征

A 矿石类型

矿石的自然类型：致密块状矿石、角砾状矿石、稀疏浸染—稠密浸染状矿石、条带状矿石等。

矿石的工业类型：原生硫化物铅锌矿石为主。

B 矿石矿物成分

有用矿物主要有方铅矿、闪锌矿、自然银、辉银矿等，其他金属矿物以黄铁矿为主，其次有磁黄铁矿、白铁矿等，局部见有黄铜矿。脉石矿物有绿泥石、高岭土、方解石、石英、萤石等。

C 矿石结构构造

矿石结构，即自形—半自形粒状结构、它形粒状结构、交代残余结构、碎裂结构、包含结构等。

6. 4. 2 成矿模式

在古生代早期到泥盆世晚期，该地区属于地槽环境（岛弧俯冲带），火山活动强烈，基性火山岩从地壳深部携带了丰富的成矿元素，形成大量中基性火山岩和火山碎屑沉积岩，构成矿源层。受华力西早期构造运动影响，地壳上升，地槽褶皱回返，古生界产生强烈的褶皱，随之发生了区域浅变质作用，地层中的成矿物质受到了活化；印支期的断裂和岩浆活动增加了含矿热液的活力和移动空间，使得古生界中的成矿物质受到活化和运移，形成了矿化的雏形。成矿物质的运移富集。燕山早期的构造运动对本区的影响强烈，断裂、岩浆侵入及火山活动剧烈，在矿区形成了走向 NW 的压扭性断裂带，周围矿床的形成。随着含矿热液在构造碎裂带中运移及交代作用的发生，热液温度降低，改变了含矿热液物化条件，成矿物质从热液中析出沉淀，在合适的部位充填，形成了矿体。

6.5 甲乌拉式陆相火山岩型伴生铟镉矿

6.5.1 矿床地质特征

6.5.1.1 矿区地质特征

矿床大地构造单元属于西伯利亚板块额尔古纳晚元古代造山带额尔古纳晚元古代岛弧，其上叠加中生代大兴安岭岩浆岩带。成矿区带属大兴安岭成矿省新巴尔虎右旗—根河（拉张区）铜—铝—铅—锌—银—金铜—钼—铅—锌—银—金—萤石—煤（铀）成矿带八大关—新巴尔虎右旗铜—钼—铅—锌—银成矿亚带。

出露地层主要有中生界中侏罗统万宝组碎屑岩、塔木兰沟组中基性火山岩夹少量火山碎屑岩、上侏罗统满充头哪博组中酸性火山岩和碎屑熔岩。区内岩浆活动频繁，可划分为侏罗纪和白垩纪两期。侏罗纪以花岗岩类侵入活动为主，多呈岩基、岩株状出露。白垩纪以强烈的火山喷发作用和浅成超浅成侵入为主，呈岩株、岩枝、岩脉、岩筒等形态产出。岩石类型复杂多样，分异作用明显，与成矿关系密切。特别是岩浆演化较晚期的次火山侵入体，常伴有金属矿产出现。矿区所在位置属中生代燕山期构造岩浆活化作用强烈地区，受德尔布干断裂影响，北西向断裂及北西西向断裂发育，控制着矿区内的构造形迹。矿区构造以断裂及受构造控制的火山与次火山机构为主。

矿床主要赋存在中侏罗统塔木兰沟组青盘岩化玄武岩、安山玄武岩、安山岩下盘中，在查干布拉根矿区及矿区外围地区见矿体也产于玛尼吐组中酸性火山岩地层中，但往往矿化类型及强度会有所变化。甲—查矿区已发现矿体均呈脉状产于构造破碎带中，其中甲乌拉区的矿化以贯入充填方式为主，常与石英脉相伴，矿体与围岩界线较为明显，以致密块状矿石为主。查干区则以交代充填方式为主，贯入方式次之，矿体与围岩界线不明显。

近矿围岩蚀变一般局限于含矿构造带内及附近围岩，呈带状分布，蚀变类型有石英化、碳酸盐化、伊利石水白云母化、绿泥石化、高岭土化、绢云母化、萤石化、青盘岩化及褪色蚀变等。与成矿有关的蚀变主要有石英化、碳酸盐化、伊利石水白云母化。

6.5.1.2 矿体特征

该矿床共有 12 个主矿体及 98 个分支、平行小矿体。矿体主要为稳定的脉状，总体走向 330°~350°，局部稍有摆动，倾向南西，倾角多数为陡倾斜、少数为缓主矿体旁侧发育分支及平行小矿体。矿体均赋存于北北西及北西或北西西张扭性破碎带中，与构造关系密切。主要矿体与放射状排列裂隙有关；矿体分布均与成矿期岩体长石斑岩、石英斑岩等的分布密切相关。

6.5.1.3 矿石特征

主要矿石矿物有方铅矿、闪锌矿、黄铁矿、白铁矿、磁黄铁矿、黄铜矿，其次还有磁铁矿、赤铁矿、斑铜矿、毒砂等，少量的铜蓝、白铅矿、菱锌矿、褐铁矿等。

矿床具有多元素组合成矿的特点，主要成矿元素为铅、锌、银、铜，伴生组分有金、镉、铟、镓、铋、硫等。主要成矿元素均可单独圈出矿体，又总是相伴出现。伴生元素与主金属元素有一定的相关性，镉、铟、镓、铋则呈类质同象分布于铅锌矿物中。

经对原矿石及选矿精矿中的金、镓、铟、镉、硫等伴生元素进行了分析测定。在原矿中含量微小，镓元素主要赋存在脉石矿物中，故无法回收利用。除镓元素外，金、铟、镉、硫等元素在铅银精矿、锌精矿、铜精矿中得到选矿富集，可在冶炼中加以综合回收利用。

6.5.1.4 镓、铟的赋存状态

矿石中镓的质量分数为 13.77×10^{-6}，未见含镓的载体矿物，镓以类质同象的形式赋存在脉石矿物中；矿石中铟的质量分数为 9.36×10^{-8}，以类质同象的形式赋存在硫化物中。

6.5.1.5 矿床成因

甲乌拉矿床属陆相火山岩型矿床（陆相次火山热液充填型），成矿时代为早白垩世。

6.5.2 成矿模式

根据矿床硫、铅、氢氧同位素资料，成矿物质大部分来源于上地幔，成矿热

液主要来源于岩浆水，但在运移过程中也加入了相当数量的地下热水和岩石封存水。包体测温和成分分析资料显示，成矿温度中低温，温度随深度增加而升高，随远离次火山斑岩体侵入中心热源系统递减，原始热液以液态搬运为主，具高盐度、高密度、富含 C、SO_4^{2-}、F 等离子的硅碱溶液，且富含大量 Pb、Zn、Ag、Cu 等金属元素，成矿金属元素的搬运方式硅碱络合离子为主，沿断裂裂隙带以紊流方式运移为主，向两侧渗滤为次，在适当的温度、压力、浓度变化条件下迅速沉淀。

甲乌拉银铅锌矿床形成于燕山晚期，在构造—岩浆活化作用演化过程中，主要受控于北西向张扭性构造破碎带及次火山斑岩体边缘构造，与浅成—超浅成相次火山斑岩体序列演化侵入有关，成矿热液有多中心来源，并以液态紊流方式为主，在构造裂隙中运移、沉淀，成矿热液及成矿物质来源与次火山斑岩体具同源性，成矿热液的热源、矿源、水源主要与地壳深部上地幔岩浆活动有关，同时在上侵运移过程中从围岩中萃取了部分活化的金属元素和岩石封存水，吸收浅部地表水等参加其成矿活动，成矿温度属于中温—中低温热液类型，成矿为多阶段多期次叠加形成。

矿石 Pb 模式年龄值集中为 102.39~133.05Ma，石英二长斑岩 K—Ar 年龄为 21.02Ma，石英脉 Rb—Sr 等时线年龄为 140Ma。

7 内蒙古阿拉善右旗塔布格地区矿产调查与研究

阿拉善右旗塔布格地区位于内蒙古自治区西部高原，行政区划隶属内蒙古自治区阿拉善右旗塔木素镇管辖，西南距阿拉善右旗政府所在地约200km，东距塔木素镇约20km。自塔木素镇通往树贵镇的乡镇公路经过测区，该公路与自阿拉善左旗通往阿拉善右旗和额济纳旗的两条县级公路、自巴音诺尔公路通往甘肃省金昌市的公路、乌力吉通往临河市的简易公路及乌海通往吉兰泰的铁路联通，交通尚属方便。但工区内多为自然便道，且多被风沙覆盖，通行条件较差。

研究区地貌单元属阿拉善高原，东部与阿尔腾山、南部与雅布赖山、北部与洪果尔山地毗邻，西部与巴丹吉林沙漠相连。区内主要地貌形态有山地、荒漠、戈壁等，海拔高程一般为1100~1500m。其中山地分布在测区北部、东部，相对高差一般为10~50m，荒漠主要分布在测区西部，为地势低洼处，一般形成多垄沙丘或平沙地，戈壁分布在测区南部，多为碎石堆积，地势平坦。

区内地表水系不发育，无长年流水，局部有季节性河流，近几年由于沙漠化严重，多已成为平坦洼地。工作区属典型的沙漠气候，终年干旱少雨，冬季寒冷，夏季干燥，温差大，风大沙多。降水量年均为115~250mm，蒸发量为2032~2958mm，是降水量的11~16倍。降雨一般多集中于7月下旬、8月及9月上旬，占年降水量的52.2%~55.5%，且多为暴雨，极端降水时间36h，达600mm（1975年8月5日）。冬季降雪少，局部地区常年无降水；气温年、日温差大，无霜期短，年平均气温为3~6.3℃，7月最高，平均为19.8~23.4℃，极端最高气温为37℃（1961年6月10日），1月最低，平均为-16.9~-11.7℃，极端最低气温为-34.4℃（1954年12月31日），日照年平均为3098~3250h，光能丰富，为全国长日照区，无霜期年均130~165天。春秋两季多六级以上西北风，常伴有沙尘暴。

7.1 区域地质背景

工作区位于华北板块、塔里木板块和兴蒙造山带的接壤部位。大地构造位置属华北板块（Ⅳ）、华北地块（$Ⅳ_2$）、阴山隆起（$Ⅳ_2^1$），古生代属华北板块北缘增生带，中生代则处于滨太平洋构造域之大兴安岭中生代火山—岩浆岩带的西部边缘，如图 7-1 所示。根据《内蒙古自治区岩石地层》，本区古生代地层区划属华北地层大区（V）、内蒙古草原地层区（V_3）、锡林浩特—磐石分区（V_3^1），而中新生代地层区划则属阿拉善地层区（2）、巴丹吉林地层分区（2_1）。

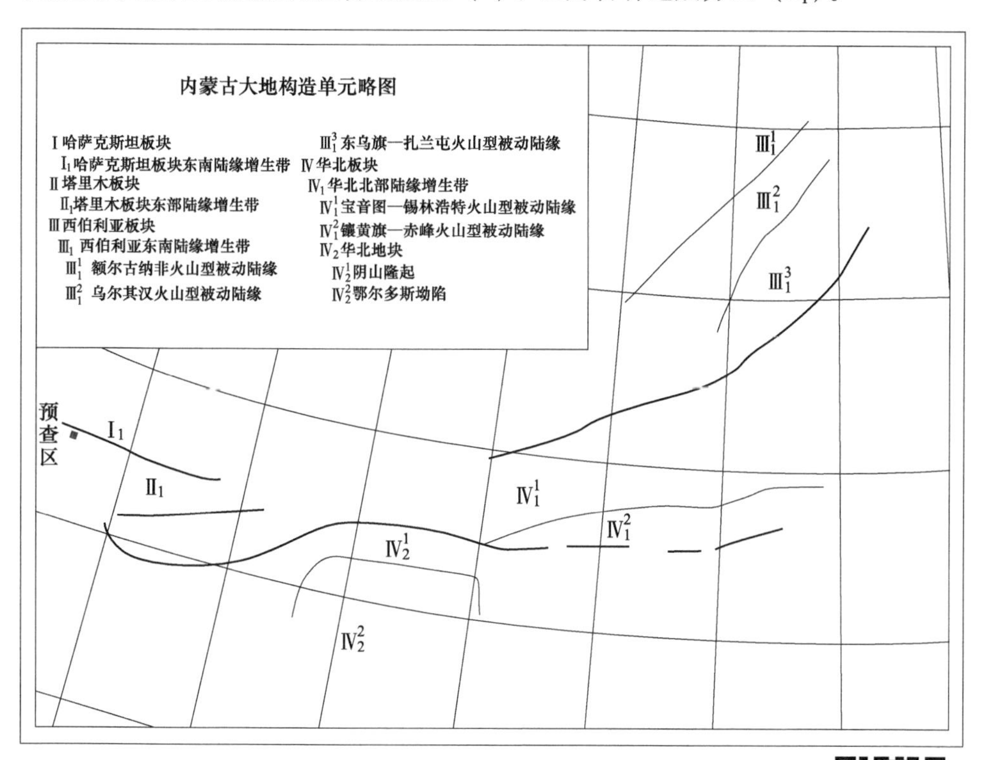

图 7-1 内蒙古大地构造单元略图

扫一扫
查看彩图

地层：工作区上地壳具有明显的双层结构，即基底建造和盖层建造。区内出露地层有中太古界乌拉山（岩）群变质基底；古生界上石炭统本巴图组、中新生界下白垩统巴音戈壁组、上白垩统乌兰苏海组以及第四系更新统、全新统作为盖层。

岩浆岩：测区位于华北板块和兴蒙造山带的接壤部位，不同板块及其边缘活动带所经历的构造运动差异较大，因此伴随构造运动的岩浆活动也各具特色。经总结认为本区侵入岩具以下特征：

（1）本区侵入岩分布广泛，占基岩面积的 2/3，各个时代均有出露，但以晚古生代为最；

（2）本区侵入岩岩石类型复杂，基性、中性、酸性岩及其不同类型的过渡性岩石均有分布；

（3）岩浆活动方式多样，从岩浆深层侵入浅层超浅层侵入以致岩浆喷发均很强烈，从巨大的岩基到细小的岩脉都很发育。

构造：该区地质历史上构造活动强烈，自太古代至新生代经历了多期次的构造运动，断裂发育、褶皱多样，早期构造形迹多被后期构造叠加或复合。吕梁期、加里东期、华力西期为主要构造期，是本区褶皱造山的主要时期，而燕山期和喜马拉雅期则主要表现为隆起和坳陷的发生发展，并形成了本区最终的构造格局。区域上总体构造线方向为北东向，北东向构造控制着地层和侵入体的展布。

7.2 地球物理特征

7.2.1 物性特征

区域上物性参数的显著特点是各期次酸性侵入岩具微磁性，超基性岩具强磁性，基性岩为强磁性，地层除第四系、白垩系磁性最低外，其他地层一般为弱磁性，而太古界地层密度较古生界地层密度略高。通过类比分析，认为区内各地质单元物性特征：地层磁性与其成分无关，地层为正常碎屑沉积岩或原岩为正常碎屑沉积岩的变质岩，一般无磁性或弱磁性，如砂岩、砾岩等。侵入岩类一般磁性不稳定，在航磁图上表现为跳跃型磁场，如二叠纪侵入岩。原岩为偏基性火山岩的变质岩为强磁性，磁性稳定，在航磁平面图上表现为块状或条带状正磁场。同一时代侵入岩从酸性到基性磁性逐渐增大；不同时代的同一类型侵入岩，随时代变老其磁性也增强。其中基性、超基性岩类为强磁性，在航磁平面图上表现为局部强磁异常。

7.2.2 磁场特征

整体来看，调查区内磁场表现为在零偏负的背景上，分布有北东向的正负相间的带状磁异常，可见其走向同区域构造线一致，其中正异常强度一般为 10~60nT，最高可达 220nT。正异常旁侧伴有负异常，强度一般为-50~-80nT，最低可达-140nT。纵观区内磁场结构，磁场总体展布具有明显的分区分带特征，由于每个区带中磁场特征明显不同，所反映的地质内容也不尽相同，所以将测区磁场划分为 5 个区带，以下将分别阐述各分磁场特征及其成因。

7.2.2.1 哈尔勃日格—乌力图—伊和额尔崩正异常带

异常位于哈尔勃日格—乌力图—伊和额尔崩一线，呈北东向窄带状，异常强度一般为 0~80nT，异常等值线在查干陶勒盖处收缩封闭，形成两个 0nT 等值线圈定的次级异常。整体来看，该异常带内存在 3 个极高异常区，分别位于浩音特浩勒呼都格地区、乌力图地区、伊和额尔崩地区。

异常区内主要出露奥陶纪石英闪长岩及志留纪二长花岗岩，同时，顺异常带发育一条区域韧—脆性构造变形带，构造变形带展布方位、形态与磁异常带完全吻合。研究表明，强烈韧性剪切导致岩石中区域一致的矿物定向和磁化率各向异性，是干扰现代地球磁场、产生特定航磁异常分布格局的主要因素。可见，区域韧—脆性构造变形带是形成哈尔勃日格—乌力图—伊和额尔崩大型正异常带的主要原因，同时古老的中性侵入体（奥陶纪石英闪长岩）也是形成磁异常的主因之一。

7.2.2.2 沃勒亨嘎顺呼都格正异常区

异常位于浩勒呼都格幅沃勒亨嘎顺呼都格地区，以一平缓开阔的大型正磁异常为主要特征，呈不规则片状，异常强度一般为0~220nT，异常等值线向东交于图幅边框，未封闭，并在那仁高勒地区及塔塔林阿德根地区分别形成两个极高异常区。

区内主要出露乌拉山（岩）群第四岩组黑云母混合片麻岩，见两条东西向断裂构造 F_{21}、F_{22}。从磁异常的形态不难看出，该异常与乌拉山（岩）群第四岩组关系密切。有资料表明，乌拉山（岩）群变质岩系原岩为太古宙源于亏损地幔源区的镁铁质基性火山岩，而在整个阿拉善地区，原岩为偏基性火山岩的变质岩呈强磁性，且磁性稳定，可见，乌拉山（岩）群第四岩组是形成沃勒亨嘎顺呼都格正异常的主要原因。由于乌拉山（岩）群第四岩组物性参数未知，上述推测依据不足，所以也不排除该区存在有隐伏磁性地质体的可能。

7.2.2.3 木哈尔扎干—哈拉刺图—呼和温多尔负异常带

异常带位于木哈尔扎干—哈拉刺图—呼和温多尔一线，呈北东向条带状横贯整个调查区，异常强度为-50~140nT，局部形成两个极低异常区，分别位于阿尔嘎顺北及哈尔朝恩吉地区。

区内主要出露乌拉山（岩）群变质岩系、志留纪英云闪长岩、志留纪二长花岗岩、石炭纪石英闪长岩及二叠纪石英闪长岩，侵入体规模均较小，多呈岩枝、岩墙状。构造发育，各种不同规模，不同型式的构造纵横交错，构成了区内复杂的地质构造格局。初步认为，该磁异常带的形成可能与变质结晶基底及古老的中酸性侵入体在该区域的大面积分布有关。

7.2.2.4 哈尔德勒异常跳跃区

异常位于塔布格幅哈尔德勒地区，异常呈片状，主体具背景场特征，但局部出现轻微的低异常或高异常，异常多变，但变化幅度低，低异常或高异常规模小，具跳跃性特征。

异常区出露二叠纪似斑状黑云母花岗岩和二叠纪黑云母花岗岩，相比之下，侵入体规模较大且完整，岩石结构构造，矿物成分相对稳定。区内构造相对其他地区欠发育，目前已查明的构造以断裂为主。初步认为，该异常反映了较年轻的酸性侵入岩的一般特征，即这类侵入体一般磁性不稳定，导致在航磁图上形成跳跃型磁场。

7.2.2.5 努都尔敖格钦异常背景区

异常背景区位于调查区南部地区，其中以位于干珠尔幅努都尔敖格钦地区的异常特征最为典型。异常面积大，呈大片面状，异常强度为-20~-50nT，异常等值线稀疏平直、场强稳定、局部发育小面积高或低异常区，但数量少、规模小，该区域整体上仍具背景场特征。

异常区内主要出露白垩系下统巴音戈壁组砂砾岩，且大面积被现代风成砂覆盖，构造不发育。由于地层为正常碎屑沉积岩地区一般无磁性或弱磁性，故认为该异常背景区是白垩系下统巴音戈壁组砂砾岩地层必然的表现。

7.2.3 磁异常特征

7.2.3.1 伊和额尔崩 C1 磁异常

异常位于杭嘎勒幅西部伊和额尔崩一带。出露地质体主要为二叠纪似斑状黑云母花岗岩、二叠纪黑云母花岗岩、侏罗纪含黑云母花岗岩以及乌拉山（岩）群第三岩组片麻岩。异常区内花岗岩脉、二长花岗岩脉，闪长岩脉及石英脉发育。北西向、北东向构造发育，两组构造在区内交汇。

1∶50000 航磁显示，异常呈东西向条带状分布，面积约 10km^2，场值变化范围为 30~80nT，异常南部梯度变化较大并出现负值，梯度值最大约 120nT/km。

据物性特征，上述地质体均属弱磁性，因此该磁异常不属地质体自身反应。航磁异常与 1∶50000 化探 AP7 号综合异常对应，与 Cu、Ag、Zn、Mo 浓集中心相吻合。经实地踏勘检查，异常位于多套地质体内外接触带，北西向断裂横贯异常区，钾化、硅化蚀变普遍。由此推测该航磁异常的形成可能与接触热蚀变及后期构造热液作用的叠加有关，其找矿前景不明确，属丙类异常。

7.2.3.2 苏布尔格 C2 磁异常

异常位于塔布格幅东部苏布尔格南西一带。出露地质体主要为奥陶纪石英闪长岩、二叠纪似斑状黑云母花岗岩。异常区岩脉发育，主要见闪长玢岩脉、二长花岗岩脉、花岗斑岩脉及石英脉等。区内岩石韧—脆性变形普遍，岩石糜棱岩化、碎裂岩化强烈，北东向、北西向断裂破碎带横贯区内。区内蚀变强烈且普遍，主要见硅化、黄铁绢云岩化。

1∶50000 航磁显示，异常呈近东西向椭圆状，面积约 2.5km^2，场值变化范围为 40~90nT，异常等值线平直宽缓，梯度值一般为 50~130nT/km。

据物性特征，奥陶纪石英闪长岩具强磁性。对比来看，该航磁异常区化探异常不显著，仅有零星 Zn、Sn 异常，经实地踏勘检查，异常区位于奥陶纪石英闪长岩与二叠纪似斑状黑云母花岗岩内外接触带上，区内断裂裂隙构造发育，韧—脆性变形强烈。由此推测该航磁异常的形成可能与韧—脆性变形作用有关，找矿意义不大，但该异常对从地球物理方面认识韧—脆性构造变形带具有一定意义，故属乙 3 类异常。

7.2.3.3 浩音特浩勒呼都格 C3 磁异常

异常位于塔布格幅中部浩音特浩勒呼都格一带。出露地质体主要为奥陶纪石英闪长岩、二叠纪似斑状黑云母花岗岩。异常区岩脉发育，主要见于长花岗岩脉、花岗斑岩脉及石英脉等。区内岩石韧—脆性变形普遍，岩石糜棱岩化、碎裂岩化强烈，北东向、北西向断裂发育，并在区内交汇。

1∶50000 航磁显示，异常呈北东向椭圆状，面积约 2.0km^2，场值变化范围为 40~60nT，异常等值线平直宽缓，梯度值一般小于 100nT/km。

据物性特征，奥陶纪石英闪长岩具强磁性。该航磁异常区化探异常不显著，仅在异常区边部有零星 As、Bi、W、Zn、Sn 异常显示，经实地踏勘检查，区内断裂构造发育，岩石糜棱岩化、碎裂岩化强烈，局部可见硅化、绿泥石化、褐铁矿化、黄铁绢云岩化蚀变。由此推测该航磁异常的形成可能与构造热液活动导致的硫化物矿床金属元素在局部富集有关，找矿意义不大，属丁类异常。

7.2.3.4 塔塔林阿德根 C4 磁异常

异常位于杭嘎勒幅东部塔塔林阿德根一带。出露地质体主要为二叠纪花岗闪长岩，区内岩脉发育，主要见闪长玢岩脉、闪长岩脉及石英脉等。北西向大断裂横贯异常区，断裂破碎带局部地段硅化、钾化强烈。

1∶50000 航磁显示，异常呈东西向椭圆状，东部未封闭，面积约 3.0km^2，场值变化范围为 30~70nT，异常等值线平直宽缓，梯度值一般小于 80nT/km。

据物性特征，二叠纪花岗闪长岩显示中等磁性。该航磁异常区化探异常不显著，仅见 Hg 异常，顺断裂破碎带分布，浓度分带达二级。经实地踏勘检查，航磁异常中心发育一条闪长玢岩脉，走向 150°，长约 500m，宽 10~30m。由此推测该航磁异常的形成可能与闪长玢岩脉的侵入作用有关，找矿意义不大，属丁类异常。

7.2.3.5 那仁高勒 C5 磁异常

异常位于杭嘎勒幅东部那仁高勒一带。异常区出露地质体以二叠纪花岗闪长岩为主，局部见乌拉山（岩）群第四岩组捕虏体和三叠纪黑云母花岗岩，区内岩脉发育，主要见闪长玢岩脉、花岗岩脉及石英脉等。

1∶50000 航磁显示，异常呈半圆饼状，东部未封闭，面积约 5.0km^2，场值变化范围为 80~220nT，异常等值线宽密不一，梯度值一般为 50~160nT/km。

据物性特征，二叠纪花岗闪长岩显示中等磁性。该航磁异常区化探异常不显著，AP15 号综合异常分布在异常区西部边缘，以形成 Cu、Au、Mo、Hg 化探异常为主，经实地踏勘检查，异常区内岩脉发育，脉岩密集发育区硅化、钾化、褐铁矿化强烈，由此推测该航磁异常的形成可能与岩脉的侵入而导致的热液作用有关，又或与隐伏的磁性地质体有关，鉴于该航磁异常显著，但其找矿意义尚不明确，有必要对该航磁异常开展更深入的检查工作，属丙类异常。

7.2.3.6 扎盖图阿玛高勒 C6 磁异常

异常位于浩勒呼都格幅东北部。出露地质体为乌拉山（岩）群第四岩组变质岩，北部被三叠纪黑云母花岗岩侵入，东部被二叠纪花岗闪长岩侵入，区内花岗岩脉、石英脉发育。区内断裂裂隙构造发育，三条近东西向大断裂横贯区内。

1∶50000 航磁显示，异常呈近东西向椭圆状，面积约 2.0km^2，场值变化范围为 50~90nT，磁异常等值线宽缓平直，梯度值一般小于 50nT/km。

据物性特征，乌拉山（岩）群具一定磁性。该航磁异常区有微弱化探异常显示，以形成 Cu、Pb、Mo、As 异常为主，异常强度低，空间套合差，与航磁异常具有一定对应性。经实地踏勘检查，异常区出露乌拉山（岩）群第四岩组混合片麻岩，脉岩众多，断裂构造发育，局部地段硅化、褐铁矿化强烈。初步认为该航磁异常的形成可能与原岩具磁性的混合片麻岩有关，但也不排除其可能与构造热液活动导致的金属硫化物矿床成矿元素在局部富集有关，找矿意义不大，属丁类异常。

7.2.3.7 沃勒亨嘎顺呼都格 C7 磁异常

异常位于浩勒呼都格幅沃勒亨嘎顺呼都格东北约 3km 处。出露主体地质体为乌拉山（岩）群第四岩组变质岩，西侧被侏罗纪含黑云母花岗岩侵入，南部局部位置出露上石炭统本巴图组地层。区内花岗岩脉、石英脉发育，局部地段可见硅化、钾化、黄铁绢云岩化蚀变。

1∶50000 航磁显示，异常呈北东向饼状，面积约 5.0km^2，场值变化范围为 50~80nT，磁异常等值线宽缓平直，梯度值一般小于 30nT/km。

据物性特征，乌拉山（岩）群具一定磁性。该航磁异常区化探异常欠发育，仅在异常区边部有微弱 Au、W、Pb 异常显示。经实地踏勘检查，异常区出露乌拉山（岩）群第四岩组混合片麻岩，与侏罗纪黑云母花岗岩内外接触带处硅化、钾化强烈，上石炭统本巴图组地层内局部地段硅化、褐铁矿化强烈。据此认为，该航磁异常的形成可能与侏罗纪侵入体侵入乌拉山（岩）群变质岩导致的岩浆热液蚀变作用有关，无找矿意义，属丁类异常。

7.3 地球化学特征

7.3.1 地球化学背景特征

为表明元素在测区分布的均匀程度和相对富集及贫化程度，确定分异系数 *Cv*（*Cv* 为该地质单元元素含量标准离差与该地质单元元素含量的平均值比值）小于0.5为均匀分布，大于等于0.5小于1为分布明显不均匀，即有明显的分异性，分异系数 *Cv* 大于1为分布极不均匀，即具有强分异特征；浓集克拉克值（*C*4为该地质单元元素含量的平均值与全区该元素背景值比值）大于1.2为富集，大于等于0.8小于等于1.2为元素富集与贫化不明显，小丁0.8则为贫化。

元素含量特征：先假定全区所有元素平均值为背景含量，则其浓集克拉克值均为1，全区土壤样品中，Au、As、Sb、Hg高度富集，$C4>2$；Cu、Pb、Zn、W、Sn、Mo、Bi相对富集，$C4>1.2$；Ag基本为背景含量，富集与贫化不明显，$0.8<C4<1.2$；岩石样品中，Au、Hg、Sb、W、Mo、As高度富集，$C4>2$；Ag相对富集，$C4>1.2$；Cu、Zn、Pb、Sn、Bi均为贫化元素。

元素含量分异特征：全区土壤样品中Au、Ag、Pb、As、W、Hg、Sb、Mo、Bi具强分异特征，$Cv>1$；Cu、Zn、Sn具备一定分异性，$0.5\leqslant Cv<1.0$；岩石样品中，Cu、Zn、Au、Ag、Pb、Sb、W、Bi、Mo、As为强分异元素 $Cv>1$；Hg、Sn为具备一定分异特征的元素，$0.5\leqslant Cv<1.0$；剩余元素或具弱分异特征或无明显分异特征。

元素含量频率分布特征：各元素含量频率分布型式为近似对数正态分布，但均存在不同程度的偏离，其中Hg、Sb、Sn、W、Zn偏离最少，剩余元素中Ag、Au、Cu、Mo、Pb为单峰正偏倚分布，As呈双峰分布，Bi呈多峰分布。反映了测区内元素大部分均受后期不同地质作用叠加，经历了不同的地球化学演化旋回。

7.3.2 元素共生组合类型

为了解12个元素在全区的共生组合规律，利用全区土壤样品中各元素含量进行了R型聚类分析，如图7-2所示。

各变量间相关对接情况：

（1）Cu—Ag为0.6492；

（2）Zn—Sn为0.4264；

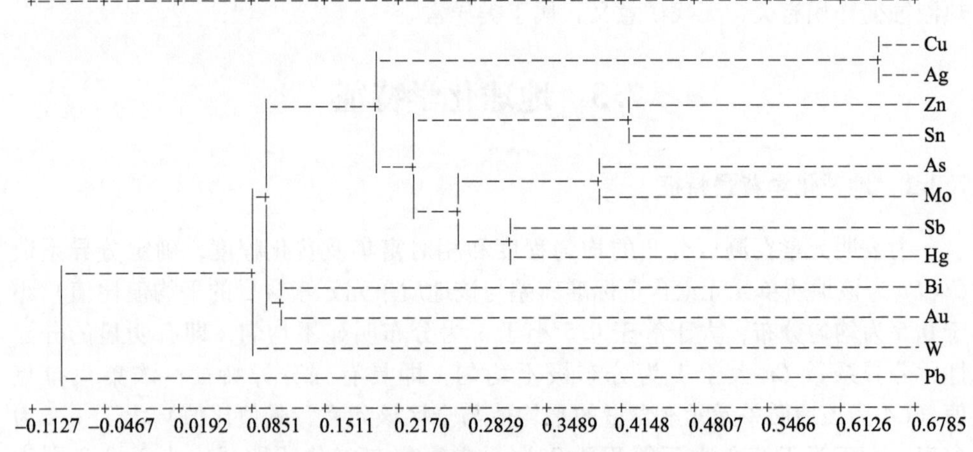

图 7-2　全区土壤 12 种元素 R 型聚类分析谱系图
（样本数 9396，变量数 12）

（3）As—Mo 为 0. 3970；

（4）Sb—Hg 为 0. 3166；

（5）As—Sb 为 0. 2726；

（6）Zn—As 为 0. 2325；

（7）Cu—Zn 为 0. 2007；

（8）Cu—Bi 为 0. 1028；

（9）Cu—Au 为 0. 1157；

（10）Cu—W 为 0. 0893；

（11）Cu—Pb 为-0. 0833。

从图 7-2 中可以看出，在 0. 25 相似性水平上，测区元素共生关系可分为以下 7 种组合：

（1）Cu、Ag；（2）Zn、Sn；（3）As、Mo、Sb、Hg；（4）Bi；（5）Au；（6）W；（7）Pb。

7. 3. 3　元素共生组合特征

7. 3. 3. 1　Au

总体来看，Au 元素较高值区、高值区在中太古界乌拉山（岩）群变质岩系、上石炭统本巴图组地层、区域韧—脆性构造变形带内比较普遍，在二叠纪侵入体的局部位置也有小规模 Au 较高值区、高值区产出。区内形成的较大规模的 Au 高值区、较高值区（带）共 8 个。其他高值区、较高值区分布面积小，数量多，无规律地分散在测区的各个部位，主要是由 Au 在各地质体中的不均匀分布造成。Au 较低值区则主要分布在测区西部、东北部及东南部二叠纪、三叠纪及侏罗纪侵入体中，Au 低值区分布局限，一般伴随高值区产出，在上述较低值区的局部地段也有小规模 Au 低值区分布。

7.3.3.2 Ag

总体来看，Ag 元素背景区主要分布在乌拉山（岩）群变质岩系中，形态不规则，分布无规律。其他地质体整体上表现为较低值区或背景区内的零星较高值区、高值区，大部分较高值区、高值区或位于较低值区内，或与低值区相伴产出。区内形成的较大规模的 Ag 高值区、较高值区（带）共 7 个。异常低值区、较低值区主要呈片状分布在二叠纪、三叠纪、侏罗纪侵入体中及乌拉山（岩）群变质岩系的局部地段。

7.3.3.3 Cu

总体来看，Cu 元素较高值区、高值区以及较低值区、低值区成群成带产出，规模一般较大，空间分布上规律性比较强。其中较高值区、高值区主要集中在断裂裂隙构造发育、侵入体规模小的地区，整体呈北东向展布。而低值区、较低值区则主要集中分布在构造不发育的地区。区内可划分出 6 个较高值区、高值区。

7.3.3.4 As、Sb、Hg

As、Sb、Hg 属低温元素组合，相关性比较强。总体来看，较高值区、高值区或呈大规模片状或呈北东向条带状，主要分布在上石炭统本巴图组地层、构造发育地区以及二叠纪黑云母花岗岩的局部地段，区内可划分出 5 个较高值区、高值区。其他高值区、较高值区分布面积小，数量多，无规律地分散在测区的各个部位，主要是由 As、Sb、Hg 在各地质体中分布不均匀造成的。该组元素的较低值区、低值区主要分布在乌拉山（岩）群变质岩区、三叠纪及侏罗纪的大片花岗岩出露区。

7.3.3.5 W、Sn、Mo、Bi

W、Sn、Mo、Bi 组元素具有一定的相关性，总体来看，W、Sn、Bi、Mo 元素较高值区、高值区主要分布在乌拉山（岩）群变质岩区及奥陶纪、志留纪小规模侵入体出露区、断裂构造发育地段以及岩脉发育地区。全区主要形成 5 个 W、Sn、Mo、Bi 较高值区、高值区。其他高值区、较高值区分布面积小，数量多，无规律地分散在测区的各个部位，主要是由 W、Sn、Mo、Bi 在各地质体中分布不均匀造成的。该组元素的较低值区、低值区则主要分布在断裂构造欠发育，以及二叠纪、三叠纪、侏罗纪大片花岗岩出露区。

7.3.4 主要化学异常特征

7.3.4.1 查干德勒（AP1）异常

查干德勒（AP1）异常位于塔布格幅查干德勒一带。异常区出露地质体主要为二叠纪似斑状黑云母花岗岩和二叠纪黑云母花岗岩。区内石英脉、正长岩脉、闪长玢岩脉、闪长岩脉、二长花岗岩脉、钾长花岗岩脉发育。侵入体内北西向裂隙、小型断裂密集分布，上述各类脉体多沿断裂裂隙充填，组合排列呈雁列状。

AP1号综合异常由Au—Ag—Cu—Hg—Bi—Mo—Zn—W等元素组成，主要为一套中低温硫化物矿床成矿元素组合。成矿元素Au、Ag、Cu分布面积大，异常规整，强度大，具有明显的浓集分带和浓集中心，三元素在综合异常区的北部和南部分别形成两个套合非常好的子异常，构成同心环状；与中酸性岩浆有关的元素Bi、Mo、W、Zn在侵入体局部有分布，规模小，强度低，相互间套合差；与热液作用有关的元素Hg分布在石英脉周围，规模小，强度低，与成矿元素Au、Ag、Cu相关性强。

7.3.4.2 沙尔陶勒盖（AP2）异常

沙尔陶勒盖（AP2）异常位于塔布格幅沙尔陶勒盖一带。异常区出露地质体主要为二叠纪黑云母花岗岩，局部见二叠纪似斑状黑云母花岗岩和侏罗纪含黑云母花岗岩零星分布。区内各类岩脉发育，主要有二长花岗岩脉、正长岩脉、花岗岩脉、闪长岩脉及闪长玢岩脉等，脉体走向集中在北西向。脉体发育地段钾化、硅化、黄铁绢英岩化强烈。区内存在一条北西向的线状沟谷，沟谷内多被风成砂覆盖，疑似断裂所在，遥感地质解译将其确定为一条北西向断裂。

AP2号综合异常由Cu—Ag—Mo—Hg—Au—As—Sb—Bi—W等元素组合而成，主要为一组亲铜元素组合。成矿元素Cu异常分布在线状沟谷内，规模相对较大，Cu异常区内还分布有Mo、As、Hg、Bi、W等异常；其他硫化物矿床成矿元素Ag、Au、Mo等零星分布，规模小，强度低；与中酸性岩浆有关的元素Hg、As、Sb、Bi、W在二叠纪黑云母花岗岩中零散分布，其中Hg、Bi异常相对突出，规模大，强度高，二者具有一定相关性。在异常区北端，Ag、As、Sb三元素异常空间套合好。

7.3.4.3 得勒乌兰（AP4）异常

得勒乌兰（AP4）异常位于杭嘎勒幅得勒乌兰一带。异常区出露地质体主要为二叠纪似斑状黑云母花岗岩和二叠纪花岗闪长岩，早期花岗闪长岩因遭受晚期似斑状黑云母花岗岩侵蚀改造而呈不规则岩枝状无规律分布，侏罗纪含黑云母花岗岩呈岩席状零散分布。区内岩脉分布广泛，主要见石英脉、闪长玢岩脉、二长花岗岩脉及花岗岩脉等。区内构造发育，主要有北西向和北东向两组断裂构造，两组断裂在得勒乌兰处交汇。

AP4 号化探综合异常由 Ag—Zn—As—Bi—Sn—W 元素组合而成，主要为一套低温的硫化物矿床成矿元素。总体来看，该区化探异常组分简单，单元素异常规模小，强度低，分布零散，特征并不显著。成矿元素 Ag 主要分布在岩石硅化、钾化强烈处或二叠纪似斑状黑云母花岗岩与花岗闪长岩内外接触带处；与中酸性岩浆有关的元素 As、Bi、Sn、Zn、W 主要分布在似斑状黑云母花岗岩与花岗闪长岩内外接触带处，仅 Bi 异常达四级浓度分带，其他元素异常规模小，强度低，但多元素异常间相互套合好。

7.3.4.4 哈尔德勒（AP5）异常

哈尔德勒（AP5）异常位于塔布格幅中部偏西哈尔德勒一带。异常区出露地质体主要为二叠纪似斑状黑云母花岗岩和二叠纪花岗闪长岩，局部可见侏罗纪含黑云母花岗岩岩枝状侵入体。岩脉大量发育，主要见正长岩脉、二长花岗岩脉、闪长玢岩脉及石英脉等，整个测区内规模最大的两条岩脉，一条正长岩脉，长约 5.7km，另一条闪长玢岩脉，长约 7.6km，均分布在异常区。区内北东向、北西向断裂构造发育。断裂附近或侵入体内局部地段钾化、硅化、绿泥石化及黄铁绢英岩化蚀变强烈。

AP5 号综合异常由 Au—Ag—Cu—Pb—Zn—W—Sn—Mo—Bi—As—Hg 等元素组合而成，除 Sb 元素外，其他 11 种元素异常在区内均可见及。总体来看，该综合异常元素组分复杂，分布凌乱，单元素异常强度低，形态不规整，分带性差，浓集中心不明显。硫化物矿床成矿元素 Au、Ag、Cu、Pb、Zn 零散分布，规模小，多为一级、二级浓度分带；与热液活动有关的高温元素 W、Sn、Mo 多分布在岩脉发育区，其中 W 多为四级浓度分带，Sn、Mo 一般为一级或二级异常；与热液活动有关的低温元素 As、Bi、Hg 相比高温元素 W、Sn、Mo 而言，分布面积则要大得多，一般呈面状分布，异常强度高，多为三级、四级异常。总体来看，该区内各元素化探异常主要集中在三个地段：

（1）北西向断裂构造发育处；

（2）脉岩密集发育处；

（3）二叠纪黑云母花岗岩与二叠纪似斑状黑云母花岗岩内外接触带处。多元素异常相关性差，仅在异常东部约 1km^2 范围内，可见 Au、Ag、Bi、Pb、Zn、As、W 等元素异常空间套合好，具有一致的浓度分带和统一的浓集中心，其中成矿元素 Au、Ag、Pb、Zn 分别为二级、四级、二级、二级异常。在异常东北部断裂破碎带处，可见 Ag、Hg、W、Pb、Zn 相关性比较强，异常均呈北西向带状顺断裂破碎带分布。从元素内部空间结构来看，前缘晕元素 Hg、As、Ag 或是异常规模巨大，或是异常众多，但强度一般都比较低，而尾部晕元素 W、Sn、Mo、Bi 异常规模一般都比较小，数量也相对要少，但强度一般都比较高，与热液地球化学活动的一般特征相一致。

7.3.4.5 查干陶勒盖（AP6）异常

查干陶勒盖（AP6）异常位于塔布格幅中部查干陶勒盖一带。异常区出露呈北东向岩墙状的奥陶纪石英闪长岩和志留纪二长花岗岩，石英闪长岩北侧被二叠纪似斑状黑云母花岗岩侵入，二长花岗岩南侧侵入志留纪英云闪长岩，局部见中太古界乌拉山（岩）群第一岩组变质岩捕虏体，岩石遭受变质变形作用而生成一系列动力变质岩，包括压碎岩、碎裂岩、糜棱岩及糜棱岩化岩石等。区内岩脉发育，主要见闪长玢岩脉、闪长岩脉、正长岩脉、二长花岗岩脉、花岗岩脉、石英脉及萤石脉等，脉体规模、形态各异，走向集中在北东向或北西向。区内构造极为发育，整个综合异常区位于区域性北东向韧—脆性构造变形带内，该带由一系列北东向、北西向断裂及其他低序次断裂裂隙构造叠加早期韧性变形构成。脆性破碎带内最常见的蚀变有硅化、绿泥石化、黄铁绢云岩化、褐铁矿化及萤石矿化，围岩最常见的蚀变有硅化、钾化、绿泥石化等。

AP6 号综合异常由 Au—Ag—Cu—Mo—As—Zn—W—Sn—Bi—Sb—Hg 等元素组合而成，除 Pb 在区内形成负异常外，其他 11 种元素异常在区内均可见及。总体来看，区内化探异常元素组分众多，形态不规整，分布凌乱。但单元素化探异常规模大，强度高，分带性好，浓集中心明显。其中硫化物矿床成矿元素 Au、Ag、Cu 形态相对规整，均呈北东向带状或呈近东西向饼状分布，异常规模大，强度高，套合好，在区内自南西—北东形成三个组合异常浓集区；与热液作用有关的高温元素 W、Sn、Mo 异常规模小，数量多，分布零散，整体上相互套合差，但在局部可见三者套合得比较好，W、Mo 异常强度高，浓度分带多达四级，Sn 异常强度多为一级、二级；与热液作用有关的中低温元素 As、Zn、Bi、Sb、Hg 异常规模大，形态不规整，异常强度高，浓集中心明显，但浓度分带性差，其中 Zn、As 异常最显著，异常达三级、四级浓度分带，规模最大，且相互间套合好，Hg、Sb、Bi 异常规模相对小，强度相对低，相互套合差。从异常自身内部空间结构来看，前缘晕元素 As、Zn 构成异常最外带，尾部晕元素 Au、Ag、Cu、Mo、Sn 则构成了异常内带，W、Bi 则具备上、下盘晕元素的特征，其异常数量在综合异常区南侧（北东向断裂上盘）要多于北侧（断裂下盘），这种分布特征是受构造热液活动性质控制的。

7.3.4.6 伊和额尔崩（AP7）异常

伊和额尔崩（AP7）异常位于塔布格幅与杭嘎勒幅接图位置之伊和额尔崩一

带。异常区内出露地质体复杂，主要有石炭纪石英闪长岩，二叠纪黑云母花岗岩，侏罗纪含黑云母花岗岩及二叠纪似斑状黑云母花岗岩等，黑云母花岗岩内可见二叠纪花岗闪长岩呈岩席状在局部产出。岩脉发育，主要见于长花岗岩脉、花岗岩脉、闪长岩脉及石英脉等。区内断裂构造发育，近东西向断裂与北东向断裂在区内交汇，露头尺度上岩石节理裂隙及各种变形构造发育。区内断裂破碎带内及不同地质体内外接触带处硅化、钾化、绿泥石化、褐铁矿化常见。

AP7 号综合异常由 Au—Ag—Cu—Zn—Mo—Sn—Bi—As—Hg 等元素组成，主要为一套硫化物矿床成矿元素。总体来看，异常元素组分复杂，集中分布在北东向断裂与近东西向断裂交汇处，各元素异常形态规整，空间套合好，但异常强度均不高。对比来看，Zn 异常最显著，分布面积大，达三级浓度分带；Au、Ag、Cu、Zn、Mo 空间相关性强，分布上均受构造控制，相互间套合好；同中酸性岩浆有关的元素 As、Bi、Hg 在分布上无规律，零散分布在侵入体的局部位置。

7.3.4.7 巴嘎额尔崩（AP8）异常

巴嘎额尔崩（AP8）异常位于杭嘎勒幅巴嘎额尔崩一带。异常区内出露的主体地质体为侏罗纪含黑云母花岗岩，其东侧侵入二叠纪似斑状黑云母花岗岩及二叠纪花岗闪长岩中，南侧与乌拉山（岩）群第三岩组呈断层接触。区内岩脉发育，主要为闪长岩脉、正长岩脉及石英脉等，走向集中在北东向。区内断裂构造发育，多条北东向的平行断层横贯异常区，断裂旁侧岩石具糜棱岩化，线（面）理走向同区域断裂构造走向一致。断裂破碎带局部地段钾化、硅化、绿泥石化、褐铁矿化强烈。

AP8 号综合异常由 Ag—Pb—Zn—As—Sn—W 等元素组成，主要为一套与热液有关的硫化物矿床成矿元素组合。总体来看，多元素异常沿断裂呈串珠状产出，异常形态呈圆饼状，规模小，强度低。自西向东，首先是 Zn、Sn 异常套合在一起，然后是 W、Ag 异常套合在一起，最后是 As、Pb、Zn 异常套合在一起。

7.3.4.8 乌珠尔查干（AP9）异常

乌珠尔查干（AP9）异常位于干珠尔幅乌珠尔查干一带。异常区内出露志留纪英云闪长岩，西北部被志留纪二长花岗岩侵入，东部侵入乌拉山（岩）群第一岩组，英云闪长岩内可见乌拉山（岩）群变质岩捕虏体。区内岩脉发育，主要见闪长岩脉、闪长玢岩脉、二长花岗岩脉、花岗岩脉、辉长岩脉及石英脉等。区内断裂构造发育，北西向、北东向断裂在区内交汇。蚀变作用强烈且普遍，主要类型有硅化、钾化、绿泥石化等。

AP9 号综合异常由 Au—Cu—Pb—Sb—W—Bi—Hg 等元素组成，主要为一套亲酸性岩石的硫化物矿床成矿元素组合。整体来看，异常形态规整，但多元素异常分布凌乱，相关性差。其中成矿元素 Au 异常特征最显著，规模大，浓集中心明显，浓度分带好，多达四级、三级浓度分带；Cu 仅在异常区南段有一微弱异常分布，空间上与 W、Bi、Au 异常套合好；Pb 异常在区内广泛分布，多为一级异常，浓度分带差，浓集中心不明显；高温元素 W 在区内仅见一处异常，分布在综合异常区最南端，与 Bi、Au、Cu 异常套合好；低温元素 Sb、Bi、Hg 在区内零散分布，数量多，单个异常规模小，强度低。

7.3.4.9 哈拉剌图（AP10）异常

哈拉剌图（AP10）异常位于干珠尔幅与塔布格幅接图位置之哈拉剌图一带。异常区内出露地质体极为复杂，主要见乌拉山（岩）群第一、第二、第三岩组，周边多为志留纪英云闪长岩、志留纪二长花岗岩、奥陶纪石英闪长岩及二叠纪花岗闪长岩侵入。脉岩发育，主要见闪长玢岩脉、二长花岗岩脉、闪长岩脉、花岗岩脉及石英脉等。构造复杂，北西向、近东西向构造在区内纵横交错。在脉岩发育处及断裂破碎带内，可见硅化、钾化、黄铁绢英岩化、绿泥石化等蚀变。

AP10 号综合异常由 Au—Cu—Pb—Zn—Mo—As—Sb—Hg 等元素组成，主要为一套中低温元素组合。总体来看，该综合异常区以形成 Au、Cu 异常为主。其中 Au 呈不规则片状分布在断裂破碎带处或不同方向的断裂交汇处，异常规模大，强度高，浓集中心明显，分带性好；Cu 异常呈饼状分布在不同地质体的内外接触带处或断裂破碎带处，异常强度低，与其他元素异常相关性差；Pb、Zn、Mo、As、Sb、Hg 则顺断裂破碎带呈串珠状零散分布，异常规模小，强度低，多元素异常间相关性差。

7.3.4.10 阿尔嘎顺（AP12）异常

阿尔嘎顺（AP12）异常位于杭嘎勒幅阿尔嘎顺一带。异常区内出露主体地质体为侏罗纪含黑云母花岗岩，多见石炭纪石英闪长岩和二叠纪花岗闪长岩捕虏体，局部见乌拉山（岩）群第三岩组片麻岩捕虏体。区内不同地质体内外接触带处硅化、钾化、绿泥石化发育。

AP12 号综合异常由 Au—Cu—Ag—Zn—Hg—Bi—As—Sn 等元素组成，主要为一套与中酸性岩浆有关的中低温元素组合。总体来看，该异常元素组分复杂，分布集中但相互套合差，仅凌乱地叠置在一起。成矿元素 Au、Cu 异常主要分布在石炭纪石英闪长岩中及其与侏罗纪含黑云母花岗岩内外接触带处；Ag、Zn、Hg、Bi、As、Sn 异常主要分布在侏罗纪含黑云母花岗岩中及其与围岩内接触带处。

7.3.4.11 阿尔嘎顺北（AP13）异常

阿尔嘎顺北（AP13）异常位于杭嘎勒幅阿尔嘎镇北部地区。异常区内出露主体地质体是乌拉山（岩）群第三岩组片麻岩，整体呈捕虏体产出在花岗岩中，东部被侏罗纪含黑云母花岗岩侵入，南部被石炭纪石英闪长岩侵入，西部被二叠纪花岗闪长岩侵入，北部被三叠纪黑云母花岗岩侵入。区内片麻岩内存在一背斜构造，褶皱轴向北西，局部地段小断裂发育，断裂破碎带内及不同地质体内外接触带处可见硅化、钾化、绿泥石化等。

AP13 号综合异常由 Au—Cu—Ag—Zn—Hg—Bi—W—As—Mo—Sb 等元素组成，总体来看，多元素异常在区内形成两个聚集区，分别位于南东端和北西端。其中南东端元素组合为 Cu—Zn—Mo—W—As—Sb—Bi，多元素异常套合好，具有一致的浓度分带和统一的浓集中心，成矿元素 Cu 达二级浓度分带；北西端元素组合为 Au—Cu—Ag—Zn—Hg—W—As，多元素异常套合好，其中 Au—W—As—Zn 组合在一起呈同心环状，成矿元素和指示元素互相配套组合。总体来看，该异常 Cu、Zn 元素异常规模最大，构成异常外带，Ag、Bi、Hg 构成异常中带，Au、W、As 构成异常最内带。

7.3.4.12 那仁高勒（AP15）异常

那仁高勒（AP15）异常位于杭嘎勒幅那仁高勒一带。异常区内出露地质体为乌拉山（岩）群第四岩组混合片麻岩，周围被二叠纪花岗闪长岩及三叠纪黑云母花岗岩侵入，区内花岗岩脉、石英脉发育。异常区南侧约 1km 处存在一条走向近东西的区域性平移断层。

AP15 号综合异常由 Au—Cu—Mo—Hg—As—Pb 等元素组成，主要为一套与热液作用有关的硫化物矿床成矿元素。总体来看，该区以形成 Cu、Au 异常为主，二者形态规整，且空间套合好，具有一致的浓集中心，Mo、Hg 异常分布在 Cu、Au 异常北侧，As、Pb 异常分布在 Cu、Au 异常南侧，Mo、Hg、As、Pb 异常规模小，强度低，空间相关性差。

7.3.4.13 木哈尔扎干东（AP16）异常

木哈尔扎干东（AP16）异常位于干珠尔幅木哈尔扎干东部地区。异常区内出露主体地质体为乌拉山（岩）群第一岩组变粒岩、浅粒岩，西北部被志留纪英云闪长岩侵入，东部多被第四系覆盖，区内发育一条规模较大的闪长玢岩脉，脉体走向近东西，长约 400m，宽 10~30m，侵入体与变质岩外接触带处可见角岩化、混合岩化，局部见硅化、钾化蚀变等。

AP16 号综合异常由 Au—Ag—Mo—Pb—Sb—W 等元素组成，主要为一套硫化物矿床成矿元素或半金属元素族组合。总体来看，多元素异常集中分布在闪长玢岩脉附近，异常规模小，强度低，浓度分带多为二级、三级，多元素异常间相互套合差。

7.3.4.14 哈尔敖包（AP18）异常

哈尔敖包（AP18）异常位于干珠尔幅哈尔敖包地区。异常区内出露主体地质体为乌拉山（岩）群第三岩组片麻岩，东部与乌拉山（岩）群第四岩组呈整合接触，南部被白垩系巴音戈壁组地层覆盖，西部被滞留纪英云闪长岩侵入。脉岩发育，主要见花岗岩脉、闪长岩脉、闪长玢岩脉及石英脉等。局部见小型褶皱和断裂构造，断裂破碎带内可见硅化、绿泥石化、褐铁矿化等蚀变。

7.3.4.15 哈尔楚鲁图呼都格（AP19）异常

哈尔楚鲁图呼都格（AP19）异常位于干珠尔幅哈尔楚鲁图呼都格地区。异常区内出露主体地质体为乌拉山（岩）群第三岩组片麻岩，东部被中元古代辉长岩侵入，北部被二叠纪花岗闪长岩侵入，区内脉岩发育，主要见花岗岩脉、闪长岩脉、闪长玢岩脉及石英脉等。区内局部见小型褶皱和断裂构造，断裂破碎带内可见硅化、绿泥石化及微弱的褐铁矿化，在侵入体与变质岩系外接触带处角岩化、混合岩化普遍。

AP19号综合异常由Au—Cu—Ag—Zn—As—Sn—Hg等元素组成，为一套中低温元素组合。总体来看，该区以形成Au异常为主，Au异常呈不规则片状，规模大，强度高，浓集中心明显，浓度分带好；Cu异常呈北东向带状分布在综合异常区东部，向北东延出区外，分布在区内部分Cu异常无明显浓集中心，浓度分带差，特征不显著。Ag、Zn、As、Sn异常分布在异常区西部，异常规模小，强度低，仅As异常达四级浓度分带，但相互套合好，组合在一起呈同心环状。

7.3.4.16 浩勒呼都格（AP20）异常

浩勒呼都格（AP20）异常位于干珠尔幅东北角浩勒呼都格一带。异常区出露主体地质体为中元古代辉长岩，周边与乌拉山（岩）群第二、第三、第四岩组变质岩、志留纪二长花岗岩等呈侵入接触。岩脉发育，主要见闪长玢岩脉、花岗岩脉、二长花岗岩脉及石英脉等。区内构造极为发育，不同方向、不同序次的断裂构造纵横交错，互相穿插截切，极为复杂，露头尺度上岩石破碎，节理裂隙发育。局部地段绿泥石化、褐铁矿化、硅化及黄铁矿化常见。

AP20号综合异常由Cu—Au—As—Sb—Hg—Mo—Zn等元素组成，以形成Cu、Au异常为主，多元素异常总体上分布零散，但局部形成5个多元素异常聚集区。其中Cu异常呈北东向带状，分布上受中元古代辉长岩控制，形态几乎和辉长岩出露范围一致，异常规模大，强度高，浓集中心明显，浓度分带好；Au异常规模小，多分布在辉长岩与围岩内外接触带上，分布在异常区南部的Au异常形态规整，呈北西向带状，浓集中心明显，浓度分带好；As、Sb、Hg、Mo、Zn在辉长岩与围岩内外接触带处形成5个多元素异常聚集区，其中在异常区南部As、Sb、Mo三元素组合，空间上互相套合呈同心环状，与Au异常具有一定相关性，分布上受断裂破碎带控制。异常区中部As、Mo、Au异常空间上互相套合，具有一致的浓度分带和统一的浓集中心，分布上位于辉长岩与志留纪二长花岗岩的断层接触带附近。异常区东部Zn、Hg异常互相套合，位于Cu异常带内，分布上受辉长岩与乌拉山（岩）群第三岩组内外接触带控制。异常区东北部As、Zn异常互相套合，位于Cu异常带内。异常区西部Mo、Cu、As异常互相套合，分布上受错综复杂的断裂破碎带控制。

7.3.4.17 沃勒亨嘎顺呼都格（AP21）异常

沃勒亨嘎顺呼都格（AP21）异常位于浩勒呼都格幅沃勒亨嘎顺呼都格一带。异常区出露主体地质体为上石炭统本巴图组地层，北部被侏罗纪含黑云母花岗岩、三叠纪黑云母花岗岩侵入，南部被白垩系巴音戈壁组地层覆盖。由于地表多被残坡积物覆盖，未见明显断裂形迹，但结合地形地貌推测区内可能存在"山前断裂"。区内局部可见硅化、钾化、褐铁矿化、萤石矿化及黄铁矿化等。

AP21号综合异常由Hg—Sb—As—W等元素组成，组分简单，主要为一套低温元素组合。多元素异常规模大，强度高，空间套合好，分布上严格受本巴图组地层控制。其中Sb异常规模最大，构成异常最外带，Hg异常规模次之，构成异常中带，As、W异常规模最小，构成异常内带。

7.3.4.18 扎盖图阿玛高勒（AP22）异常

扎盖图阿玛高勒（AP22）异常位于浩勒呼都格幅东部扎盖图阿玛高勒一带。异常区内出露乌拉山（岩）群第四岩组混合片麻岩、二叠纪花岗闪长岩、上石炭统本巴图组及白垩系巴音戈壁组地层。岩脉相对欠发育，仅在乌拉山（岩）群变质岩中见一些花岗岩脉、二长花岗岩脉及石英脉等，在本巴图组地层内局部可见后期石英脉、细晶岩脉及长英质脉体。北东向断裂横穿异常浓集中心，其他次级及小规模断裂裂隙构造在局部地段常见。本巴图组地层与其北侧侵入体内外接触带处可见硅化、钾化、绿泥石化蚀变，本巴图组地层内断裂裂隙构造处可见硅化、褐铁矿化、黄铁矿化、萤石矿化。

AP22号综合异常由Au—Hg—As—Sb—Mo等元素组成，主要为一套成矿元素Au与成矿间接指示元素组合。该异常的典型特征是元素配套组合好，异常形态规整，规模大，强度高，均为三级、四级异常，浓集中心明显，浓度分带好，多元素异常高度吻合，分布上严格受本巴图组地层控制，示矿意义极为明显。对比来看，该异常与AP21综合异常特征相似，具有可对比性。

7.3.4.19 哈尔干陶勒盖（AP23）异常

哈尔干陶勒盖（AP23）异常位于干珠尔幅哈尔干陶勒盖地区。异常区出露乌拉山（岩）群第三岩组片麻岩夹斜长角闪岩薄层，周边被白垩系巴音戈壁组沉积地层覆盖，片麻岩内石英脉、花岗伟晶岩脉、闪长玢岩脉发育。脉体密集发育地段硅化、黄铁绢云岩化、褐铁矿化强烈。

AP23号综合异常由Cu—Au—As—Sb—Mo等元素组成，主要为一套中低温元素组合。异常分布在乌拉山（岩）群第三岩组与沉积地层内外接触带处，异常规模大，形态规整，强度高，Cu、Mo、As、Sb异常空间套合好。

7.4 成矿规律与矿产预测

7.4.1 成矿规律

7.4.1.1 元素的空间分布规律

主要成矿元素有Cu—Au—Ag、Cu—Au、Au—As—Sb—Hg共3组，其空间分布规律受地质因素的制约。Cu—Au—Ag呈北东向、或北西向带状分布，尤其在查干德勒地区及巴音高勒韧—脆性构造变形带内该特征典型。就小范围而言，则呈现出带状分布特征，各元素的高背景区域基本套合，异常基本受断裂构造控制，表明其成因的一致性，且浓集区多分布在多组断裂构造交会部位，或呈串珠状顺断裂分布；Cu—Au元素在空间上或受乌拉山（岩）群第三岩组斜长角闪岩控制，或受中元古代辉长岩控制，异常分布凌乱，但整体仍呈北东向，其高背景区多分布在斜长角闪岩或辉长岩内断裂裂隙发育处；Au—As—Sb—Hg元素主要受本巴图组地层控制，这种前缘晕异常特征显著，而其他元素构成的尾晕异常一般规模小，分布零散，强度低。

7.4.1.2 异常的空间分布规律

总体来看，异常集中分布在北东向韧—脆性构造变形带、辉长岩出露区、乌拉山（岩）群内三个片区，异常均呈北东向带状展布；对比来看，地质体年代越老，其异常数量越多，但分布凌乱，形态不规整。就单个异常来看，Au异常主要零散分布在乌拉山（岩）群或中元古代辉长岩内，Ag异常主要分布在华力西晚期、印支期、岩山期侵入体内，Cu异常主要分布在乌拉山（岩）群、中元古代辉长岩内或断裂构造发育，Pb异常主要分布在乌拉山（岩）群内，Zn异常主要分布在韧—脆性构造变形带内，W、Sn、Bi 异常主要分布在酸性侵入体内，Mo、As、Sb 异常主要分布在乌拉山（岩）群、韧—脆性构造变形带及本巴图组地层内，Hg 异常主要分布在脉岩发育区或构造密集地段。就异常形态来看，Au、Cu、Mo、Pb、Zn、Hg 异常数量少，但规模大，形态规整。Ag、W、Sn、Bi、As、Sb 异常数量多，规模小，强度低，且单点异常也比较多。

7.4.1.3 综合异常空间分布特征

测区内共圈定综合异常 23 处，异常分布与区内地质背景关系密切。总体来看，异常集中分布在以下六种背景中：

（1）二叠纪侵入体内断裂裂隙构造发育处；

（2）区域韧—脆性构造变形带内；

（3）脉岩发育处，尤其是硅质脉（层间石英脉、剪切石英脉、裂隙石英细（网）脉、硅化角砾岩等）；

（4）蚀变强烈地段；

（5）具专属性控矿地质体上如中元古代辉长岩、上石炭统本巴图组地层内；

（6）各种形式的接触带处，如不同类型岩石（变质岩与侵入岩）的接触带处，不同期次侵入岩的接触带处（奥陶纪石英闪长岩与志留纪二长花岗岩接触带处），不同相态的岩体接触带处（二叠纪似斑状黑云母花岗岩与二叠纪黑云母花岗岩接触带处）、应力转换带及变质变形突变带等。

7.4.2 控矿因素及找矿标志

7.4.2.1 斑岩型铜金矿床

A 控矿地质因素分析

该类矿床受二叠纪花岗闪长岩、似斑状黑云母花岗岩、黑云母花岗岩控制，岩浆活动导致深部巨量的金属组分被携带至浅部地壳，并在岩浆（岩）分离结晶的过程中析出形成矿体（化）。后期构造热运动改造了早期已形成矿体，使其迁移在有利的构造空间内形成脉状矿化。

B 找矿标志分析

（1）地球化学异常标志：该类矿点都有特征显著的 Cu、Au、Ag、Hg、Zn 异常与之配套，异常强度高，形态规整，多元素异常套合好，但异常规模一般不大，如 AP1 化探综合异常。

（2）小侵入体：出露面积一般小于 $10km^2$，以二叠纪侵入体为重点。

（3）蚀变标志：与典型斑岩型铜矿类似的热液蚀变系统和明显的蚀变分带。

蚀变系统一般包括早期的 K 硅酸盐化，随后的石英—绢云母化和晚期的高级泥化，蚀变分带通常呈环带状围绕含矿侵入体分布，自内而外，依次为 K 硅酸盐化带→石英—绢云母化→高级泥化带。

（4）脉岩：脉岩反映了三方面问题。

1）斑岩体内断裂裂隙分形分布情况；

2）区域构造应力场和岩浆侵位所产生的应力场综合叠加情况；

3）成矿流体演化，热液蚀变配套及硫化物沉淀情况。因此，脉岩也是非常重要的找矿标志，同时由于浅层低温热液矿化常叠加于斑岩矿化系统之上，因此受后期改造作用形成的矿化石英脉是寻找斑岩型矿床的间接标志。

7.4.2.2 与火山—次火山喷气—热液作用有关的浅成低温热液型金矿床

A 控矿地质因素分析

上石炭统本巴图组是重要的赋矿层位，其中的安山质凝灰岩是重要的含矿岩性，与火山中心密切相关的任何断层和断裂带都是重要的控矿构造。

B 找矿标志分析

（1）地球化学异常标志：强度高，形态规整，浓度分带好，浓集中心明显，多元素异常套合好，分布上受本巴图组地层控制的 Au、As、Sb、Hg、W、Mo 化探异常。

（2）构造标志：分布在本巴图组地层内的任何断裂构造都是重要的找矿构造标志。

（3）蚀变标志：褐铁矿化、硅化、钾化、碳酸盐化、黄铁矿化、萤石矿化与矿化关系密切。

（4）脉岩标志：叶片状方解石脉是热液流体沸腾的标志，也是一个重要的找矿标志。

7.4.2.3 韧性剪切带型金铜矿床

A 控矿地质因素分析

测区内有关韧性剪切带型金铜矿化的控矿因素有三方面：

（1）成矿流体沿剪切带上升，在韧—脆性糜棱岩中沿 C 面发生交代蚀变和矿化，形成糜棱岩型金矿化；

（2）在韧—脆性转换带上，成矿流体沿微裂隙发生交代蚀变和矿化，形成构造蚀变岩型金矿化；

（3）成矿流体沿脆性断裂或裂隙带充填形成石英脉型金矿化。

B 找矿标志分析

（1）地球化学异常标志：区内韧—脆性构造变形带内异常组分多，数量多，分布凌乱。应注意主要成矿元素形成的形态规整，浓度分带好，浓集中心明显，多元素异常套合好且与地质成矿条件配套得异常。

（2）构造标志：韧—脆性构造变形岩中的 C 面或微裂隙；韧—脆性构造变形带自身膨大、变窄、分叉、拐弯的地段；韧性变形向脆性变形过渡的地段。

（3）蚀变标志：与矿化有关的蚀变主要有褐铁矿化、硅化、钾化。

（4）褐铁矿化石英脉为直接找矿标志。

7.4.2.4 构造热液型（岩浆期后热液型）银金（铜）多金属矿床

A 控矿地质因素分析

该类矿床受北东向或北北东向华力西期或印支期构造岩浆带控制，岩浆活动为成矿提供了物质来源。矿化带空间展布上受断裂构造控制，成矿主要与构造热液作用有关。

B 找矿标志分析

（1）地球化学异常标志：该类矿化点都有一定的 Cu、Au、Ag、Zn、Bi、As 地球化学异常表现，但就目前所获得的资料来看，异常特征一般不显著，多为微弱低缓异常，如 AP4 化探综合异常。

（2）脉岩：脉岩发育尤其是密集排列形成脉岩群的地段。

（3）构造标志：北东向或北西向断裂构造发育处，主干断裂可能为流体通道，北东向和北西向断裂交汇处以及主干断裂构造产状、性质及赋存地质体性质发生变化的地段可能为容（储）矿构造。

（4）蚀变标志：区内与矿化关系密切的蚀变种类主要是硅化、钾化、绿泥石化，且多为线性蚀变，呈带状展布，与含矿断裂构造带及矿化带展布相吻合，较好地指示了矿体的赋存部位，也是重要找矿标志。

（5）矿化石英脉为直接找矿标志。

（6）羟基、铁染蚀变异常：规模小，分布集中，特征显著的羟基、铁染蚀变异常也是非常有效的找矿标志。

7.5 结　　论

（1）通过 1∶50000 矿产地质填图，对本区成矿地质背景、基础地质工作取得了一定新认识，确定了各地质单元的分布、产状、相互间接触关系及岩石学特征，并对其地球化学、含矿性等方面开展了综合研究。将调查区前寒武纪变质岩归为中太古界乌拉山（岩）群，并对该岩群进行解体，分为第一岩组、第二岩组、第三岩组和第四岩组四个非正式填图单位。首次在区内确定了一条北东向区域韧—脆性构造变形带，并命名为乌力图韧—脆性构造变形带。通过本次矿产地质调查工作，在区内发现10处矿（化）点，分别为：

1）扎盖图阿玛高勒金矿点；

2）查干德勒铜金多金属矿点；

3）得勒乌兰银金多金属矿点；

4）巴音高勒金矿化点；

5）扎盖图阿玛铁铜矿化点；

6）查干陶勒盖铜银矿化点；

7）查克尔陶勒盖铜金矿化点；

8）乌力图Ⅰ号萤石矿点；

9）乌力图Ⅱ号萤石矿点；

10）查干陶勒盖萤石矿点。

（2）对于本次1∶50000物、化工作所圈定的各类异常，通过踏勘路线地质调查，取样分析及地化综合剖面测量等手段开展了概略检查，基本查明了异常形成原因，摸清了异常源，对通过概略检查新发现的控矿地质体、构造带、蚀变带的分布范围、规模、产状有所了解，并对其成矿潜力作出了初步评价。

（3）通过深入研究区内成矿地质特征，总结了区内成矿规律，并作了初步的成矿预测，提出建立了工作区找矿标志。初步确定区内优势矿种为金、铜、银，矿床类型主要为与火山—次火山喷气—热液作用有关的浅层低温热液矿床及构造热液型铜、金多金属矿床；其次为韧性构造变形带型金铜矿床。

8 斑岩型铜矿矿床地质特征及找矿标志

斑岩型矿床作为铜、金、钼的重要矿床类型，为世界提供了50%以上的铜资源量，鉴于其在科学上和经济上的重要性，几十年来，斑岩型矿床一直是众多矿床学家研究的焦点，对其成矿作用的认识对找矿实践具有重要指导意义，并加速了理论预测与科学找矿的进程。近年来在斑岩铜矿系统的成矿学研究方面取得极大进展，并且有以“大陆型斑岩铜矿”为代表的成矿新理论的提出。大量的有关报道显示最新进展主要在以下几方面：有关构造背景与成矿环境的认识；含矿斑岩，尤其是有关埃达克岩的研究进展；热液系统与蚀变作用；成矿作用机制与矿化特征；构造的控矿作用与成矿动力学机制。尽管如此，国内外大量的研究工作却主要集中在地球化学及成矿年代测试上，矿床典型特征剖析及翔实的野外第一手矿化蚀变资料缺乏。为此，在收集和整理较多有关斑岩铜矿文献的基础上，本章从区域尺度和矿床尺度两个方面对斑岩铜矿的一些典型特征进行了梳理、总结，供读者检验、完善。

8.1 区域尺度特征

8.1.1 产状

区域上斑岩铜矿多呈带状产出，成矿带与造山带平行，带长从数十千米到上千千米不等，每个成矿带对应一个岩浆弧，一般带内还可细分出与主成矿带平行的次级矿集区。很少有单个矿床独立产出的例子，统计了自20世纪90年代以来新发现的斑岩铜矿，这些矿床大多数是在已有矿山周围发现的，在新区发现得比较少。矿田尺度上，斑岩铜矿以及伴生矿床多呈簇、线状产出，簇宽一般在5km左右，线长一般在30km左右。簇表现在具有一定三维结构的矿床聚集在一起呈群组产出，而呈线状分布的矿床则表现在众多的矿床沿一维延展排布，具有排列上的定向性，这种线或平行或横切岩浆弧，与岩浆弧平行的线状矿集区可能沿弧内断裂产出，而横切岩浆弧的线状矿集区则多沿横切岩浆弧的断裂产出，可见断裂构造对斑岩铜矿的产出具很强的控制作用。在簇或线内部，矿床空间分布的规律性则不那么明显，不同矿床间的相对位置关系具随机性，但不同矿床间却有着类似的蚀变类型和金属组合。同位素年代学研究表明，绝大部分矿床的成矿年龄在100Ma以内，150~250Ma年龄区间有一部分矿床，其他年龄段的矿床比较少（见图 8-1 和图 8-4）。单个斑岩型铜矿就位于一个很短的时间区间，而在簇或线内部，众多矿床所构成的时间区间则要长得多，但这个时间区间往往和一期构造岩浆事件吻合。

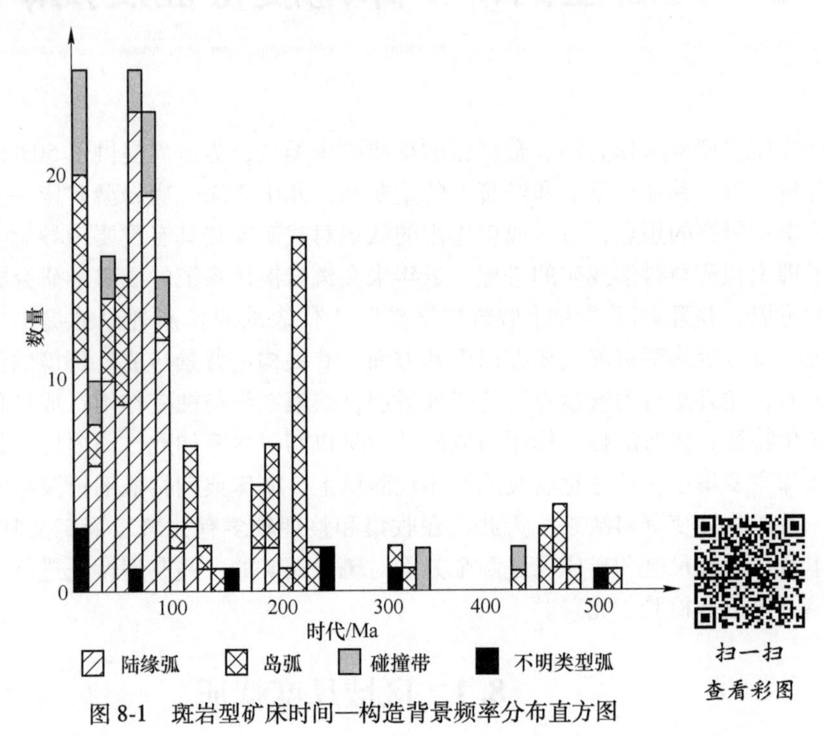

图 8-1　斑岩型矿床时间—构造背景频率分布直方图

8.1.2　构造背景与成矿环境

根据世界范围内斑岩铜矿床产出的构造背景，主要有陆缘弧、岛弧、碰撞带及不明类型弧 4 种，有利的地球动力学环境为板块俯冲、挤压碰撞和中等强度的拉张，其中以板块俯冲环境下形成的斑岩铜矿数量最多，而强拉张环境多形成双峰玄武质—流纹质岩浆岩组合，少有大规模斑岩型铜矿产出。板块俯冲环境下的成矿具有成因上的关联性，俯冲作用发生→大陆板块被抬升→地壳增生→大规模斑岩铜矿形成。富硫型浅成低温热液金矿床也形成于类似的挤压环境中，往往形成在加厚地壳的上部区段。从成因上看，当地壳被压缩时，破裂缩小，张开的断裂重新闭合，因而抑制了浅部岩浆房挥发分的逃逸以及铜、硫等重要成矿组分的溢失，从而有利于矿质沉淀堆积。

尽管如此，也有研究认为有利于斑岩铜矿成矿的构造环境并不是单纯的俯冲和挤压。Escondida 地区是全球最重要的斑岩铜矿成矿带，分布有 Chuquicamata、Collahuasi 和 El Salvador 等世界级的斑岩铜矿床，Richards 等（2001）对该地区进行了详细的地质地球化学研究，认为有利于斑岩铜矿形成的构造背景因素包括：

（1）上地壳处于较长时期挤压状态后的应力松弛期；

（2）成矿域存在早期深度断裂，而且，这些断裂在应力松弛期活化张开；

（3）地壳变形和快速隆升。

首先，这种长期挤压后的应力骤然松弛将导致含矿流体释压，压力降低后矿质溶解度降低并沉淀；

其次，从界面成矿效应来看，这种具界面性质的应力转换是导致大规模成矿的触发因素。

一些学者认为岩石圈转换断层，或横切大规模线性构造的深大断裂对形成斑岩型铜矿至关重要，主要因为这些断裂反映了下伏基底的结构特征，深度断裂发育的岩石圈薄弱处有利于岩浆迅速向上移动。同时，深大断裂为岩浆房的就位提供了空间，进入上地壳的岩浆最大通量的位置可能受控于先存地壳规模的断裂，尤其是走滑断裂的交汇点或偏转点，这种应力界面处的扭压或扭张作用可形成虚脱空间。而在导致地壳变形的区域性褶皱、逆冲、断裂构造中，大规模走滑断裂系统、切割造山带的断裂系统、平行造山带的逆冲断裂带，是含矿岩浆快速上升和浅层侵位的三大输导系统。

8.1.3 侵入作用与斑岩型铜矿

早在20世纪20年代，矿床学家就已经意识到，一定特征的斑岩体是形成斑岩铜矿最重要的条件之一。这种侵入体往往具多期成因特征，产状上多呈岩基，等粒状，闪长质到花岗质组成。他们不仅与斑岩型矿床时空相依，而且成因相联，尽管如此，这种前驱侵入体与斑岩铜矿间的复杂成因联系一直困扰着众多矿床学家。斑岩铜矿侵入体空间结构简图如图8-2所示。

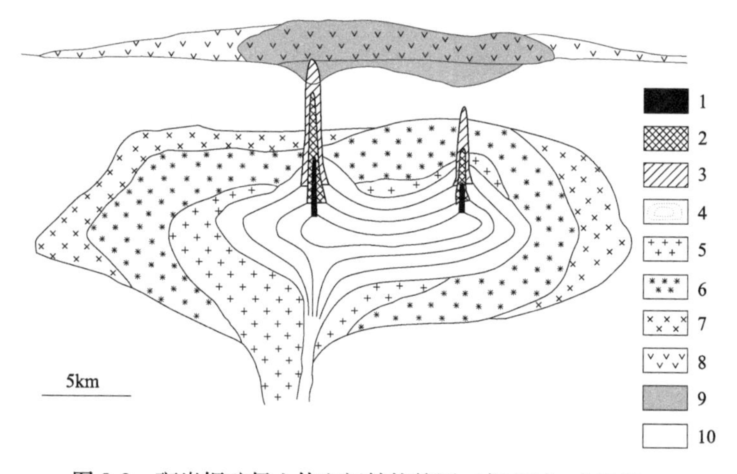

图8-2 斑岩铜矿侵入体空间结构简图（据Richard H S）

1—矿化晚期侵入体；2—矿化期侵入体；3—矿化早期侵入体；4—母岩浆；5—中央相；6—过渡相；7—边缘相；8—火山岩；9—硅帽；10—次火山基地

扫一扫
查看彩图

从目前大量的报道来看，前驱侵入作用对成矿的最大贡献是提供了金属来源。在早期，金属来源于岩浆的观点主要基于斑岩铜矿与钙碱性火成岩的紧密时空联系、成矿作用早期流体的氢氧同位素特征和金属在岩浆活动过程中的化学特性3个方面的证据，近年来的流体包裹体研究工作又提供了新的证据。另一方面，前驱侵入作用为成矿提供了流体来源，Sheppard等（1971）较早运用氢氧同位素示踪斑岩铜矿流体来源和演化时发现，斑岩铜矿成矿作用早期，成矿流体主要由岩浆水组成，而成矿作用晚期，大气降水参与了成矿。随后的大量研究进一步证实了岩浆水参与了斑岩铜矿的成矿作用。一般而言，侵入体中金属含量、氧化态、成分演化过程及SiO_2含量控制着与之相关的斑岩型矿床的金属总量。岩浆化学堆成矿类型控制示意图如图8-3所示。

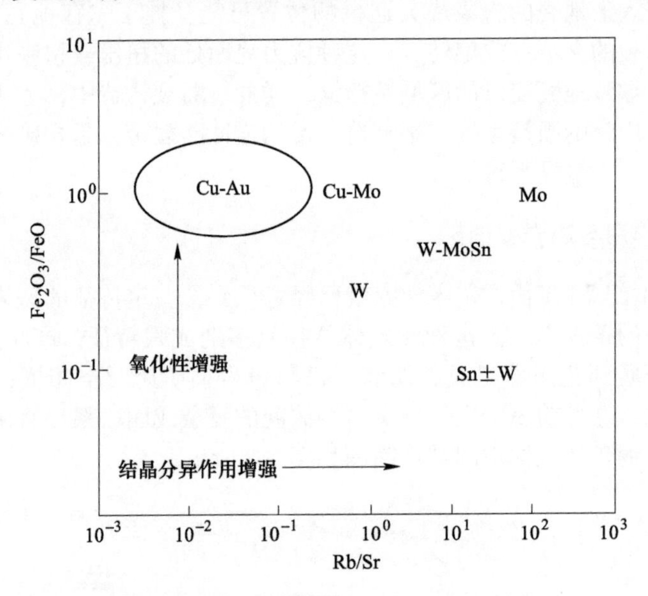

图8-3 岩浆化学堆成矿类型控制示意图

年代学研究表明，前驱侵入作用与斑岩型矿床在形成时间上往往相隔1~2Ma或更少，而对应的侵入岩被认为是在斑岩型矿床形成前，由俯冲洋壳、下地壳或上地幔（包括弧下地幔）在地球深部发生部分熔融，并从周围萃取金属，形成了相对富Cu的含矿岩浆，这种有成矿潜力的岩浆上升到地壳浅部，并形成了岩浆房。但这种早期固结形成的岩浆或是规模小，或是其所含成矿流体不足以形成高品位，大规模矿体，因而大多数人认为，斑岩铜矿下方应当有一个大的浅部富矿岩浆房，其作用是为矿床的最终形成源源不断地提供含矿流体。

8.1.4 围岩与成矿

斑岩型铜矿可赋存在多种三大岩类中，给人一种围岩对成矿没有影响的错觉。然而越来越多的研究表明，特定的围岩对形成高品位斑岩形矿床以及与之有关的矿床尤其有利。围岩对成矿的作用主要体现在以下 3 方面。

（1）在岩浆活动全过程中，流体对流现象普遍存在，这种对流作用往往会导致一些矿化剂融入流体或引起成矿元素的迁移。在早期热液活动中，围岩中的元素常有大量迁出现象，迁出的数量往往与围岩的金属含量和蚀变带的范围及蚀变强度成正比。

（2）如果岩浆水不是来自上地幔或地壳深处，就必须来自围岩，既然围岩中的热水向岩浆源运动，就必然对围岩中的某些金属进行搬运。如果有相当数量的岩浆水通过围岩提供，围岩中的成矿金属也应与水一起进入岩浆源。

（3）块状碳酸盐岩系列，尤其是产出在侵入体接触带附近的大理岩，当断裂裂隙不发育时，这种细粒的岩石对形成高品位斑岩型矿床具有很好的封盖作用。

（4）含还原性物质的围岩，如含 Fe 丰富的岩石地层对成矿作用也有促进作用，因为它促使了具氧化性含矿流体中的金属元素的快速沉淀堆积。

8.2 矿床尺度特征

8.2.1 斑岩体

斑岩型矿床在空间上与钙碱性的浅成或超浅成相的中酸性斑岩体有关，斑岩体近似直立状产出，形如钟状。赋矿的斑岩体规模一般都比较小，面积小于 1km^2，超深钻探表明，斑岩体在垂向上的延伸一般大于 2km。然而大量的勘查评价表明，斑岩体的规模与斑岩型矿床的规模和品位间似乎没有什么联系。

与斑岩型铜矿有关的侵入体一般具多期成因特征，在成矿前，成矿中，成矿晚期，甚至成矿后都有形成。一般是成矿前形成的斑岩体对成矿最为重要，然而太早形成的斑岩体似乎对成矿的贡献又比较有限。成矿期形成的斑岩体对成矿作用的贡献也极为有限，因为参与成矿时间太短，而成矿作用晚期或成矿作用后形成的斑岩体一般贫或不含成矿元素，对成矿基本没有贡献。早期形成的斑岩体并未被晚期的侵入作用破坏得支离破碎，而是被晚期侵入体贯入，导致早期岩体膨胀扩大，并形成多圈层结构。用来判断斑岩体形成早晚的指标很多，包括产状、金属含量、Cu/Au/Mo 比值、蚀变类型、脉岩穿插特征及矿化蚀变强度等。一般而言，晚期侵入体贯入早期侵入体中，在二者接触带靠近晚期岩体一侧发育冷凝边，靠近早期岩体一侧发育烘烤边，晚期侵入体中可见早期侵入体之捕虏体，而早期侵入体中可见晚期侵入体岩脉，很多情况是早期侵入体之捕虏体多被晚期侵入作用同化改造，难以辨识。除此之外，侵入体内还可能见到围岩捕虏体，局部位置含围岩破碎捕虏体如此之丰富以致形成侵入角砾岩。斑岩体的表层一般可见独特的单向固结结构（Unidirectional Solidification Textures，USTs），一般由梳状石英与细晶（斑岩）岩交互生长而成，少数产于斑岩与围岩接触带部位，其所含原生包裹体被认为是初始流体出溶的可靠记录。

斑岩铜矿系统中的斑岩多属 I 型岩浆岩，富含磁铁矿及其他成矿元素，钙碱性或富 K 钙碱性或碱性，统计了全球斑岩型矿床的岩浆种类，发现 85%的矿床赋存在钙碱性岩石系列中（见图 8-4）。岩石组成上变化较大，从钙碱性闪长岩和石英闪长岩到花岗闪长岩到石英二长岩，甚至到不常见的正长岩。含钼丰富的斑岩铜矿侵入体多具长英质组成，含金丰富的斑岩铜矿侵入体多具镁铁质组成，尽管偏向长英质组成的石英二长岩也可能富含金元素，然而贫铜的金矿却多与钙碱性闪长岩或石英闪长岩关系密切。往往一个完整的矿床系统中发育多相侵入体，表现在杂岩体通常由多个岩筒、岩墙或岩席组成，但一般只有一到两个侵入相产生重要矿化。斑晶是岩浆早阶段在地下较深部位结晶形成的，基质为晚阶段地壳浅部结晶的产物，斑晶矿物类型复杂多样，而基质则为细粒或隐晶质，其中具细晶特征基质的形成要归功于岩浆快速上升过程中的释压、淬火以及挥发分的持续逸出。不同期形成的斑岩体在成分、结构上差别很大，但在一些斑岩型金或铜金矿床中，这种差别却不显著，再加上后期热液活动、蚀变作用、构造运动的改造，这种差别变得更模糊。一般而言，在簇或线状分布的斑岩铜矿系统内部，斑岩体在一期构造岩浆事件中形成，具有相近的岩浆组合。

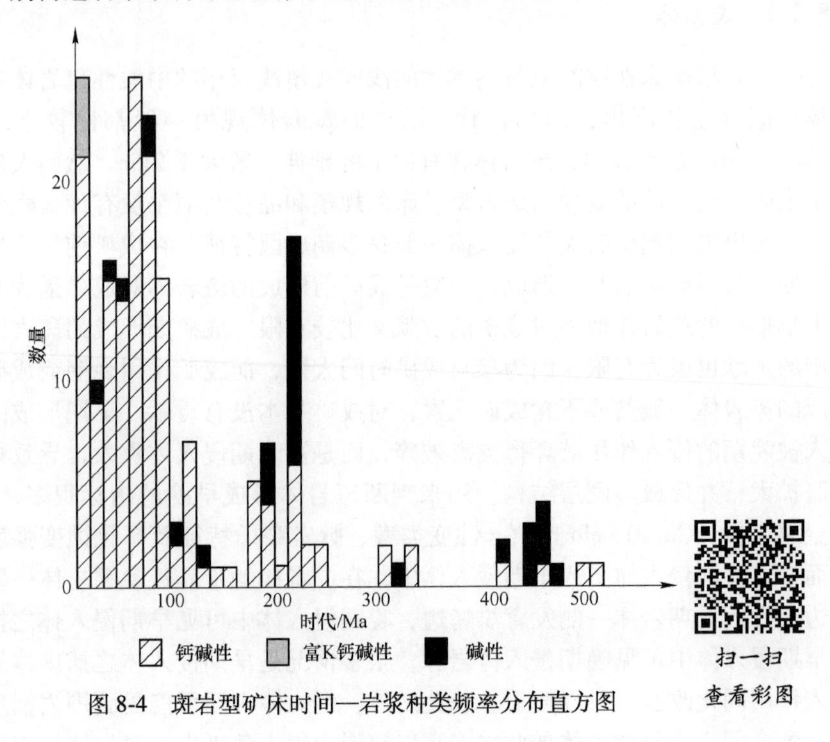

图 8-4　斑岩型矿床时间—岩浆种类频率分布直方图

岩基块体野外观察和地质年代学研究表明，在簇或线状分布的斑岩铜矿系统内部，所有相关斑岩侵入作用爆发在短短的0.08Ma，但是整个侵入作用周期却要长得多，如阿根廷Alumbrera斑岩铜金矿床下面的岩浆房约形成于8.5Ma前，终止于6.1Ma，存在时间约2.4Ma（浅部赋矿岩浆房）。同时，不同时期发生的侵入作用的活动周期差别也很大，如安第斯山脉区的侵入作用周期变化为2~5Ma。尽管如此，似乎侵入作用周期长短和斑岩型矿床规模间并没有必然联系，然而侵入作用周期长短却决定了热液作用时间长短，斑岩铜矿系统中富S部分的年代学研究也说明了这一问题，年代学研究反映的热液作用时间比理论上计算得到的斑岩体固结时间（小于0.04Ma）、斑岩矿床形成时间（小于0.1Ma）或钾化蚀变所需时间（小于0.002Ma）要长得多。

8.2.2 火山角砾岩筒

火山角砾岩筒是向深部变细的圆锥形角砾岩体，是充填在火山喷发通道内的各种各样角砾状岩石结合体，主要包括火山碎屑岩碎石和崩塌的围岩，它是温度较低、富含气体的侵入体穿透地壳爆破而形成的，在斑岩型矿床中普遍可见。角砾岩筒存在于浅地表，平面上直径大于1km，垂向上延长至少有2km。由于火山角砾岩筒成岩性差，易碎且富含泥质，导致其风化剥蚀作用强烈，少有低平火山口或凝灰岩环出露。角砾岩通常由厘米级的碎屑和粉尘级的填隙物组成，碎屑成分主要是安山岩、英安质凝灰岩。火山角砾岩筒在深部要么与矿化体平行，要么斜交，其与围岩的接触带，一般也是富硫金矿带的一部分。

8.2.3 斑岩成矿系统中的角砾岩

斑岩成矿系统中的角砾岩的主要成因类别有火山角砾岩、构造角砾岩、坡积角砾岩，与矿化有关的角砾岩主要有爆发角砾岩、侵入角砾岩、爆发侵入角砾岩、热液角砾岩、热液卵石脉等。

（1）在斑岩体边缘或近边部由岩浆胶结形成的侵入角砾岩（角砾成分单一，以围岩为主）大量出现于岩体边部，表明岩浆侵位于较浅部位，处于以拉张为主的构造环境下，呈被动式侵入。

（2）爆发侵入角砾岩、爆发角砾岩均以角砾成分复杂，出现微细的岩屑及类凝灰结构为特征，其成因与短暂的热水汽液爆发作用有关。它曾堆积在地表，实际上是一种短暂的水汽爆发火山现象。这类角砾岩是矿化形成于次火山环境的标志，爆发角砾岩可形成于成矿前或成矿后，很少形成于矿化期的，因为爆发作用可导致含矿流体的逸散，对工业矿体的生成不利。

（3）岩浆—热液角砾岩由岩浆热液从正在结晶的岩浆中爆发性地释放而形

成，角砾碎屑可能镶嵌在粉粒级岩石基质中、热液胶结物中，以及更细粒的侵入体中，岩浆—热液角砾岩与火山角砾岩最大的区别是缺少凝灰质物质。

岩浆—热液角砾岩往往在成矿作用中期形成，因此多被含矿硫化物胶结，同时对早期形成的矿体也有一定的改造作用。多见具高温蚀变边的角砾碎屑以及蚀变的基质，这种蚀变早期以钾化为主，胶结物多为黑云母、磁铁矿、黄铜矿。晚期一般是绢云母化，胶结物主要为石英、电气石、镜铁矿、黄铜矿、黄铁矿，浅部的绢云母化向深部可能转变为钾化。含矿岩浆热液角砾的矿石品位可能比周围网脉状矿体的矿石品位还高，可能是其自身高渗透性所致。

（4）热液卵石脉呈脉状产出（宽度为数米至数毫米），角砾成分复杂，包括斑岩体的围岩、火成岩及深部未出露的岩石，胶结物疏松，多为泥质，从无热液矿物发现于胶结物中，为此认为热液卵石脉形成于成矿后，是矿化终止的标志，如图 8-5 所示。

8.2.4 热液蚀变与矿化

热液蚀变是斑岩铜矿最重要的特征之一，几乎所有的斑岩铜矿都发育类似的热液蚀变系统和典型的蚀变分带，对蚀变特征的深入研究在判断斑岩体剥蚀程度和工程勘察方面发挥了巨大作用。Lowell 和 Guilbert 通过对圣玛纽埃—克拉玛祖矿床和美洲其他 27 个斑岩铜矿的对比研究，建立了最初的斑岩铜矿蚀变模型。热液蚀变是一个长期的过程，不同期热液蚀变作用互相套合（telescoping）而导致蚀变系统复杂化，并伴随出现矿化叠加现象（overprinting）。一般而言，热液蚀变可分为：

（1）岩浆后；

（2）早期岩浆热液期；

（3）晚期岩浆热液期；

（4）热泉期。

矿化叠加主要指斑岩型矿化被后期的浅成低温热液矿化的叠加，这种叠加既可以处于同一空间，也可以近距离分离，从时间上来看，早期的斑岩型热液系统与后期的浅层低温热液系统的相隔时限通常是比较短暂的。同时，蚀变作用也有极强的选择性，如绢云母化、泥化蚀变在与碱性侵入体有关的斑岩系统中少有发育，但在与钙碱性侵入体有关的斑岩系统中则比较发育，反映了岩浆化学组成中 K^+/H^+ 比值对蚀变作用的控制，除此之外，S 逸度、O 逸度、pH 值等都是非常重要的控制蚀变类型的因素。

（1）钠质—钙质蚀变：这是一种在斑岩铜矿系统中非常普遍的蚀变类型，在围岩和斑岩体的中部区段中比较常见，它的存在标定了岩株的中央位置。钠质—钙质蚀变带一般贫硫和金属元素（除以磁铁矿形式存在的 Fe 元素）。

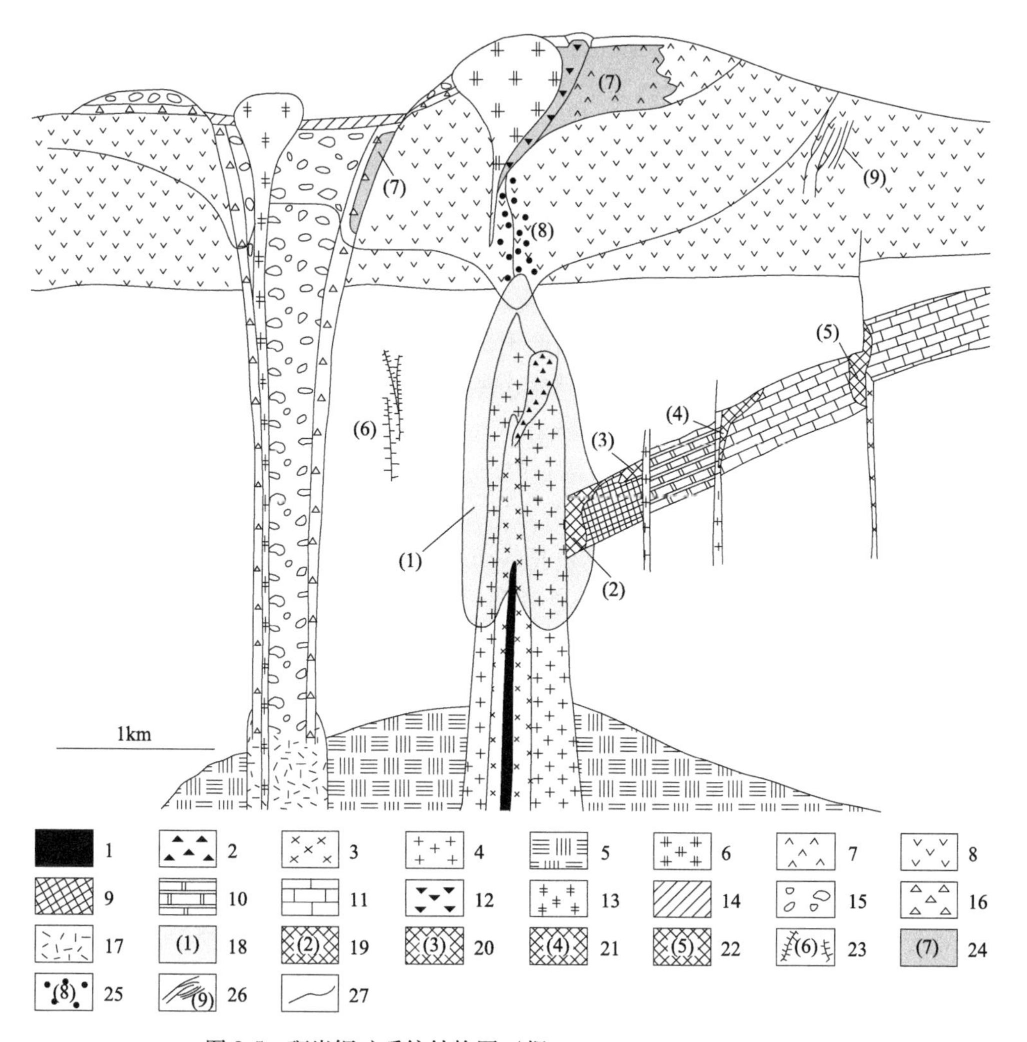

图 8-5 斑岩铜矿系统结构图（据 Richard H S）

1—矿化晚期侵入体；2—矿化期岩浆热液角砾岩；3—矿化期侵入体；4—矿化早期侵入体；5—岩浆房；6—英安岩穹窿；7—长英质凝灰岩；8—安山玻璃质火山岩；9—矽卡岩；10—大理岩；11—碳酸盐岩围岩；12—火山角砾岩筒；13—英安质斑岩；14—湖积物；15—早期火山角砾岩；16—晚期火山角砾岩；17—成矿后侵入体；18—Cu±Au±Mo 矿化；19—近矽卡岩 Cu-Au 矿化；20—远矽卡岩 Au/Zn-Pb 矿化；21—碳酸盐岩交代型 Zn-Pb-Ag±Au/（Cu）矿化；22—赋存在沉积岩中的浸染型 Au-As±Sb±Hg 矿化；23—次浅呈热液脉状 Zn-Cu-Pb-Ag±Au 矿化；24—富 S 浸染状浅成热液 Au±Ag±Cu 矿化；25—富 S 脉状浅成热液 Zn-Cu-Pb-Ag±Au 矿化；26—中等 S 含量浅成热液 Au-Ag 矿化；27—高级泥蚀变下边界

扫一扫
查看彩图

（2）钾化蚀变：这个蚀变带存在于斑岩铜矿系统的最中央和最深部位置，只有遭到深度剥蚀的矿床才可能出露这个蚀变带，蚀变规模变化比较大，从严格限定在岩体接触带处的薄带状到上千米规模均可见及。在整个蚀变作用过程中，钾质蚀变强度逐渐减弱，蚀变温度约600℃。钾化蚀变带以次生钾长石—黑云母的发育为标志，这些次生矿物取代了侵入体中原来的钾长石、斜长石和镁铁质矿物。黑云母在相对偏镁铁质的斑岩体或围岩中是占主导的蚀变矿物，而在偏长英质岩石以及花岗闪长岩到石英二长岩中，次生钾长石矿物含量增加。通常情况下，次生钾长石比原生钾长石钠质含量高，不论是生成黑云母，还是次生钾长石，钠质斜长石都作为伴生蚀变矿物产出。许多斑岩铜矿中，黄铜矿±斑铜矿矿石组合多发育在钾化蚀变带内，并导致这些矿床的深部中央位置多以形成富斑铜矿的核心为特征，在一些富斑铜矿核心区，S逸度很低以至于能稳定蓝辉铜矿±辉铜矿矿物组合。黄铜矿±斑铜矿核心向外逐渐转变为黄铜矿—黄铁矿环带，随着S逸度的增加，最终逐渐转变为黄铁矿晕，并参与形成青磐岩化环带的一部分，而磁黄铁矿则可能伴随着黄铁矿在具还原性围岩中产出。

（3）绿泥石化—绢云母化：在斑岩铜矿的浅部广泛发育，并形成独特的灰白—绿色岩石，在一些富金的斑岩铜矿床中，该蚀变往往套合在早期形成的钾化蚀变矿物组合上，由于天水/地下水加入，S逸度的增加，流体富酸性，发生反应：

$$3KAlSi_3O_8 + 2H^+ = KAl_3Si_3O_{10}(OH)_2 + 6SiO_2 + 2K^+$$

钾长石转变成绢云母。除此之外，镁铁质矿物向绿泥石转变，斜长石向绢云母（细粒白云母）或伊利石转变，岩浆热液或其他热液磁铁矿向赤铁矿（假象赤铁矿或镜铁矿）转变，并伴随着黄铁矿和黄铜矿的沉淀堆积。尽管早期钾化蚀变带内的矿体可能在后期绿泥石化—绢云母化叠加蚀变过程中被消耗，但金属的带入现象也普遍存在，一些情况下这种带入相当可观并被认为是形成铜矿体的主要机理。一般而言，绢云母化蚀变往往叠加在早期形成的钾化蚀变带或绿泥石化—绢云母化带上，尤其是在岩浆热液角砾岩中，这种叠加蚀变作用最强烈。早期绢云母化导致岩石矿物由绿→灰绿色转变，一般不常见，晚期绢云母化导致岩石矿物由灰绿色→灰白色转变，普遍可见。在少数矿床中已发现，早期绢云母化发育在斑岩铜矿系统的中央位置，并赋存具工业矿体要求的黄铜矿—斑铜矿矿物组合。而晚期灰白色绢云母化蚀变在分布上却形式多样，但一般多呈区带，发育在位于核心的钾化蚀变带与外围的青磐岩化带之间，同时构造对蚀变作用的控制又导致了这种蚀变分布的不确定性。晚期绢云母蚀变带内以发育黄铁矿为主，暗示了Cu(±Au) 已从早先的绿泥石—绢云母或钾化蚀变矿物组合中有效地迁移出来。然而，该带内也可能产出富铜黄铁矿，或者是黄铜矿或其他硫化物矿物组合（一般是黄铁矿—斑铜矿、黄铁矿—辉铜矿、黄铁矿—铜蓝、黄铁矿—砷黝铜矿、黄铁矿—硫砷铜矿等）。

（4）高级泥化蚀变：高级泥化蚀变是浅成低温热液矿床的典型产物，标志着斑岩成矿系统之上浅成热液矿床的发育，是蚀变叠加的产物。蚀变温度为100~150℃，pH值在1~2，发生的化学反应主要有：绢云母/钾长石+H^+→地开石/叶蜡石+SiO_2；地开石/叶蜡石+K^+→明矾石（浅肉红色）+SiO_2。蚀变受构造控制作用明显，主要蚀变矿物有高岭石、地开石、明矾石、蒙脱石及叶蜡石等，由矿体向外，黏土矿物由高岭石占主导逐渐转变为蒙脱石占主导。除构造带外，该蚀变一般都叠加在斑岩铜矿系统上部早先的蚀变矿化带内，常见绢云母蚀变矿物组合向上逐渐转变为石英—叶蜡石组合，同时，低温石英—高岭石组合也是一种常见的叠加蚀变矿物组合。在泥蚀变岩帽底部的高级泥蚀变具缝合线构造，表现在蠕虫状叶蜡石呈缝合线充填在硅化岩石中，然而这种具缝合线构造的蚀变矿物还可能包括明矾石或高岭石，这种结构的形成可能是因为高级泥质矿物成核作用的非均质性所致，或是高级泥蚀变叠加在早期具非均质成核作用的钾质蚀变或绿泥石—绢云母蚀变矿物上所致。斑岩铜矿系统中垂向上的热液蚀变与矿化分布取决于后期叠加蚀变作用的强度或蚀变弥漫的广度。在广泛弥漫的系统中，高级泥蚀变盖层覆盖在斑岩铜矿的上部区段，但是它的根部可能向下延伸至深度大于1km的地段，高级泥蚀变可能要比被叠加的钾化蚀变晚1~2Ma，反映了弥漫过程所需要的时间。但是在整个斑岩铜矿系统中，这种弥漫作用比较局限。通常在这种具高级泥蚀变的盖层与具钾化蚀变的斑岩体之间存在0.5~1km的空当，这个空当往往发育含硫化铁矿的绿泥石化—绢云母化蚀变。

（5）矽卡岩：在碳酸盐岩赋矿而不是侵入岩或硅化碎屑岩赋矿的斑岩铜矿系统中，钙质或氧化镁外矽卡岩在靠近斑岩体的位置产生，而大理岩则在矽卡岩前缘的外围产出。蚀变作用过程中，早期不含水的，进变质的各种硅酸盐矿物如钙铝榴石、铁钙榴石、透辉石、钙铁辉石、硅灰石、方柱石等与非碳酸盐岩岩石的钾化蚀变矿物几乎同时形成，晚期含水的，退变质硅酸盐矿物如磁铁矿、阳起石、透闪石、普通角闪石、绿帘石、绿泥石、蒙脱石、石英、碳酸盐岩以及硫化铁等，与绿泥石—绢云母化以及绢云母化矿物几乎同时形成。相对于近矽卡岩而言，富金的远矽卡岩（含辉石）还原性更强。与外矽卡岩有关的斑岩铜矿体往往被外围大理岩所包绕，在碳酸盐岩岩石赋矿的斑岩铜矿系统末端，沉积型金矿往往发育在由于远矽卡岩脱钙而导致的岩石渗透性增强的地段，如白云岩的“砂化”。

（6）青磐岩化：最外部的这个蚀变带一般不缺失，由于次生钾长石化消耗了K、Al，而Ca、Na、Cl元素向上迁移形成的蚀变，蚀变温度为300~400℃，pH值为4~5。蚀变矿物组合主要有绿帘石、方解石、石英、绿泥石、绢云母等，金属矿物有黄铁矿、磁铁矿、少量闪锌矿或黄铜矿。原生的镁铁质矿物部分或完全蚀变为绿泥石和碳酸盐矿物，该带一般向围岩过渡数百米后即消失。

（7）硅帽：以发育多孔状石英为特征，早期形成的 SiO_2 到晚期在顶部富集形成石英，经过长期的淋滤洗刷，石英中夹杂的一些泥质矿物被淋滤掉，只剩下这种多孔状的石英（ruggy quartz），岩石多孔结构反映了最初的岩石结构特征，如图 8-6 所示。

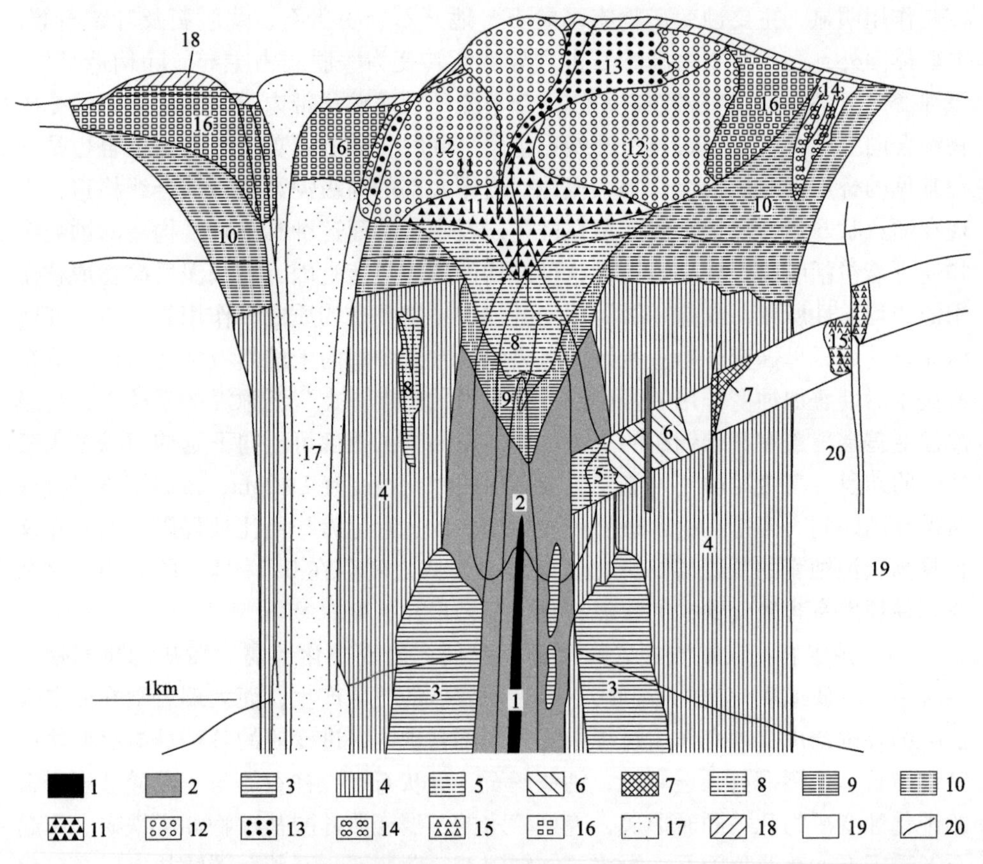

图 8-6　斑岩铜矿系统蚀变结构图（据 Richard H S）

1—矿化晚期侵入体；2—钾化蚀变带；3—钠—钙蚀变带；4—青磐岩化；5—氧化性矽卡岩；6—还原性矽卡岩；7—硫化物矿体；8—绢云母化；9—黄铁绢云母化；10—绿泥石化；11—石英—叶蜡石化带；12—石英—明矾石化带；13—硅帽或硅化区；14—中级泥蚀变带；15—脱钙区；16—石英—高岭土化带；17—弱蚀变带；18—汽液影响区；19—未蚀变区；20—地质体界线（注：图中点线、虚线、实线含义同图 8-5）

扫一扫
查看彩图

总体来看，成矿主要集中在钾化带和青磐岩化带、钾化带与绢英岩化带接触部位，矿化分带为贫黄铁矿、富 Cu—Au 内核→富钼带→黄铁矿晕。原生成矿作用矿石矿物包括黄铜矿、斑铜矿、金、辉钼矿，但一般会形成原生矿床的次生富集带（如斑岩铜矿上的富黄铁矿含 Ag—Au 浅成热液矿床），这个次生富集带可以存在于任何一个蚀变带中，待其被剥蚀后，又会形成新的次生富集带（如黄钾铁钒淋滤层）。

8.2.5 泥蚀变岩帽

泥蚀变岩帽是指富硅的、经受了高级泥化和泥化蚀变的斑岩型热液活动—蚀变体系的顶部，在地质环境上位于古地表和浅成中—酸性岩浆侵入体之间，在现今地貌上常表现为突起的块体或山丘，在野外具有醒目、突出的地形特征。许多岩帽构成了斑岩型热液—成矿活动—蚀变体系的重要组成部分，是重要的找矿指示标志。最初的泥蚀变岩帽在平面上的范围从几千米到大于 10km，面积达 $100km^2$，厚度大于 1km，分布范围比下伏的斑岩铜矿床要广得多，甚至有几个矿床共用一个大岩帽的例子，它的形成时限可能超过数个百万年。然而绝大多数岩帽都由于风化、侵蚀作用而不同程度地解体，现存部分的面积和厚度都大为减小。岩帽的底部可以被看作富硫浅成低温热液活动的下部边界，高级泥化蚀变是岩帽所具有的突出特征。从岩帽到下伏斑岩体中的蚀变矿物组合具有明显的分带性，通常在顶部为孔洞状石英岩或玉髓状石英，向深部和边侧部变为石英—明矾石—(硫砷铜矿)、石英—叶蜡石—地开石—硬水铝石、石英—伊利石—高岭石、石英—绢云母等蚀变矿物组合。

岩帽与其下部的矿化斑岩侵入体之间一般间隔有零到近千米厚的无矿或贫矿化岩石，这一间隔距离的大小取决于斑岩热液—成矿体系的叠缩作用程度，叠缩作用是由于高的剥蚀速度和火山机构的重力垮塌作用所引起的与热液体系同期的古地表高度下降的作用，叠缩作用越强，其与下部矿化斑岩体之间的距离就越小，反之就越大，因此斑岩铜矿的勘查靶区应选择在抬升速度和剥蚀速度较高的隆起区。

8.3 结　　论

一个完整的成矿系统包括很多方面，如大地构造背景、赋存环境、围岩、矿体的产状和形式、矿石结构、矿石的矿物学特征、矿石的化学特征、围岩和矿石的年龄、流体的来源及成分、化学和矿物学分带、热液蚀变的矿物学分带、构造控制特征、成矿后的改变（变形、变质、风化）、矿体和围岩的地球物理特征（密度、磁性、荷电率、导电率）等，而本书仅对斑岩铜矿系统中的部分方面作了介绍。同时值得一提的是，应根据观察研究的结果来确定某个矿床是否属于斑岩铜矿系统，而不能用矿床模型来引导观察，因为太容易根据少量的简单表面特征就把一个矿床硬套入某一预想的成矿模型。

从区域尺度和矿床尺度两个方面论述了斑岩铜矿系统的特点，区域尺度上：

（1）斑岩铜矿多呈矿带或成矿域出现，带内众多斑岩铜矿呈簇或组合呈线状产出，这是构造作用控制下不连续岩株呈线状侵入就位的表现；

（2）斑岩铜矿主要产于俯冲作用形成的岛弧和陆缘环境，构造应力属挤压但与中等拉张作用也有关，最近的研究证实大陆碰撞造山带也是斑岩型矿床产出的重要环境；

（3）斑岩铜矿的形成是通过具氧化性，S 饱和，富含金属的岩浆熔体侵入所致，岩浆侵入作用为成矿提供了物质来源；

（4）围岩的物理性质以及化学组成对矿床的规模、品位，以及矿化类型具有极强的控制作用，碳酸盐岩围岩主要赋存近源 Cu—Au 矽卡岩矿床，少量远程 Zn—Pb 或 Au 矽卡岩矿床，在矽卡岩前缘还形成交代型 Cu 和 Zn—Pb—Ag±Au 矿床。

矿床尺度上：

（1）含矿斑岩与斑岩型矿床时空相依，成因相联，是斑岩铜矿重要的含矿母岩和金属-S 的可能载体，对于含矿与无矿斑岩间的差别认识一直困扰着众多矿床学家；

（2）火山角砾岩筒在深部要么与矿化体平行，要么斜交，其与围岩的接触带，一般也是富硫金成矿带的一部分；

（3）与矿化有关的斑岩成矿系统内的角砾岩主要有爆发角砾岩、侵入角砾岩、爆发侵入角砾岩、热液角砾岩、热液卵石脉等；

（4）斑岩铜矿系统中的热液蚀变自下而上可分为：不含矿的早期钠质—钙质蚀变→含矿的钾化→绿泥石化、绢云母化→绢云母化→高级泥化，热液蚀变互相套合，矿化互相叠加，研究蚀变对找矿勘探具有重要意义；

（5）岩帽是斑岩型热液—成矿活动—蚀变体系的重要组成部分，是重要的找矿标志。

9 金矿床的生物成矿作用

生物的兴衰与地球环境是一个协同演化的过程，生物作用是地球表生带最为活跃和强大的地质作用，会对沉积岩石圈内矿产的形成和改造产生巨大影响。生物生命过程中必然会为满足合成组织、器官等结构而对特定元素进行富集，而有机组织可以对某些金属元素产生络合力；其次，生物新陈代谢催化无机化合物的氧化—还原反应，使元素价态发生变化进而沉积；而过程中产生的各种有机酸、生物碱乃至强酸可以对成矿元素溶离或活化沉积物中的成矿元素，对其分解、迁移和沉淀富集产生功效（林丽，1994）。生物及其衍生的有机化合物或有机质在矿床形成过程中的作用即被称为生物有机质成矿作用。

生物有机质对金矿的作用很早就有认识。中国古人在《酉阳杂俎》里，曾认识到生物与中金银矿的联系：山上有葱，下有银；山上有薤，下有金。世界上最大的金矿床南非兰德砾岩型铀金矿中进行的生物成矿作用实验也证实了生物成矿作用（Reimer，1984），世界各主要金矿产区也发现了古老生物有机物质存在的证据，见表9-1。Boyle等对金矿石与有机质的关系研究后发现，认为金离子与有机质之间可能形成使其迁移和沉淀的配合物形式（Boyle，1979）。Gatellier和Disnar等还对有机质对金的吸附和形成配合物条件进行了研究，有机质存在使Au^{3+}有强烈被还原的趋势，且有机质的官能团在Au^{3+}存在的条件下能发生改变，使酯族基团向羟基基团转化（关广岳，1994）。林丽认为与黏土矿物、沉积物及有机质相比，生物对金的富集作用最强，生物模拟实验也表明蓝细菌比绿藻对金的富集作用强烈，热水环境的生物比常温环境条件下的生物对金的富集作用强烈（林丽，1994）。随着古生物学、矿床学及地球化学研究的深入，扫描电镜、气相色谱—质谱、红外和激光拉曼显微分析等技术的应用，金矿床中的生物成矿作用研究也取得了新的进展。

表9-1　沥青质原料和固体碳氢化合物的含金量（Boyle，1979）

原料	产地	$w(Au)/g\cdot t^{-1}$	$w(Ag)/g\cdot t^{-1}$	说明
碳铀钍矿	加拿大安大略省 埃尔多拉多金矿	>1000	>2	固体碳氢化合物内
碳铀钍矿	维特瓦特斯兰德	>1000	>10	固体碳氢化合物内

续表 9-1

原料	产地	$w(\mathrm{Au})/\mathrm{g}\cdot\mathrm{t}^{-1}$	$w(\mathrm{Ag})/\mathrm{g}\cdot\mathrm{t}^{-1}$	说明
黑沥青	加拿大新不伦瑞克省 Albert 地区	<0. 005	<0. 3	固体碳氢化合物灰分内
含钒的碳氢化合物页岩	加拿大不列颠哥伦比亚省 Quadra 岛	0. 25	47	固体碳氢化合物和页岩内
碳沥青	加拿大安大略省萨德伯里	0. 03	2. 5	固体碳氢化合物灰分内

9.1 金与生物有机质的联系

9.1.1 金与低等植物的关系

Au 在低等生物中具有较高的富集趋势，而全球性的金矿化主要发生在太古代和元古代及原生动物最早出现的 3. 5Ga，元古代和早古生代可能是生物金矿化的最佳时代。一般认为，细菌和真菌能从环境中吸收 Au，并可以形成很高的富集度。Beveridge 发现金在枯草杆菌细胞壁上沉淀（Beveridge et al.，1980）；Mossman 发现一些原生生物可以从氯化金溶液中沉淀出金，最高可达 1%（Mossman et al.，1985）。在硅质岩含金层位中，发现有蓝细菌中的丝状颤蓝细菌的化石结构和色球蓝细菌中的古色球藻属（Praechoococcus）、类黏球藻属（Gloeocapsoides）和微囊藻属（Microcystis）等化石，代表了蓝细菌的生物成因；而模拟实验发现，静置 48h 后干重 3. 3g 的蓝细菌在含金浓度为 6g/t 的温泉水中富集了 2. 36mg 的金，占加入溶液中的金量（2. 4mg）的 98. 33%，3g 席状蓝细菌富集了 2. 08mg，占溶液中总加入金量的 86. 67%（林丽，1994）。也有人在 1943 年就发现灰绿青霉能够将胶体金堆积在它的膜上及附近；而 Rozhkov 发现在各种苔藓植物发现了高达 19. 2g/t 的 Au。Boyle 发现活真菌能在 20h 之内，提取溶液中 98%的金（Boyle，1979）；实验发现含有微生物菌落的人工海水能使得氯化金絮凝富集，而消毒后的无菌金溶液没有变化（Grosovsky，1983）。由上可知，细菌及藻类等低等的微生物对金的聚集作用是毋庸置疑的。不仅如此，细菌等微生物对金在自然界中的循环也能起一定的作用，如从红土和其他含金物质里得来的金可以被固氮菌之类的自养细菌变成可溶性的，也可以被土壤里、水及空气中的其他异养细菌变成可溶性的。此外，其他植物也有一定的金含量，乔木和陆生植物中 Au 的质量分数分别为 8mg/t、7mg/t。

9.1.2 金与动物的关系

金也可以在动物内发现一定的含量。在海生动物中，质量分数平均为 25mg/t，而在人血中仅为0.06~0.8mg/t(Grosovsky，1983)，而海洋底栖生物的金含量要高于浮游生物，这可能与海水中金含量相对较少有关。同海洋中的金平均质量分数（0.02mg/t）相比，海洋生物干物质的部分含金系数达到1.2×10^3以上，显示了海洋生物的富金作用。实验发现捷克的奥斯拉尼含金区的金龟子体内发现平均达25g/t的金质量分数，见表9-2，但当通过不含金的植物叶子喂食时，其体内的金含量降到了18.5g/t。总体看，海生动物的含金量比陆生动物的要略低一些，金似乎相当大程度上富集在动物体含蛋白质的部分（毛发、肌肉）。表明金这种元素可能是主要作为金—蛋白质络合物存在于动物体内的，结合在络合物的硫醇团里（Boyle，1979）。

表9-2 各种动物的金含量（Boyle，1979）

序号	动物类型	样品来源	$w(Au)/mg\cdot t^{-1}$
1	海绵	干物质内	10
2	海胆	壳内	7
3	蛤（Tapes japonica）	软体部分干物质类	5.7
4	海参	干物质内	24
5	对虾（Pandalus sp.）	软体部分干物质类	0.28
6	金龟子	灰内	25000
7	蜂（Vispidae sp.）	灰内	400
8	兽类（多种）	干湿两种物质内	0~14000

9.1.3 金与其他有机物质的关系

虽然实验证明，各种地质体有机质残余的富金能力相对于低等生物较弱，但在这些经过腐殖化和埋藏作用生成的产物中，金也能达到一定的富集程度。含有有机质、沥青、油母质等及其裂解产物的页岩与普通页岩相比，往往更富含金。由于金的惰性，在自然界无法形成自由离子，但Au^{3+}、Au^{+}具有较强的络合能力，与Cl^-、S^-、OH^-、CNS^-、CN^-、$S_2O_3^{2-}$形成有效的配位基团络合成多种形式的络阴离子进行迁移。关光岳发现有机碳与金之间的含量呈正相关关系，矿石中的微莓球状体位为微生物活动的遗迹，胶状的有机质通过表面能的作用物理吸附金离子，或有机质中某些含硫、氮、氧的基团可作为配位基团与金形成络合物，干酪根中的含金量可达147.6g/t（关广岳，1994）。Petrov和Gapon对苏联的碳质黑色页岩研究发现，金的含量与有机碳的含量呈正相关，Anoshin对北大西洋现代软泥研究证实了这一点，如图9-1所示。石油中也有一定的金含量。加拿大阿尔伯塔油田采集的88个原油样品里，有4个存在金，平均金的浓度为0.438mg/t，最大值为1.32mg/t（Boyle，1979），金在石油内被化合成了某种类型的有机金络合物。石油中的金可能来自生成石油的各类动植物，或可能通过吸附作用取自于沉积岩，也有可能是缘于与含金的水溶液接触导致的。

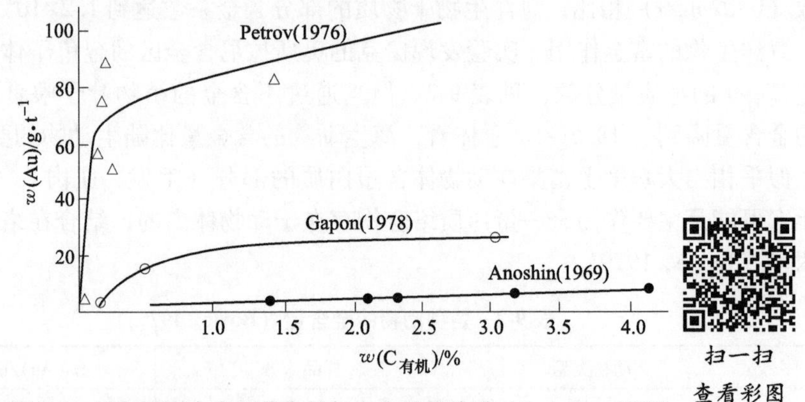

图 9-1　黑色页岩中有机碳含量与金含量的关系（Springer，1985）

9.2　各类矿床中的生物成矿作用

目前，生物有机质在金矿床矿源岩的形成、成矿物质的迁移和沉淀机理方面的研究有一定进展，金可以通过多种与生物活动有关的地球化学过程产生活化—迁移—富集。但是，只有在较高金浓度的环境中，如金矿床或矿化的上覆表生层或富金溶液中，生物活动才能聚集一定量的金。即只有在具备一定成矿物质基础的前提下，才能发生金的生物成矿作用，也只能出现在衍生含金建造中，如那些直接继承原始含金建造成矿物质的衍生含金建造中（刘英俊等，1991）。例如，拉尔玛金矿中的矿源层位太阳顶群，其中的热水成因的硅质层在沉积时为当时的海水提供了大量金源，硅质岩分子古生物学研究显示其中的有机质的生物先质体为海生低等菌藻类生物，即对金起富集作用的生物为菌藻类生物。具备含金条件的前提下，对卡林型金矿、砂金矿床及铁帽型金矿床中的生物成矿作用分别进行探讨。

9.2.1　卡林型金矿床

卡林型金矿几乎均含有机质。研究发现当成矿热液与含活性有机质相遇时，有机质或烃类作用能使金从溶液中还原沉淀，而成烃及成油后期有机质的热成熟和裂解作用所产生的有机酸及 H_2S 对金的淋滤和迁移也有作用（包志伟等，2000）。Ilchik 也认为金矿化及其蚀变有关的有机质热成熟作用所产生的轻质烃类在成矿过程中可作为重要的硫酸盐还原剂（Ilchik et al.，1986）；Kuehn 在碳氢化物阶段和金主矿化期的次生包裹体中均含有大量的 CH_4、H_2S（Kuehn et al.，1995）；通过 SHRIMP 实验发现从成矿热液中沉淀出的黄铁矿硫同位素组成在 20‰左右（Arehart et al.，1993），其中的硫来源于硫酸盐的还原作用。Gatellier 发现在常温条件下，有机质（煤、干酪根和沥青）可以将 Au^{3+} 还原成零价态并与含金热液发生氧化还原反应而导致金的沉淀（Gatellier，1990）。

但研究发现，原油淋滤过程中对金的淋滤迁移不可能是卡林型金矿运移的主要动力，这是因为 98%的金存在于沥青中且金在沥青中的吸附和还原作用降低了迁移金的能力，金在原油中的含量也随温度升高而迅速降低（包志伟等，2000；刘金钟等，1993）；而且原油对水溶液中的金具有强烈的富集能力（卢家烂等，1996），但并不意味着原油从其生油母岩或在其运移过程中从围岩淋滤、迁移了金（包志伟等，2000）。成油过程中及成油后期的脱羧作用产生的羧酸及其可溶盐类可能对金的迁移有一定作用。

此外，一些卡林型金矿的矿石中也可见黄铁矿的显微莓群结构、藻菌生物细胞结构等生物组构（周修高等，1995），例如，美国加利福尼亚州的麦克劳林金矿矿石中有生活在热泉中的丝状菌和藻类化石发现。金矿石中残留的有机物的分子古生物学和干酪根也能证明生物成矿作用的存在，例如，西秦岭拉尔玛金矿的有机质的氯仿沥青“A”族组分表现为腐泥型有机质特征，显示了菌藻生物的富金作用，干酪根的中子活化分析显示 Au 在干酪根的含量比原岩高出 39~94 倍（伊海生等，1994）。由此可见，有机质在卡林型金矿和其他热液矿床成矿过程有一定的作用。

9.2.2 砂金矿床

砂金矿床可分为残积型、冲积型及风积型等类型。砂金颗粒一般比原生金颗粒要大，成色也要比原生金高，为 0.25~10mm，而残积砂矿中常见的狗头金则重量和体积更大。砂金中的金有可能来源于含金石英脉、含金硫化物浸染带、含金多金属矿床、片岩及片麻岩中的含金脉体、含金的矿物、含金的页岩或绿岩地体。

在初期，砂金有碎屑成因说、化学成因说等，Boyle 认为其既是碎屑成因又是化学成因（Boyle，1979），生物成因也被提出了（陆元法，1992；Mann，1992）。周修高认为冻土带中的金颗粒表面仍有未冻结的水膜，富含有机质及微生物，细菌数量反而比温带土壤中高；而富啡酸含量很高，它与金形成螯合物，随着冰冻增强，胡敏酸和富啡酸螯合能力会因浓度的增加而减弱，被其他形成稳定络合物的配位体夺取金属离子，从而完成迁移和富集（周修高等，1995）。例如，对于巴西米纳斯吉拉斯州砂金矿发现的“黑金”，研究发现其褐色的外壳是

$C_2O_7H_{12}Fe$（铁的腐殖酸盐），也有人认为是植物分解形成的腐殖酸水把金带往底处聚集。Watterson 曾经在金块及金晶体内部观察到细菌的残迹，当把金彻底溶解后，可看到类似于土微菌（Pedomicrobium）的一种芽孢菌；Mann 发现土微菌在其生长期及通过细菌出芽方式维持捕获金（Mann，1992；Watterson，1985）。Freise 利用含天然腐殖质的黑水进行溜槽实验（Freise，1931），发现有机悬浮物是金从矿床的一处搬运到另一处的有效介质，甚至最微量的金属物质也能被溶解和搬运。这些都为砂金中的有机成矿作用提供了证据。

Boyle 认为不同形式的金，如片状金、粗粒金、胶体和（$AuCl_4^-$）离子同各类有机酸的相互作用并非先前认为的被有机分子氧化并与之形成络合物。相反，实验发现（Ong et al.，1969），当有机质浓度为 3～30g/t 时，能使金的氯化物还原成带负电荷的金胶体；对于 30g/t 的有机酸溶液，这一还原过程以在厌水的金溶胶周围形成亲水的有机分子保护层而结束，由于保护层使得金变得很稳定，这样形成的金溶胶的粒度小于 10μm。覆盖有机质保护层的金胶体进入不同的化学环境时，如进入酸性环境（$pH<3$）时，即发生沉淀。因此，以冲积砂金矿为代表的砂金矿在形成时离不开富含有机质（如腐殖酸）的地下溶液的作用。

9.2.3 铁帽型金矿床

铁帽型金矿床是原生金矿床或伴生金矿床经长期风化淋滤使金发生次生富集形成的（周修成等，1995），金以地表氧化带或铁帽形式显示出垂直分布的特征。理想的垂直分布为中等富集的近地表含铁帽或氧化带，高度富集的处于现代或原始潜水面部位的次生硫化物含金还原带，深部贫的原生金带，与铁、锰的氧化物、氢氧化物密切共生是铁帽型金矿的标志。

在风化淋滤过程中，对原生含金矿石起到氧化作用的细菌种类并不多，氧化铁硫杆菌是湿法冶金的头号菌类，其主要作用是使 $Fe^{2+}\rightarrow Fe^{3+}$。关广岳对金牙金矿区的原生含毒砂、黄铁矿为主的矿石进行细菌氧化实验，发现细菌作用时间越长，溶液中 Au、Ag 的含量越高，细菌对矿石的氧化作用是十分明显的。在工业上淋滤金矿石一般用一些硫细菌如氧化铁硫杆菌（Thiobacillus ferroxidans）和脱氮硫杆菌（Thiobacillus denitrificans）。对于氧化铁硫杆菌和其他铁细菌可以发生如下反应（刘英俊等，1991）：

$$4FeCO_3 + O_2 + 6H_2O \longrightarrow 4Fe(OH)_3 + 4CO_2$$

脱氮硫杆菌可以发生如下反应（刘英俊等，1991）

$$2NO_3^- + 2C + H_2O \longrightarrow N_2 + 2CO_2 + H_2O$$

在还原环境中，厌氧的硫还原菌能使硫酸盐还原（刘英俊等，1991）：

$$SO_4^{2-} + 2C + 2H_2O \longrightarrow 2HCO_3^- + H_2S$$

这些反应产物都可以与金形成络合物，使金溶解从而发生运移。硫在生物循环过程中形成各种硫—金络合物的配位体；同时，硫化物氧化成硫酸的中间产物即亚硫酸和硫代硫酸也有利于金的溶解、迁移。金矿床氧化期间，细菌在金溶解、迁移等方面有许多实例，例如，佐德金矿床分离出的培养物同 Bacillus alvei（蜂房芽孢杆菌）相似，21d 内最高溶解了 600mg/t 的 Au（周修高等，1995）。此外，氧化带含金褐铁矿矿石中也可以含有有机碳或腐殖质。腐殖质的存在对金溶胶的稳定迁移起到的保护作用先前已提及。在氧化带的中下部的次生氧化物亚带是富金带，这里由于氧气被微生物活动所消耗，造成了富含有机质、有机气体和 H_2S 的比较还原的环境，为还原细菌的存在提供了条件（周修高，1995）在强还原环境中，金的富啡酸络合物变得不稳定，容易还原沉淀，金的硫络离子也发生分解释放金。总之，在铁帽型金矿床形成过程中，以氧化铁硫杆菌为代表的氧化细菌能使金从矿石中分离出来，然后与金形成络合物，然后再在还原环境中还原沉淀。

9.3 实例研究

世界最大的具经济价值的金矿床产在南非的维特瓦特斯兰德，已经生产了 40000t 的金，该矿床的石英砾岩及石英岩中富含金及铀等元素。目前，对它的成因解释有“渗成说”“热液说”及“海相砂矿成因说”等。但金矿重要特征之一是出现了与金和铀矿伴生的“蝇斑—炭柱”，在兰德砾岩中出现的是一种碳氢化合物—晶质铀矿的混合物。通过扫描电镜发现碳柱的内部结构中鉴定出显然属于生物成因的外貌似丝状、分支状和具有明显生物成因的隔壁状细胞，局部包上了金粒，另外还有被鉴定为真菌的硅化结构。Hallbauer、van Warmelo 认为这种有机物是某种与金共生且石化的地衣类植物（Hallbauer et al.，1974），这些生物能从环境中吸取 Au、U，并使它们沉积在细胞内外；而蝇斑炭由不规则和麻点状表面的球状结核组成，其形态与现代菌类 Sclerotia（再生的菌丝）类似。Hoefs、Schidlowski 通过碳同位素认为其组分属于生物成因，认为水体中有大量的菌藻类微生物；Snyman 也观察到碳中有类似藻类和真菌类的结构，认为是一种高度碳化的藻类（Snyman，1965）。Reimer 提出了以“生物成矿作用”模式代替“碎屑成因”模式（Reimer，1984），认为金风化时生氰微生物影响下产生微量溶解，然后以有机物质保护的胶体进行搬运，在 Eh、pH 变化后沉淀出来。而诸多的模拟实验已经证明，以菌藻类微生物为代表的原核生物在金富集过程中是毋庸置疑的。而兰德金矿形成的距今 2.3~2.7Ga 的地史时期已被证明可能存在还原大气圈及大量的原核生物群落，在这种缺氧的环境中，原核生物很容易在合适环境中对源岩风化出来的金进行富集。

9.4 结 语

虽然有关金的生物成矿作用在金矿床中取得了一定的进展，但对于这一前沿领域，需要更多的研究资料积累和新发现的推动。目前，金在表生带的初步富集中，证明生物成矿作用是十分重要的，其他如卡林型金矿、砂金矿床等中的研究仍需要进一步拓展深度。同时，对金矿床进行生物地球化学找矿也值得研究。

参考文献

[1] Arehart G B, Eldridge C S, Chryssoulis S L. Lion microprobe determination of sulfur isotope variation in sulfides from Post Betze sediment-hosted disseminated gold deposit, Nevada, USA [J]. Geochimica et Cosmochimica Acta, 1993, 57: 1505-1519.

[2] Beveridge T J, Murray R G. Sites of metal deposition in the cell of Bacillus subtilis [J]. Journal of Bacteriology, 1980, 141: 876-887.

[3] Boyle R W. The Geochemistry of gold and its deposits [M]. Canada: Geological survey Bulletin, 1979: 280.

[4] Freise F W. The transportation of gold by organic underground solutions [J]. Economic Geology, 1931, 26: 421-431.

[5] Gatellier J P, Disnar J R. Kinetics and mechanism of the reduction of Au (Ⅲ) to Au (0) by sedimentary organic materials [J]. Organic Geochemistry, 1990, 16 (1-3): 631-640.

[6] Grosovsky B D. Microbial role in Witwatersrand gold deposition [C] // Westbroek P, E W de Jong, Biomineralization and Biological Metal Accumulation. Dordrecht: D. Reidel Publishing, 1983: 495-498.

[7] Hallbauer D K, van Warmelo K T. Fossilized plants in thucholite from Precambrian rocks of the Witwatersrand, South Africa [J]. Precambrian research, 1974, 1 (3): 199-212.

[8] Hoefs J, Schidlowski M. Carbon isotope composition of carbonaceous matter from the Precambrian of the Witwatersrand System [J]. Science, 1967, 155: 1096-1097.

[9] Ilchik R P, Brimhall G H, Schull H W. Hydrothermal maturation of indigenous organic matter at the Alligator Ridge gold deposits, Nevada [J]. Economic Geology, 1986, 81: 113-130.

[10] Kuehn C A, Rose A W. Carlin gold deposits, Nevada: origin in a deep zone of mixing between normally pressured and over pressured fluids [J]. Economic Geology, 1995, 90: 17-36.

[11] Mann S. Biomineralization-Bacteria and the Midas touch [J]. Nature, 1992, 357 (47): 358-360.

[12] Mossman D J, Dyer B D. The geochemistry of Witwatersrand-type gold deposits and the possible influence of ancient prokaryotic communities on gold dissolution and precipitation [J]. Precambrian Research, 1985, 30: 321-335.

[13] Ong H L, Swanson V E. Natural organic acids in the transportation, deposition and concentration of gold [J]. Colorado School of Mines Quart, 1969, 64 (1): 395-425.

[14] Perring C S. The porphyry-gold association in the Norseman-Wiluna belt of Western Australia: implications for models of Archean gold metallogeny [J]. Precambrian research, 1991, (51): 85-113.

[15] Reimer T O. Alternative model for the derivation of gold in the Witwatersrand Supergroup [J]. Journal of the Geological Society, 1984, 141: 263-271.

[16] Snyman C P. Possible biogenetic structures in Witwatersrand thucholite [J]. Transactions of the Geological Society of South Africa, 1965, 68: 225-235.

[17] Springer J S. Carbon in Archean rocks of the Abitibi Belt (Ontario-Quebec) and its relation to

gold distribution [J]. Canadian Journal of Earth Science, 1985, 22: 1945-1951.

[18] Watterson J R. Crystalline gold in soil and the problem of supergene nugget formation: Freezing and Exclusion as genetic mechanisms [J]. Precambrian Research, 1985, 30: 321-335.

[19] Xiao W J, Windley B F, Hao J. Accretion Leading to Collision and the Permian Solonker Suture, Inner Mongolia, China: Termination of the Central Asian Orogenic Belt [J]. Tectonics, 2003, 22 (6): 288-308.

[20] Zhao G C, Wang Y J, Huang B C, et al. Geological reconstructions of the East Asian blocks: from the breakup of Rodinia to the assembly of Pangea [J]. Earth-Science Reviews, 2018, 186: 262-282.

[21] Zhou R, Liu D N, Zhou A C, et al. A synthesis of late Paleozoic and early Mesozoic sedimentary provenances and constraints on the tectonic evolution of the northern North China Craton [J]. Journal of Asian Earth Sciences, 2019, 185: 104029.

[22] 包志伟, 赵振华. 有机质在卡林型金矿成矿过程中的作用 [J]. 地质科技情报, 2000, 1 (2): 45-50.

[23] 陈道公, 等. 地球化学 [M]. 合肥: 中国科学技术大学出版社, 2009.

[24] 陈科. 构造与成矿之间的关系 [J]. 西部勘探工程, 2011, 4: 109-110.

[25] 地矿部第二综合物探大队. 满洲里市幅 M-50 11000000 区域重力测量报告 [R]. 1987.

[26] 地矿部第二综合物探大队. 1:200000M-50-12 恩河村幅水系沉积物测量报告 [R]. 1995.

[27] 地质矿产部. 内蒙古自治区区域地质志 [M]. 北京: 地质出版社, 1991.

[28] 范玉须, 李廷栋, 肖庆辉, 等. 内蒙古西乌珠穆沁旗晚二叠世花岗岩的锆石 U-Pb 年龄、地球化学特征及其构造意义 [J]. 地质论评, 2019, 65 (1): 248-266.

[29] 关广岳. 中国金矿床表生地球化学 [M]. 沈阳: 东北大学出版社, 1994: 142-143.

[30] 赫英. 赣、湘南与成矿有关的复式小岩体若干问题的探讨 [J]. 矿产与地质, 1991 (1): 17-23.

[31] 黑龙江省区域地质调查第二队三分队. 1:200000 根河幅、三河镇幅、库都尔幅区域地质调查报告 [R]. 1981.

[32] 胡鸿飞, 戴霜, 唐玉虎, 等. 华北板块北缘西段裂谷系金矿床成矿特征及成因探讨 [J]. 地质与勘探, 2008, 44 (1): 9-14.

[33] 胡文宣. 金矿成矿流体特点及深-浅部流体相互作用成矿机制 [J]. 地学前缘, 2001, 8 (4): 281-288.

[34] 华仁民, 陈培荣, 张文兰, 等. 华南中、新生代与花岗岩类有关的成矿系统 [J]. 中国科学 (D辑: 地球科学), 2003 (4): 335-343.

[35] 黄再兴, 王治华, 常春郊, 等. 内蒙古东乌珠穆沁旗成矿带多金属成矿规律与找矿方向 [J]. 地质调查与研究, 2013, 36 (3): 205-212.

[36] 黄忠军, 王贵春, 高荣. 内蒙古东乌旗地区构造、岩浆活动与多金属成矿的关系——以 1017 高地矿区为例 [J]. 黄金科学技术, 2011, 19 (2): 18-22.

[37] 姜在兴. 沉积学 [M]. 北京: 石油工业出版社, 2009.

[38] 李钢柱, 贾元琴, 张彪, 等. 白音哈尔金矿床成矿作用 [J]. 黄金科学技术, 2008,

16（3）：6-12.

[39] 李金铭．激发极化法方法技术指南［M］．北京：地质出版社，2004.

[40] 林丽．拉尔玛金矿床中的生物作用［M］．成都：成都科技大学出版社，1994：1-3.

[41] 刘洪利，陈满，陈鹏，等．大兴安岭东乌旗地区金及多金属成矿特征与找矿方向［J］．黄金科学技术，2011，19（2）：56-60.

[42] 刘家远．西华山钨矿的花岗岩组成及与成矿的关系［J］．华南地质与矿产，2002（3）：97-101.

[43] 刘金钟，傅家谟，卢家烂．有机质在沉积改造型金矿成矿中作用的实验研究［J］．中国科学：B辑，1993，23（9）：993-1000.

[44] 刘英俊，马东升．金的地球化学［M］．北京：科学出版社，1991：164-165.

[45] 卢家烂，庄汉平．有机质在金银低温成矿作用中的实验研究［J］．地球化学，1996，25（2）：172-180.

[46] 卢进才．内蒙古商都地区 CO_2 气藏地质条件研究［J］．西北地质，2002，35（4）：122-134.

[47] 陆元法．金的表生成矿系统和生物成矿作用［J］．黄金，1992，13（4）：16-17.

[48] 罗全星，李传友．内蒙古乌兰哈达-高勿素断裂的新活动证据及构造意义初探［J］．第四纪研究，2022，42（4）：967-977.

[49] 马小兵，缪经彤，李新．内蒙古自治区察哈尔右翼后旗土圐圙村矿区超贫磁铁矿地质特征及成因分析［J］．西部资源，2013，5：175-176.

[50] 毛景文，杨建民，张招崇，等．甘肃寒山剪切带型金矿床地质、地球化学和成因［J］．矿床地质，1998（1）：2-14.

[51] 密文天，辛杰，席忠，等．内蒙古商都项家村金矿床地质特征及矿床成因［J］．黄金，2015，36（11）：7-12.

[52] 内蒙古地质矿产局第一区调队六分队，1：200000 上护林幅、恩和村幅、建设屯幅区域地质调查报告［R］．1985.

[53] 内蒙古自治区地质矿产局，内蒙古自治区岩石地层［M］．武汉：中国地质大学出版社，1996.

[54] 聂凤军，江思宏，张义，等．中蒙边境中东段金属矿床成矿规律和找矿方向［M］．北京：地质出版社，2007.

[55] 全国地层委员会．中国区域年代地层（地质年代）表说明书［M］．北京：地质出版社，2002.

[56] 全国矿产储量委员会办公室．矿产工业要求参考手册［M］．北京：地质出版社，2010.

[57] 阮诗昆，龚建生，李文，等．紫金山矿田五子骑龙铜矿床地质特征及成因探讨［J］．有色金属（矿山部分），2009，61（6）：37-42.

[58] 芮宗瑶，施林道，方如恒．华北陆块北缘及邻区有色金属矿床地质［M］．北京：地质出版社，1994.

[59] 桑隆康．岩石学［M］．北京：地质出版社，2012.

[60] 邵和明，张履桥．内蒙古自治区主要成矿区（带）和成矿系列［M］．武汉：中国地质大学出版社，2001.

[61] 万天丰．中国大地构造学纲要 [M]. 北京：地质出版社，2004.
[62] 王伏泉．岩浆作用对区域内生成矿过程的影响 [J]. 地质与勘探，1991，27 (5)：6-12.
[63] 王辉．物化探综合方法在北疆包古图地区矿产勘探中的应用与研究 [D]. 南昌：东华理工大学，2019.
[64] 王建平．内蒙古东乌旗铜、银多金属成矿带成矿类型分析 [J]. 矿产与地质，2003 (2)：132-135.
[65] 王建新．察哈尔右翼后旗西乌素金多金属矿矿体特征及找矿标志 [J]. 科技资讯，2017，15 (4)：78-79.
[66] 王玉华，高利刚，杨才，等．内蒙古察哈尔右翼后旗永生村超贫型铁矿成因分析 [J]. 西部资源，2012，4：113-114.
[67] 辛杰，密文天，关瑜晴，等．内蒙古额济纳旗辉森乌拉西金矿成矿特征及成矿模式分析 [J]. 黄金科学技术，2018，26 (6)：718-728.
[68] 邢俊峰，赵景君，计新利．内蒙古察右后旗某地大理岩矿地质特征及矿床开发经济意义 [J]. 内蒙古科技与经济，2014，5：52-54.
[69] 徐夕生，邱检生．火成岩岩石学 [M]. 北京：科学出版社，2010.
[70] 杨正熙，等．矿产资源勘查学 [M]. 北京：科学出版社，2011.
[71] 伊海生，刘金钟．拉日玛金矿床中有机质与金的初始富集关系 [J]. 黄金，1994，21 (1)：44-53.
[72] 余超，柳振江，宓奎峰，等．内蒙古巴彦都兰铜矿地质特征及矿床成因——岩石地球化学、锆石 U-Pb 年代学及 Hf 同位素证据 [J]. 现代地质，2017，31 (6)：1095-1113.
[73] 翟裕生，邓军，李晓波．区域成矿学 [M]. 北京：地质出版社，1999.
[74] 张万益．内蒙古东乌珠穆沁旗岩浆活动与金属成矿作用 [D]. 北京：中国地质科学院，2008.
[75] 张作衡，毛景文，杨建民，等．北祁连加里东造山带塔儿沟夕卡岩-石英脉型钨矿床地质及成因 [J]. 矿床地质，2002 (2)：200-211.
[76] 赵鹏大，等．矿产勘查理论与方法 [M]. 武汉：中国地质大学出版社，2006.
[77] 中国地质调查局．全国重要矿产资源潜力预测评价成果报告 [R]. 2008.
[78] 中国国土资源航空物探遥感中心，内蒙古自治区石板井、白乃庙、得耳布尔等地区 1：50000 航空物探资料处理与异常查证成果报告 [R]. 2012.
[79] 周修高，谢树成，胡国俊，等．沉积及层控金矿床的生物成矿作用 [M]. 武汉：中国地质大学出版社，1995：14-16.